大理地震

——地震构造背景及历史地震

张启明 ◎ 主编

云南科技出版社
·昆明·

图书在版编目（CIP）数据

大理地震 ：地震构造背景及历史地震 / 张启明主编. 昆明 ：云南科技出版社，2025. 2. -- ISBN 978-7-5587-6191-1

Ⅰ. P316.274.2

中国国家版本馆 CIP 数据核字第 2025AK6059 号

大理地震——地震构造背景及历史地震

DALI DIZHEN——DIZHEN GOUZAO BEIJING JI LISHI DIZHEN

张启明　主编

出 版 人：温　翔

策　　划：胡凤丽

责任编辑：唐　慧　张羽佳　王首斌

整体设计：长策文化

责任校对：秦永红

责任印制：蒋丽芬

书　　号：ISBN 978-7-5587-6191-1

印　　刷：昆明亮彩印务有限公司

开　　本：787mm × 1092mm　1/16

印　　张：17.5

字　　数：350 千字

版　　次：2025 年 2 月第 1 版

印　　次：2025 年 2 月第 1 次印刷

定　　价：128.00 元

出版发行：云南科技出版社

地　　址：昆明市环城西路 609 号

电　　话：0871-64190886

编 委 会

序 PREFACE

云南大理地处云贵高原西部，属于横断山脉南部的盆岭与纵谷腹地。区域地质构造总体受欧亚板块与印度板块相对运动的影响，区域内新生代地层发育、地球物理场特征明显，多条断裂带汇集，是云南强震活动易发、多发地区之一。

大理历史悠久，文化厚重。《南诏野史》记载的公元886年大理地震，开启了云南最早的破坏性地震记载。1000多年来，大理共记载了69条5级以上破坏性地震，特别是1925年3月16日大理7级地震，不仅有震灾的详尽描述，还记录了中国近代史上最大的地震次生火灾，并首次用照片和绘图的方式记录了震灾和救灾过程，为我们留下了丰富且弥足珍贵的资料。

随着社会经济的发展，防震减灾工作越来越受到各级党委、政府的重视，特别是以大理为核心区域的滇西地震预报实验场的建立，有力推进了大理地区区域地质构造背景、区域活动断裂特征、活动断裂与地震关系、区域地震活动特征等研究。近几年开展的大理地区地震灾害风险区划与评估也取得了较大成果，把这些成果汇集编著成《大理地震——地震构造背景及历史地震》一书，将对大理地区的地震预测预报研究、城市规划、抗震防灾等防震减灾工作起到积极的作用。

欣闻大理州地震局和云南省震灾风险防治中心合作出版《大理地震——地震构造背景及历史地震》一书，作为一名曾在云南工作且长期研究云南区域地震预测的“老地震人”对此感到非常欣慰。该书的出版是对大埋祖先记载地震的最好纪念，也是推进大理防震减灾事业的有力举措，特别是值此1925年3月16日大理7级地震100周年之际，该书付梓，更赋予了特殊的重大的纪念意义。以此为序，以示祝贺。

中国科学院院士

陈运泰

前言

FOREWORD

大理是一个地震多发的地区，也是云南有地震破坏文字记载较早的地区。“唐僖宗光启二年地震，龙首龙尾二关、三阳城皆崩。”自公元886年大理首次有地震破坏文字记载以来，至2023年共记载破坏性地震（4.7级以上）82条，这为我们研究大理地区的地震提供了宝贵的资料。20世纪60年代以来，活动断裂的基础性调查研究在云南全省展开，随着深入调查，大理地区分布的活动断裂及地震地质背景对大理地区强震以及经济建设的影响研究成果也越来越丰富。编著《大理地震——地震构造背景及历史地震》一书的目的就是把针对大理地区的研究成果作一个系统的汇总介绍，作为了解大理地区地震历史，以及为大理地区今后的地震预测研究、城市防灾规划、工程场地选址等防震减灾工作提供较为系统完善的基础资料。

本书主要对大理区域地质构造背景、活动断裂特征、地震活动性、破坏性地震震例、地震灾害风险区划与评估等几方面进行相关阐述。

1. 对大理区域地质构造的基本特征与区域新构造进行了概括的介绍，重点介绍了大理地区地质演化历史上具有代表性的红河断裂带、澜沧江断裂带、中甸—龙蟠—乔后断裂带、程海—宾川断裂带四个主要构造带的发育与演化特征。从大面积整体间歇性掀斜抬升运动、断块间的差异升降运动、断裂的新活动三个方面介绍了大理新构造运动特征。还介绍了大理地区地壳形变、布格重力异常、区域地壳厚度变化等区域地球物理场及深部构造特征。由大理地区的构造应力场空间分布与地震破裂特征，结合区域动力源和地质构造分析得出，印度板块NE向挤压与川滇块体的SSE向滑移的联合作用，是大理地区强震活动的基本动力背景。

2. 阐述了大理地区的活动断裂由于受SSE和NE向区域构造应力场的双重作用，主要为NNW和NE两个方向展布，活动断裂大多延伸长、切割深，属于区域性大断裂或深大断裂。对区域内分布的红河断裂、中甸—龙蟠—乔后断裂、丽江—小金河断裂、鹤庆—洱源断裂、程海—宾川断裂、维西—乔后断裂、兰坪—云龙断裂、澜沧江断裂和无量山断裂作了详细介绍，编制了大理州地震构造图和区域主要断裂特征一览表，阐述了活动断裂与地震的关系。

3. 大理位于中甸—南涧地震带南段，自公元886年有地震史料记载以来，截至2023年，大理地区共记有4.7级以上破坏性地震91次（含前震、余震），其中4.7 ~ 4.9级18次、5.0 ~ 5.9级56次、6.0 ~ 6.9级15次、7.0级2次。地震类型以前震—主震型或双主震—

余震型为主；震源深度分布主要集中在5～15km内，占比为74.76%，属于地壳中上层的浅源构造地震；中强地震在时间分布上具有一定周期性。

4. 本书共收录公元886年至2023年大理州4级以上地震270条，邻区对大理州造成较大影响的地震8条。公元886年至2000年地震主要参考《云南省地震资料汇编》（云南省地震局，1988）、《云南省地震志》（罗荣联，1999）、《云南两千年地震（全记录）》（王彬、邓瑞生，2021）等文献资料。2001年至2023年地震使用云南地震台网目录，5级以上破坏性地震灾害描述引用云南省地震局地震灾害损失评估报告。由于评估报告经过地震专家现场考察、模型计算、专家论证，其破坏描述、烈度分布图、损失评估结果等更客观、科学。

另外，在本书中，我们还尽可能收集了灾害破坏照片、绘图等资料，以及1925年大理7级地震仪测记录图，2021年漾濞6.4级地震仪测记录图和强震动记录图。

5. 得出了大理州区域地震危险性评估与区划结果，绘制了大理州地震危险性评估等值线图、大理州地震危险性等级图、大理州地震灾害人员死亡风险分级图、大理州建筑物直接经济损失风险等级图；梳理了大理州地震灾害风险特征并提出了对策建议。

本书是大理州地震局和云南省震灾风险防治中心合作编著完成的，全书文稿由张启明审定，庞卫东、李泽红、李滔统稿。第一章由李鉴林、辛灿锦、杨淑军执笔；第二章由庄儒新、刘昌伟、罗朝霞执笔；第三章由宋晓春、姚姜森、王珏执笔；第四章由姚姜森、王珏、李婷执笔；第五章由文雯、赵玲云、李丹、吕秋花执笔；书中测震波形记录和强震记录由李丹宁绘制；全书图件清绘由刘昌伟完成。本书内区域地质、地震等值线、地震动峰值加速、地震危险性等级、地震风险分级等图件皆为示意性图件，不作为划界依据，特此说明。

本书在编撰过程中得到了大理州地震局各位同事和云南省地震局领导、专家的关心和大力支持，中国科学院院士陈运泰为本书作序。中国地震科学实验场大理中心金明培研究员对本书进行审阅，大理州各县、市地震局及大理州档案馆提供了部分资料、图片、绘图，在此一并表示感谢。

由于该书是云南省第一部专门针对一个州市的地震构造背景及历史地震而编著的，错漏之处在所难免，敬请读者批评指正。

编者 张启明

目录

CONTENTS

1 区域地质构造背景

云南大理地处云贵高原西部，属于横断山脉南部的盆岭与纵谷腹地。区域地质构造的发展演化总体受全球欧亚板块与印度板块相对运动的影响，经过多期板块之间的碰撞、缝合，以及古、新特提斯洋的开启与闭合，形成了以金沙江断裂、澜沧江断裂和丽江—小金河断裂为界的大地构造格局。区域内新生代地层发育及地球物理场特征明显，多条断裂带汇集，是云南强震活动易发、多发地区之一。

1.1 大地构造特征

1.1.1 大地构造单元的划分与基本特征

大地构造单元分区主要依据《云南省区域地质志》（云南省地质矿产局，1990；四川省地质矿产局，1991；李春昱等，1992）等资料，区域内其一级大地构造主要有扬子准地台（Ⅰ）、松潘—甘孜褶皱系（Ⅱ）、唐古拉—昌都—兰坪—思茅褶皱系（Ⅲ）和冈底斯—念青唐古拉褶皱系（Ⅳ）4个单元块体。其中，扬子准地台与松潘—甘孜褶皱系之间大致以丽江—小金河断裂为界，松潘—甘孜褶皱系与唐古拉—昌都—兰坪—思茅褶皱系之间以金沙江断裂、红河断裂和哀牢山断裂为界，唐古拉—昌都—兰坪—思茅褶皱系与冈底斯—念青唐古拉褶皱系之间以澜沧江断裂为界（见图1–1）。

各大地构造单元经历了不同的发展演化过程，进一步划分为二级构造，区域内有兰坪—思茅褶皱带、丽江台缘褶皱带、川滇台背斜、中甸褶皱带、福贡—镇康褶皱带5个二级构造单元。根据地质发展的特点，结合区域的实际情况，现将5个二级构造单元阐述如下：

兰坪—思茅褶皱带：西界为澜沧江断裂，东界为维西—乔后断裂。其在古生代是准地台发育阶段，为海陆交互相含中酸性火山岩碎屑建造或磨拉石建造，厚度近3000m。中、晚三叠世是地槽发育期，为酸性和中基性火山建造，厚度可达8000m。侏罗纪—白垩纪，该区发育了一套红色建造及含膏盐红色建造。由于喜马拉雅运动发生褶皱、断裂，沿一些断陷盆地形成内陆碎屑及含煤建造。

丽江台缘褶皱带：位于丽江—小金河断裂以东，金河—箐河断裂和程海—宾川断裂以西，红河断裂、维西—乔后断裂以北，是地台西缘的一个古生代至三叠纪的坳陷带。其西南侧的点苍山有下元古界结晶基底出露，洱海以东出露上震旦统和古生界，晚二叠世发育了厚达3590m的基性火山岩建造。中生界出露最广的为三叠系。中生代以来，经受印支、燕山，特别是喜马拉雅运动的剧烈作用，形成变形相当强烈的地台边缘褶皱—断裂带。

川滇台背斜：西界为金河—箐河断裂和程海—宾川断裂，东界为大凉山断裂和普渡河断裂，南界为红河断裂，包括滇中、滇东北和川西南大部地区，亦称“康滇地轴”“康滇古隆起”。其总体为一宽广的背斜构造，由早元古代康定杂岩、河口群、大红山群及中、上元古界昆阳群、会理群等基底岩系组成。自晋宁运动褶皱回返后，震旦纪—中三叠纪，台背斜处于隆起状态，成为一SN向长条形隆起带，奠定了康滇NS向构造格局。其内地台基底大面积出露，常呈穹隆状产出。最古老地层是康定群，晋宁运动使地槽褶皱回返，除泥盆—石炭系普遍缺失外，上震旦统和下二叠统分布广泛。早、晚二叠纪时发生了大规模基性岩侵入和玄武岩的沿断裂带喷溢活动。早、中三叠纪地轴隆升，缺失沉积。晚三叠纪晚期直至中新世，发生不均匀沉降，形成中、新生代盆地，沉积了上三叠统—下第三系红色陆屑建造。上新世以来，除断陷湖盆接受沉积外，全区遭受剥蚀，后期受喜马拉雅运动影响，始新世之后又整体褶皱隆起。

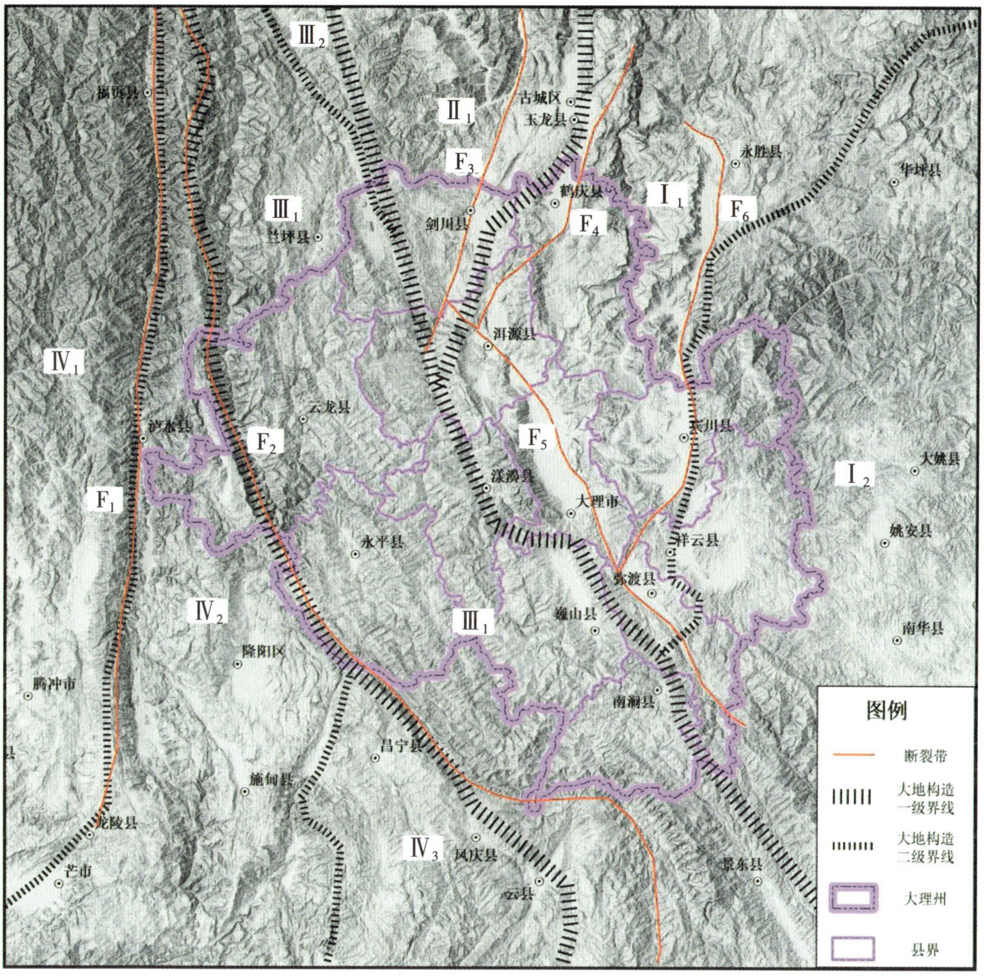

Ⅰ扬子准地台：Ⅰ$_1$丽江台缘褶皱带，Ⅰ$_2$川滇台背斜；Ⅱ松潘—甘孜褶皱系：Ⅱ$_1$中甸褶皱带；Ⅲ唐古拉—昌都—兰坪—思茅褶皱系：Ⅲ$_1$兰坪—思茅褶皱带，Ⅲ$_2$云岭褶皱带；Ⅳ冈底斯—念青唐古拉褶皱系：Ⅳ$_1$伯舒拉岭—高黎贡山褶皱带，Ⅳ$_2$福贡—镇康褶皱带，Ⅳ$_3$昌宁—孟连褶皱带；F_1怒江断裂，F_2澜沧江断裂，F_3中甸—龙蟠—乔后断裂，F_4鹤庆—洱源断裂，F_5红河断裂，F_6程海—宾川断裂

图1-1　区域大地构造单元图

注：本图仅为大地构造单元示意图，不作为划界依据

中甸褶皱带：西界为金沙江断裂，东界为大具—丽江断裂带西支断裂和丽江—小金河断裂。古生代为稳定的地台型沉积环境，晚二叠纪—三叠纪出现强烈坳陷，以优

地槽型沉积建造为主，并伴随发生强烈基性火山喷发活动，所以又称为中甸—义墩优地槽褶皱带。区域变质作用与构造运动和岩浆活动同步，有海西晚期热流动力变质和印支晚期区域动力变质。晚三叠世全面褶皱回返，燕山运动有较强的岩浆侵入。喜马拉雅运动以来，常发生强烈的褶皱、隆起和断裂运动。

福贡—镇康褶皱带：带内除局部地区有少量中元古界深变质岩系外，最老地层为震旦系—中寒武统，出露厚度大于8000m，属冒地槽型沉积。古生代时期，地层发育程度极不平衡，有稳定沉降区和相对隆起区。印支运动之后全区隆起，中侏罗世发生短暂海侵，上新世—第四纪沿山间盆地和断裂谷地形成内陆含煤建造堆积。

1.1.2 主要构造带的发育与演化特征

构造单元边界均为区域性的构造断裂组成，区域内及附近主要发育有SN向的怒江断裂带、澜沧江断裂带、NW向的红河断裂带、NE向的中甸—龙蟠—乔后断裂和SN向的程海—宾川断裂等。红河断裂带为唐古拉—昌都—兰坪—思茅褶皱系与松潘—甘孜褶皱系和扬子准地台的分界断裂，丽江—小金河断裂将川滇菱形块体一分为二，其东侧分布有程海—宾川断裂。区域内的断裂带均经历了长期的地质发育历史与复杂的构造演化过程。现将境内具有代表性的断裂演化历史叙述如下：

红河断裂带：其形成于晋宁运动后期，之后经历了加里东、华力西、印支、燕山等多次运动，形成宽达数百米的断裂破碎带。断裂带长期控制断裂两侧的地质发育，沿断裂带发育有不同时代的岩浆岩。新生代以来，红河断裂活动强烈，沿断裂发育一系列新第三纪、第四纪断陷盆地。新生代以来，断裂活动以右旋走滑为主要特征。

澜沧江断裂带：其为切割岩石圈的深大断裂，沿带可见2～3km的挤压破碎带，具有长期的发育史与演化经历，经历了加里东、华力西、印支、燕山等多期构造运动，对两侧晚古生代以来的沉积建造具有明显的控制作用。喜马拉雅运动以来，受青藏高原强烈隆起的影响，断裂活动以由西向东的挤压为主。第四纪以来，NW向断裂兼有右旋走滑性质。

中甸—龙蟠—乔后断裂带：其形成于早古生代以前，经历了长期的发育与演化历史，在第三纪以前表现为以右旋走滑运动为主的活动特征，第四纪转化为以左旋走滑运动为主的活动特征。第四纪以来，活动强烈，沿断裂形成一系列断陷盆地。晚更新世以来，仍有强烈活动。

程海—宾川断裂带：其为二级构造单元重要的分界断裂，形成于震旦纪，后又经历加里东、海西、印支、燕山等等多次运动，控制了不同时期地层和岩浆岩的分布。喜山运动以来，断裂带经历了由挤压到拉张的演变过程，晚第四纪以拉张和走滑为主要特征。

1.2 地貌特征

大理区域位于横断山南部的盆岭与纵谷地区，地势总体上西北高、东南低，大致以丽江—小金河断裂带、维西—乔后断裂和红河断裂带为界，区域可分成三个地貌单元。西北部属于青藏高原，东南部属云贵高原，西南为横断山脉纵谷山地。

青藏高原部分主要由海拔3000～4000m以上的高原组成，山体走向多为近SN向（NNW向或NNE向），其间发育的澜沧江、金沙江等河流河谷皆为深切峡谷，形成高山峡谷地貌特征。

东部云贵高原部位由海拔1500～3000m的高原和中高山组成。高原面西北高、东南低，向东南倾斜，其间有若干个不连续的阶梯。高原面之下发育的谷地、盆地、湖泊大多具有明显的方向性，它们的形成与断裂活动密切相关。

西南横断山脉纵谷区，则由北向南地势逐渐下降，发育的谷地、盆地大多为NW向和NE向，山体高度大多1500～2500m。

区内山脉受区域构造制约，主要为近SN向、NW向和NNE—NE向。流经区内的河流，主要有澜沧江和金沙江等。区内地貌受活动断裂控制形成系列断块山、断陷盆地和断裂谷地。上述地貌的形成，不仅与地壳的强烈隆起、夷平和准平原面的解体与变形关系密切，而且也与强烈的冰川与流水作用密切相关。

1.3 新构造运动特征

1.3.1 新构造运动特征

大理区域新构造运动主要受陆内板块活动的影响，其新构造运动的总体特征主要有三个特点：一是大面积整体间歇性掀斜抬升运动；二是断块间的差异升降运动；三是断裂的新活动。

1.3.1.1 大面积整体掀斜抬升运动

自新近纪，特别是上新世末以来，区域伴随着青藏高原的强烈隆升，使在此前经长期剥蚀夷平作用形成的准平原化夷平面大面积抬升为高原面。由于自南而北抬升幅度的不断增大，因此，区域内新构造运动表现突出的大面积整体掀斜抬升运动特点。从区域内高原面现今分布高程来看，西北部的剑川一带为3000m左右，区域南部的云龙、永平一带为2500m左右。区域内澜沧江、金沙江及其支流河谷内普遍分布的多级剥夷面与河流阶地，都表明区域新构造运动的大面积抬升具有明显的间歇性运动特点。

1.3.1.2　断块之间的差异升降运动

区域在大面积掀斜抬升的背景下，以区域性断裂为边界的各断块之间，由于抬升幅度各不相同，造成了块体间的差异运动。例如，中甸—龙蟠—乔后断裂以北的中甸—玉龙雪山块体与南部的鹤庆—大理断块裂陷区之间，现今发育的一级夷平面（高原面）之间的高差达1000m左右；以丽江—小金河断裂为界，西北部的中甸—玉龙雪山块体平均海拔在4000m以上，而东南部的盐源—渡口块体平均海拔在4000m以下，两块体相差大于500m。反映了块体间强烈的差异性抬升运动的活动特征，这些差异性抬升运动大多是沿断裂急剧抬升造成的。

另外，在区域内沿一些大断裂带地貌上形成断层谷、断陷盆地、现代湖泊等，它们与两侧山地残留高原面之间的高差可达千米以上。例如，沿红河断裂带北段发育的洱海断陷盆地海拔高度1964～2000m，而西侧点苍山残留夷平面海拔达3500m左右，最高峰达4122m，二者相对高差达1500m以上。如果再考虑盆地中的第四系厚度，二者之间的高差将会更大，反映盆地块体和山地块体间十分强烈的差异运动。断裂带内断陷盆地、湖泊与两侧山地间的差异活动同大面积的断块隆升运动相比范围小，是大范围隆升背景下的局部差异沉降。

由于断裂的新活动，沿断裂带大多发育断陷盆地或拉分盆地，但这些盆地大多是在整体大面积抬升的基础形成的山间盆地，如区内的数个盆地都为此类型。

大理盆地，盆地呈NNW—SSE向展布，长约46km，宽10～13km，面积540km^2。盆地西依点苍山，东至洱海东岸，海拔1964～2000m。大理盆地为沿红河断裂形成的拉分盆地，地质构造复杂，主构造线方向为NNW向。自更新世早期盆地形成后，堆积了湖积、冲湖积、冲积和洪积等多种成因类型的松散沉积物，据物探资料，堆积厚度在千米以上，南部凤仪盆地内可达2000m。点苍山十八溪南起下关、北至周城，在山前沿盆缘山麓成SN向带状形成一系列洪积扇，洪积扇相互衔接、叠置形成著名的大理洪积扇（裙）。由于点苍山不断的间歇性上升，形成了扇裙的独特结构：老的洪积扇相互衔接成裙，新的洪积扇迭复其上，形成迭瓦式结构。顶部坡度5°～10°，中部2°～4°，宽1～3km，显后陡前缓之势。洪积层主要为砂砾层、砾石层，含砾砂质黏土等，厚度50～300m。盆地在第四纪具有活动性质，1925年，在盆地内曾发生7级大震。

宾川盆地，长约46km，宽3～9km，面积315km^2，海拔1300～1600m，四周山顶高1800～3100m，高差1800余米。第四纪沉积物最厚约1000m，一般在200～500m，为沿程海—宾川断裂带发育的断陷盆地。第四纪沉积主要有洪积、冲洪积和湖积等类型。沿东部盆地边缘有多个洪积扇呈带状分布，形成著名的“东山洪积扇”，面积约60km^2，扇体后缘坡度大，中前部坡度较缓。在盆地内历史上曾发生6½级地震。

弥渡盆地，长约15km，宽约9km，面积约95km^2，海拔1680m左右。自更新世盆地形成至今，先后堆积了更新统湖积，全新统冲积、冲洪积、冲湖积等松散堆积层，总厚度大于500m，为沿红河断裂带发育的第四纪拉分盆地。在盆地内历史上曾发生7级地震。

祥云盆地，长约10km，宽约6km，面积约78km^2，海拔1965m左右。自更新世盆地形成到现在，堆积有更新统和全新统湖积、冲积、冲洪积、冲湖积等松散堆积层，总厚度达400m，为一坳陷盆地。

巍山盆地，长约25km，宽约10km，面积约240km^2，海拔1700～1800m，四周山顶高2300～2800m。大西河自NW向SE纵贯盆地，自更新世盆地形成后，堆积有更新统和全新统湖积、冲积、冲洪积、冲湖积等松散堆积层，总厚度逾千米，为一两侧受维西—乔后断裂严格地控制而发育的断陷盆地。

1.3.1.3 断裂的新活动

新构造运动时期，断裂继承性活动频繁，早已存在的主要断裂构造多有明显的强烈活动表现，其活动方式多为断裂两侧相对的水平错动与垂直差异运动且兼而有之，活动强度不一，形成了一系列沿断裂带发育的新生带断陷或拉分盆地。如区域内的红河断裂、鹤庆—洱源和程海—宾川断裂等，沿断裂带分布的一系列断陷盆地、湖泊、断错地貌等，均是这些断裂新活动的产物。

1.3.1.4 岩浆活动

新构造运动时期，区域内的部分地区曾有过岩浆活动。在大理盆地西侧发育有晋宁期的花岗岩，东侧发育有华力西期闪长岩。在剑川盆地西缘发育有喜山期粗面岩，弥渡盆地西部边缘出露有喜山期碱性玄武岩。区域东部的南华至姚安，出露上新世的流纹岩。岩浆活动也是地壳活动程度的重要指标。

1.3.1.5 地震活动

地震是现今地壳运动的表现形式之一，是新构造运动强弱的重要指标。大理区域属我国地震多发区，地震活动十分强烈。历史上频繁发生6级以上地震，最大地震为1652年7月13日在弥渡发生的7级地震和1925年3月16日在大理发生的7级地震。说明该区域地壳运动强烈。

1.3.2 新构造运动分区

新构造分区以水平运动为主要依据，兼顾垂直运动，从活动构造的角度，区域及附近可划分为5个一级新构造区和数个二级新构造区（见图1–2）。区域内主要有盐源—渡口掀斜隆起区（Ⅰ）、巴迪—兰坪强烈隆起区（Ⅲ）和程海—大理差异隆起区（Ⅳ）等几个新构造区，下面将几个活动区主要特征进行简述。

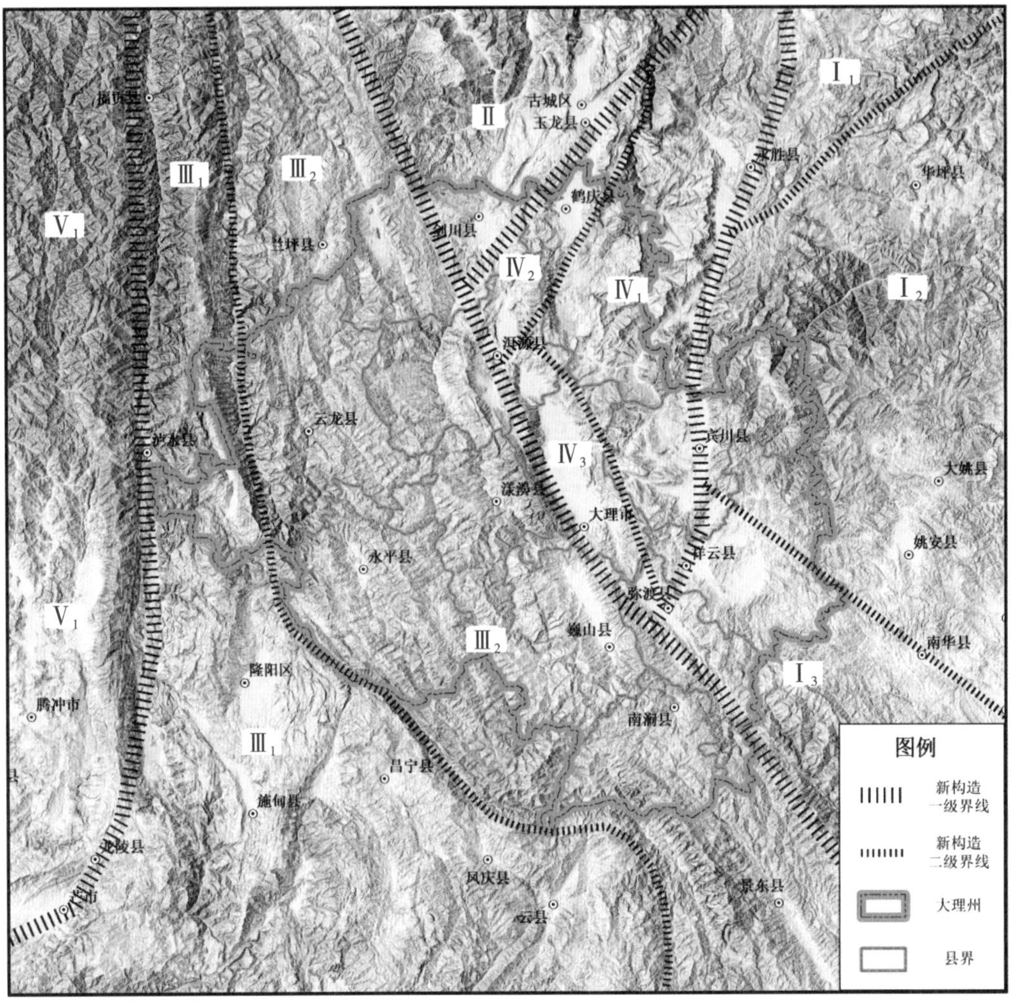

Ⅰ盐源—渡口掀斜隆起区：Ⅰ$_{1}$盐源差异凹陷区，Ⅰ$_{2}$盐边—渡口凸起区，Ⅰ$_{3}$祥云掀斜凸起区；Ⅱ中甸—丽江差异隆起区；Ⅲ巴迪—兰坪强烈隆起区：Ⅲ$_{1}$巴迪—碧江强烈凸起区，Ⅲ$_{2}$兰坪—永平掀斜式隆起区；Ⅳ程海—大理差异隆起区：Ⅳ$_{1}$永胜—宾川差异凸起区，Ⅳ$_{2}$鹤庆—剑川差异凹陷区，Ⅳ$_{3}$点苍山差异凸起区；Ⅴ高黎贡山隆起区：Ⅴ$_{1}$滇西火山活动区

图1–2　区域新构造运动分区图

注：本图仅为新构造运动分区示意图，不作为划界依据

1.3.2.1　盐源—渡口掀斜隆起区（Ⅰ）

该区地貌上主体为高原地貌，新生代盆地镶嵌其中。高原面平均海拔在3000m以上，盆地面海拔2000m左右，金沙江由西向东贯穿该区。区内发育2000～2500m和

3000～4000m两级夷平面，夷平面西北高、东南低，具掀斜特征。上新世—早更新世地壳总体抬升，一系列近SN向断裂挤压逆冲，局部段落形成断陷盆地。第四纪地壳由NW向SE滑移兼有右旋转动。区域范围内可分为盐边—渡口凸起区（I_2）和祥云掀斜凸起区（I_3）2个二级新构造区。

盐边—渡口掀斜凸起区（I_2）：中生代到早第三纪曾是一大型内陆湖盆，早第三纪后总体隆起，有基底昆阳群地层出露。沿元谋断裂带有小型晚第三纪和第四纪断陷盆地发育。区内有喜山期碱性岩侵入。

祥云掀斜凸起区（I_3）：又叫新平断隆，南界为红河断裂，北界为南华—楚雄断裂和石屏—建水断裂，西界为程海—宾川断裂，东界为个旧断裂。区内地势总体西北高、东南低，主要表现丘状高原地貌，Ⅱ级夷平面西段海拔高2200～2400m，东段为2000m之多。

1.3.2.2 中甸—丽江差异隆起区（Ⅱ）

该区处于丽江—小金河断裂以北与维西—乔后断裂以东的区域，属于川西强烈隆起区的一部分。该区平均海拔高度在4000m以上，由近SN走向的高山、高原组成，金沙江在该区发育深切峡谷，形成高山峡谷地貌，其新构造特征总体上表现为地壳增厚和缩短，以第三纪以来发育若干的逆掩断层的飞来峰构造为特征。逆掩断层走向近SN向，倾向W，地壳块体由西向东推覆，反映该时期应力场的主压力方向为近EW向，它所影响的最新地层是早第四纪砾石层。第四纪构造应力场的主压应力方向转为NNW—SSE向，构造区总体向SSE方向滑移且有绕垂直轴的顺时针转动，东南边界的丽江—小金河断裂带的活动性质为挤压逆冲兼左旋走滑。

1.3.2.3 巴迪—兰坪强烈隆起区（Ⅲ）

该区包括维西—乔后断裂带和红河断裂带以西的广大滇西地区。该区新构造运动以整体强烈抬升为其主要特征。区内主要发育2000～3000m、3000～4000m和4000m以上的三级夷平面。早第三纪时期，曾发育有兰坪—云龙近SN向的凹陷盆地，晚第三纪和第四纪有周围山地一起强烈隆起。研究区内包括两个二级新构造区。

巴迪—碧江强烈凸起区（III_1）：为较强隆起区，隆起幅度北高南低，北部隆起强烈，在澜沧江及其支流强烈下切。地貌上为高山峡谷，江面与山顶面的高差达3000m以上。

兰坪—永平掀斜式隆起区（III_2）：为维西—乔后断裂、红河断裂带与澜沧江断裂带之间的地区。该区向北可延至滇西北的德钦以北，向南延至滇西南的思茅一带。为较强隆起区，在第三纪时期，云龙和永平一带曾一度断陷，之后便长期处于较强的隆起状态，形成高山峡谷地貌。新构造运动主要表现为由南向北的大面积掀斜式抬升的运动特征，在北部的德钦一带抬升幅度达3000m以上，中部永平一带抬升幅度2000m左右，南部思茅一带抬升幅度为1000m左右。

1.3.2.4 程海—大理差异隆起区（Ⅳ）

该区为整体抬升背景下差异运动强烈的地区。位于丽江—小金河断裂、龙蟠—乔后断裂和程海—宾川断裂之间地区，其四周被活动断裂围限，内部活动断裂发育，受其影响，块体间水平和垂直差异运动强烈，形成若干第四纪盆地或湖泊。如大理、程海、鹤庆、洱源、剑川盆地等。盆地、湖泊与山地之间的地形高差显著，如苍山与洱海之间的地形高差达2000m以上。研究区内可分为永胜—宾川差异凸起区（$Ⅳ_1$）、鹤庆—剑川差异凹陷区（$Ⅳ_2$）和点苍山差异凸起区（$Ⅳ_3$）3个次级新构造区。

永胜—宾川差异凸起区（$Ⅳ_1$）：总体为强烈抬升的山区。沿程海—宾川断裂带有强烈的垂直差异运动，形成金官、永胜、宾川等第四纪盆地和程海现代湖盆。

鹤庆—剑川差异凹陷区（$Ⅳ_2$）：受丽江—小金河断裂带西南段、鹤庆—洱源断裂带活动的影响，形成剑川、鹤庆上第三纪—第四纪盆地，它们与周围山地之间的垂直差异运动明显。

点苍山强烈差异凸起区（$Ⅳ_3$）：受红河断裂带内苍山东麓断裂和洱海东岸断裂强烈活动的影响，垂直差异运动明显。苍山强烈抬升，海拔4000m以上，洱海强烈下陷，海拔2000m以下。大理盆地堆积厚度1000余米，盆地与点苍山的高差达2000余米，由此可见沿断裂的差异升降运动多么强烈。

1.3.2.5 高黎贡山掀斜隆起区（Ⅴ）

该区位于怒江断裂带、龙陵—瑞丽断裂带以西地区。地貌上东北高、西南低，SN向的槟榔江、龙川江均由北向南纵贯全区。高黎贡山等山脉呈SN向展布。山脉、水系受控于SN向的断裂，如怒江断裂、苏典断裂等的控制作用。东北部地形高度一般3000～4000m，最高的高黎贡山达4219m。向西南部地势逐渐降低，潞西（现芒市）、瑞丽一带已降为2000m以下，最低1500m。南部地势变为NE向，河流流向由NE向SW，如龙川江、大盈江等。本区构造运动强烈，致使岩层褶皱变形，断裂发育，北部区域变质作用普遍，变质岩系发育，南部岩浆活动强烈，近现代火山活动强烈。根据构造差异运动，大致以恩梅开江断裂为界可分为滇西火山活动区（$Ⅴ_1$）一个二级新构造区。

滇西火山活动区（$Ⅴ_1$）：位于龙川江及其以西，该区新构造活动以强烈的火山活动为其主要特征。自新第三纪上新世以来，火山活动十分强烈，在腾冲、梁河、盈江一带，南北长约90km，东西宽约50km范围内，现今有明显山体的第四纪火山60座。其中有25座火山结构保存完整。全新世火山有4座，其中打鹰山在300多年前曾有喷发活动。该区断裂第四纪以来活动强烈，沿断裂形成一系列断陷盆地。腾冲断裂、大盈江断裂、龙陵—瑞丽断裂均为晚更新世以来活动断裂，是云南新构造运动强烈地区之一。该区地震活跃，历史上曾发生多次6～7级地震。

1.4 区域地球物理场及深部构造特征

1.4.1 地壳形变特征

现代地壳形变主要反映了现代地壳运动，GPS是研究现代地壳水平运动的技术手段。通过对GPS 观测数据的处理与分析得到区域地壳活动特征，有助于捕捉与认识孕震信息，为地震活动趋势分析提供依据。

从中国大陆的整体形变（见图1–3）可以看出大范围的空间运动规律性，在印度板块东触角附近，形成了一种顺时针旋转的运动态势。川滇地区为WS向运动，并逐渐变化，运动强度为“西强东弱” 水平运动，方向自西向东逐渐往东南偏转。

川滇菱形块体和巴迪—兰坪块体，受青藏高原强烈隆升和向SE方向的侧向推挤及壳幔物质流展的影响，除上述两种运动形式之外，还具有整体向SE或SSE方向的侧向滑移和挤出运动。川滇菱形块体滑移和挤出运动的东部边界是鲜水河—小江断裂，西南部边界为红河断裂，前者为左旋走滑，后者是右旋走滑。巴迪—兰坪块体滑移和挤出运动的东部边界是维西—乔后断裂。两块体的这种运动方式得到了现代地壳运动观测网络观测结果的证实，即青藏高原东部现代地壳运动矢量场由NNE向逐渐指向NE向，再转为SE向，呈顺时针方向运动，速率也逐渐变小。进入高原以东的贵州高原和四川盆地后，运动矢量明显变小，说明青藏高原东边缘有明显的应变积累或冲压位移。同时也说明，青藏高原东边界不是自由的，可能深部存在受阻的约束条件。

研究表明，在本研究区内存在2个与地震活动相关的一级活动块体，即川滇菱形块体和巴迪—兰坪块体，并且前者可划分出2个次级块体——川西北块体和滇中块体，其界线是丽江—小金河断裂。由于受青藏高原向SE或SSE方向的侧向滑移、挤出及其块体边界断裂的相互制约，各级块体之间存在明显的绕垂直轴的转动运动，其中丽江—小金河断裂以北的川西块体顺时针旋转运动的角速度是2.7°/Ma，滇中块体是2.9°/Ma（张建国等，2011）。云南地区GPS监测网显示，现今水平形变特征表明，以小江断裂为界的滇中区的水平运动方向为SE向，运动速率为（3.8 ± 1.6）mm/a，滇东区的水平运动方向为NE向，运动速率为（4.8 ± 3.4）mm/a。滇东与滇中两个单元间的差异运动速率为（7.5 ± 3.8）mm/a，方向为NNW，与小江断裂走向一致，为左旋运动。

分析现代地壳形变与地震活动的关系，认为强震发生在垂直形变速率等值线的密集及转折、畸变部位。如丽江SN向形变梯级带历史上发生过1996年丽江7级地震，大理西形变转折、陡变带历史上发生过1925年大理7级地震；其垂直形变上升、下降中心的边缘，如宁蒗—永胜上升中心的南边缘，历史上发生过1515年永胜7¾级地震；水平形变速率较大的块体边界断裂带和速度阶跃带，前者如小江断裂，后者如龙陵—澜沧新生断裂带，历史上也都发生过多次7级以上地震。

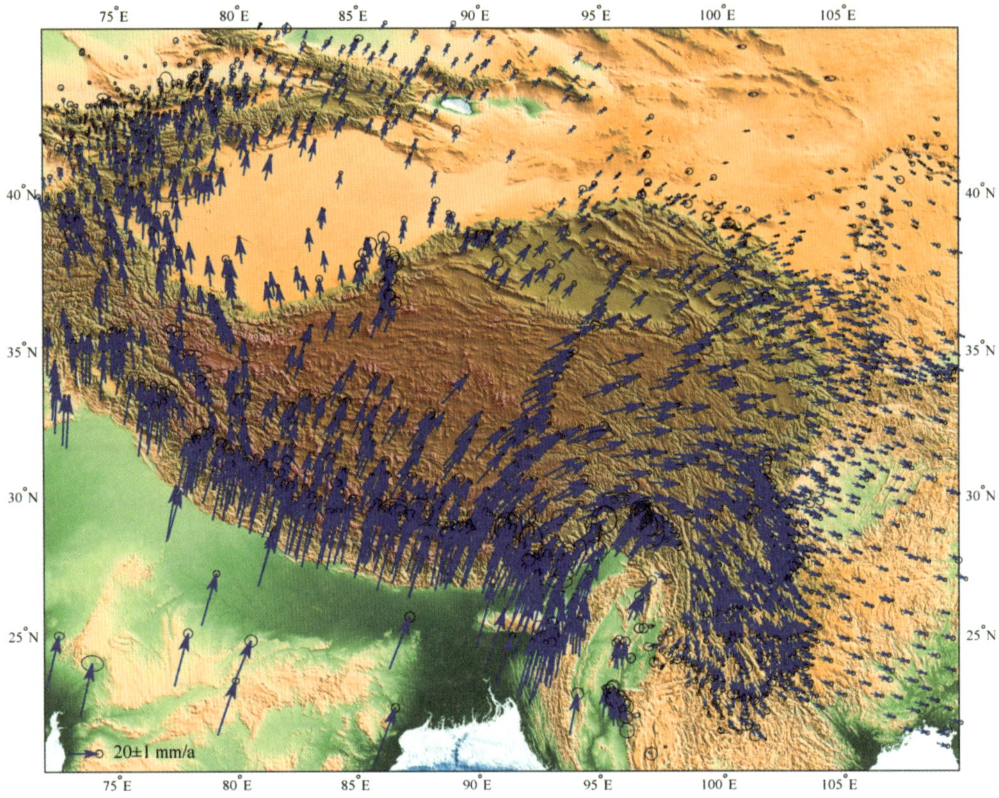

图1-3　青藏高原及周边地区的GPS运动方向

注：（据张培震，2022）本图仅为GPS运动方向示意图，不作为划界依据

1.4.2　布格重力异常特征

在重力交接部位的梯级带，是深大断裂存在的反映，从图1-4可见区域布格重力异常值均为负值，由北向南，重力异常值相应呈下降趋势，区内最显著的梯级带为北东宾川和南面弥渡一带的梯级带。在宾川一带为巨型梯级带，与红河断裂带及鹤庆—洱源构造带相对应，其布格重力异常值约–310～–240mGal（mGal为非法定单位，1mGal=0.00001m/s^2，全文特此说明）。

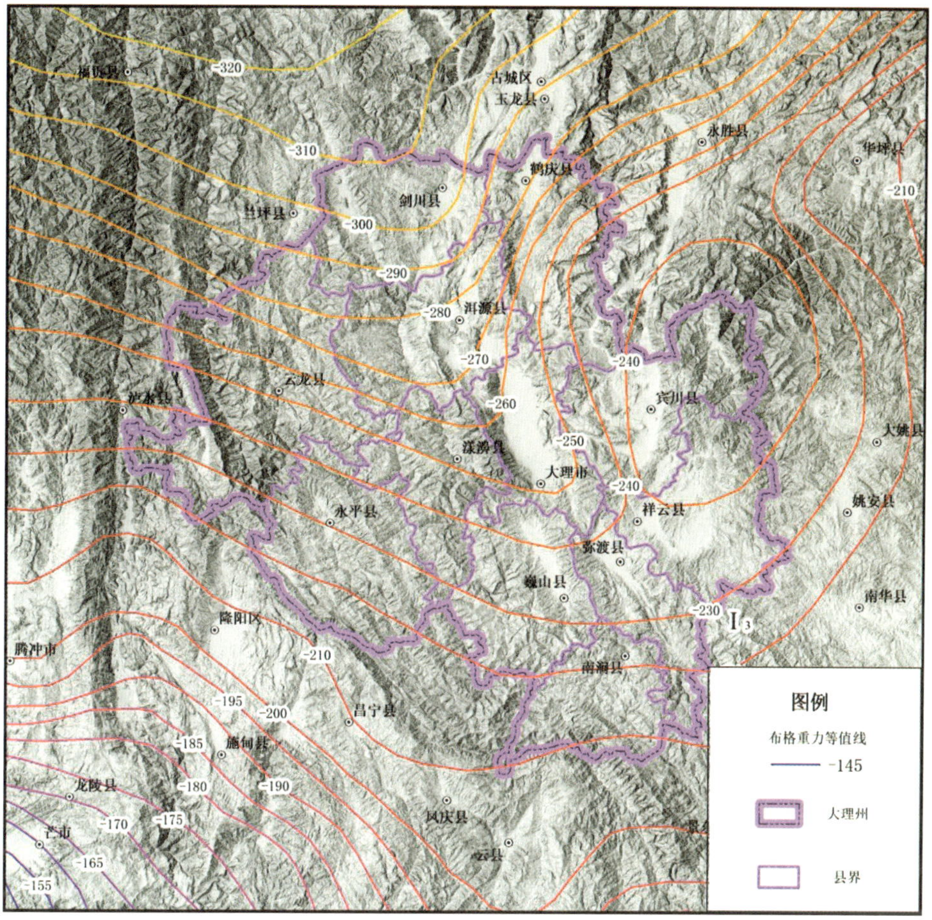

图1-4 区域布格重力异常图

注：本图仅为区域布格重力异常示意图，不作为划界依据

1.4.3 区域地壳厚度变化特征

云南地区地处青藏高原东缘，地形高差较大，其西北部中甸一带海拔约3500～4000m，而南部景洪一带海拔仅为1000～1200m。据“滇深82”工程和“滇深8687”工程及其综合研究结果表明，整个云南地壳东南薄西北厚（厚度范围在37～58km间），横向变化非常明显，为多层速度结构。

根据重力反演和地震测深资料得到的大理区域地壳厚度分布情况图（见图1-5）。由图可以看出，区内地壳厚度总的特点是由南、东南部向北、西北部逐渐增厚，地壳厚度在红河断裂边界左右差异明显。断裂以东的地壳厚度较大，在中甸、丽江、永胜等地壳变化剧烈，等深线密集，显示了壳下台阶和深大断裂的影响，是地震频发的地区；断裂以西则厚度较小，地壳较为缓舒。大理处于地壳厚度剧烈变化区内，是发生6级或6级以上强震的地区。

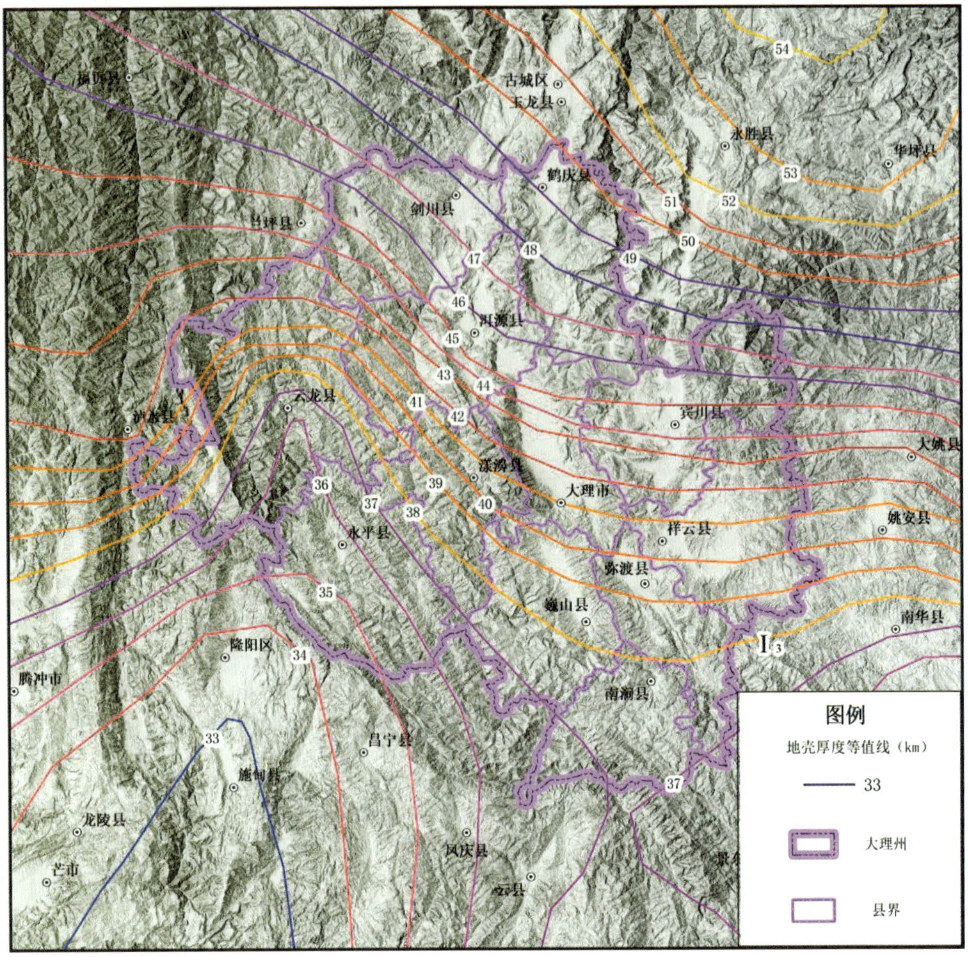

图1-5　区域地壳厚度等值线

注：本图仅为区域地壳等值线示意图，不作为划界依据

1.5　区域现代构造应力场

1.5.1　现代构造应力场分区

现代构造应力场的研究有助于探讨地震成因、分析断层活动方式和活动性质。为了解大理地区现今构造应力状态，通过多种地应力资料，对大理所处的区域现代构造应力场特征进行分析。

利用震源机制解的水平最大主应力方向来描述构造应力场方向特征是一种常用的

方法（Zoback，1992；许忠淮，2001）。根据震源机制解资料显示，大理地区现代构造应力场较为复杂，主应力方向变化较大，主要涉及云南及邻区的2个现代地壳应力场分区（见图1–6），即图中的川滇块体和滇西南块体。川滇块体为金沙江—红河断裂带，鲜水河断裂—安宁河断裂—小江断裂带所围限的区域，这一地区的P轴优势分布主要为NNW向。滇西南块体主要为红河断裂以西，实皆断裂以东的区域，这一地区的P轴优势分布为NNE—NE向。

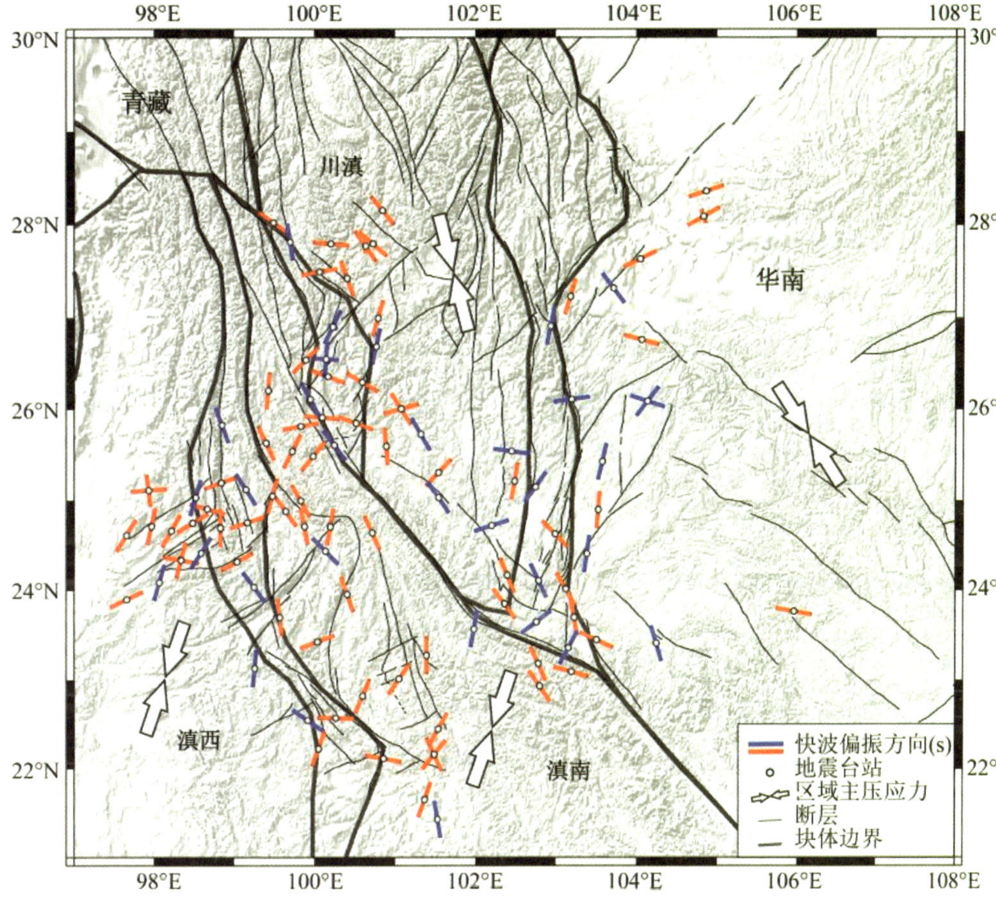

图1–6　云南及邻区现代构造应力场分区图

注：（盛书中，2022）本图仅为构造应力场分区示意图，不作为划界依据

通过震源机制解数据、断层滑动资料、地应力测量数据等多种地应力数据分析（谢富仁等，2004），得出滇西南块体和川滇块体的水平最大主应力方位分布，如图1–7和图1–8。统计结果显示，滇西南块体，三类应力数据给出的水平最大主应力分布的优势方位为NNE向，表明该区地壳应力状态为NNE—SSW向的挤压；川滇块体内部，两类应力数据给出的水平最大主应力分布的优势方位为NNW向。总体上看，由东至西，2个应力分区水平最大主应力的方向存在着顺时针转动的特征。

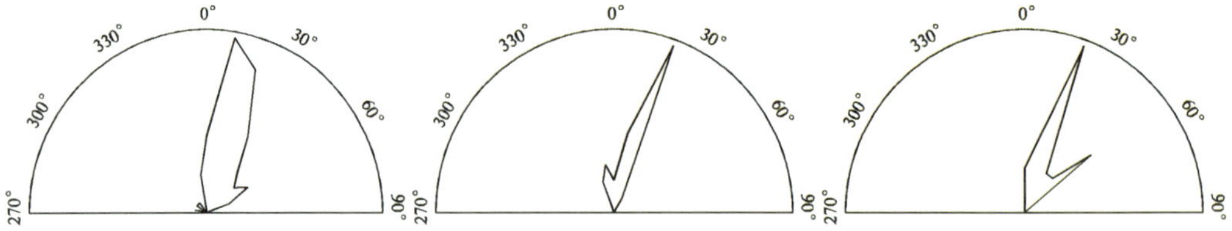

（a）震源机制解　（b）断层滑动资料　（c）水压致裂资料

图1–7　滇西南块体水平最大主应力方位分布玫瑰图

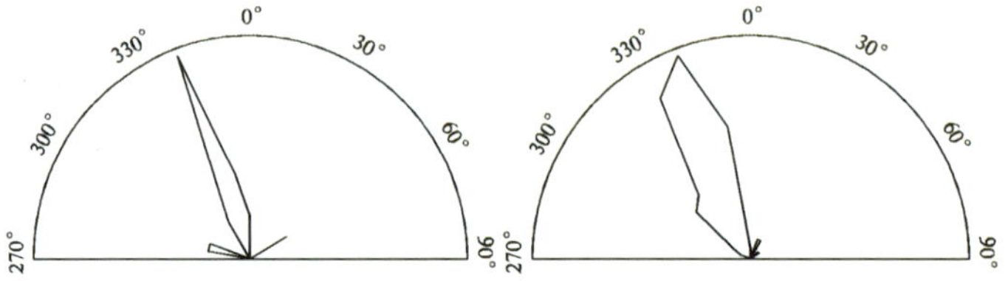

（a）震源机制解　（b）断层滑动资料

图1–8　川滇块体水平最大主应力方位分布玫瑰图

1.5.2　大理地区震源机制解与构造应力场

大理地区大部分属于滇西南块体北东部，东部部分区域则靠近川滇块体西缘。区内活动断裂发育，新构造活动十分强烈，现代构造应力场复杂，主应力方向变化较大。根据Global CMT Web（USGS）检索得到的大理地区CMT震源机制共17次（见图1–9）。

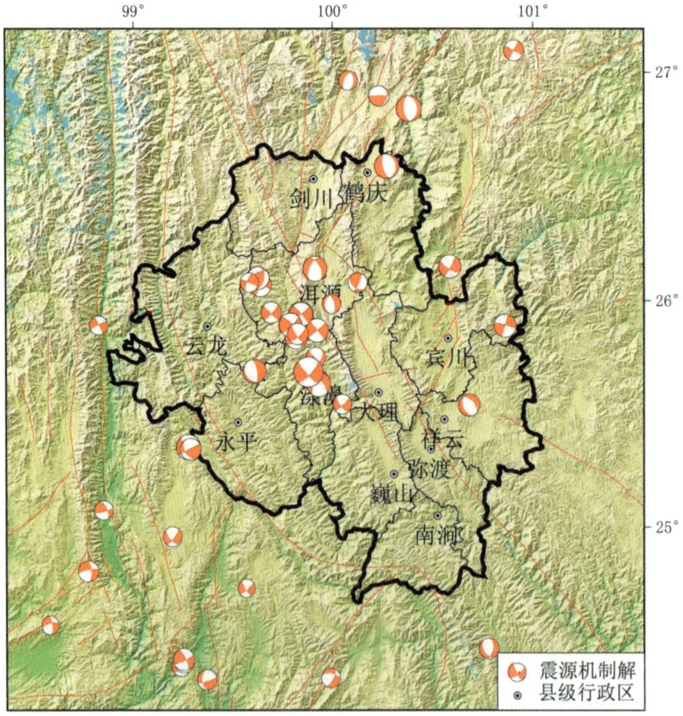

图1–9　大理地区CMT震源机制解图（1982—2023年）

注：本图仅为震源机制解示意图，不作为划界依据

从CMT结果看，大理地区的构造应力场空间分布与地震破裂特征基本如下：①地震主压应力方位主要集中分布在SSW—NW、NNE向角域，其他方位分布较少。②断层错动性质为以右旋走滑为主，走向方位主要集中分布在NWW—NW—NNW以及NNE向角域；错动性质以左旋走滑为主的节面B，走向方位主要集中分布在NNE、NE、NWW向角域。

总体而言，由北至南大理地区的主压应力方向有顺时针转动的特征（谢富仁等，2001；程万正等，2003；崔效锋等，2006）。结合区域动力源和地质构造看，NNE—NE向应力场是印度板块东缘通过缅甸微板块传递而来的压应力场；而川滇块体内的NNW向应力场，则主要来源于青藏高原物质流延展过程（川滇块体的南移作用）的NW—NNW向压应力场。由此可见，印度板块NE向挤压与川滇块体的SSE向滑移的联合作用，是大理地区强震活动的基本动力背景。

2 区域活动断裂特征

大理区域在SSE和NE向区域构造应力场的双重作用下，境内的活动断裂众多，主要为NNW和NE两个方向展布，活动断裂大多延伸长、切割深，属于区域性大断裂或深大断裂带。此外，活动断裂带大多经历了较长的地质发育历史，大多属继承性活动断裂，它们对不同时代地层、岩浆岩起控制作用，同时地层又是确定断层新活动时代的重要证据。区内许多强震震中都位于晚更新世活动的断裂附近，强震活动与晚更新世以来的活动断裂关系密切，表现出明显的块体特征。

2.1 新生代地层

区域内的新生代尤其是第四纪地层的堆积类型和发育特征与断裂活动密切相关。受区内的活动断裂控制，形成以盆地为主的沉积地层，包括河流相、湖泊相和冲积扇相等堆积地层。

2.1.1 古近系

地层发育比较分散，其形成原因为始新世青藏高原第一幕运动，断裂沿线产生一系列拉分、断陷盆地堆积，主要由冲积相及湖沼相形成的褐红色、紫红色、棕红色粗碎砾岩、砂泥岩为主的全陆相碎屑物堆积组成。总体排列受区域构造影响，但彼此隔绝，地质特征差异较大。主要发育在剑川、鹤庆、云龙和弥渡等地，其中部分地区新生代地层受区域断裂的影响，具有持续沉积的特征继承性，如剑川盆地和洱源盆地均表现出这个特征。出露地层主要为始新统，厚度不等，如在鹤庆东部厚度达千米以上，推测下部包含有下始新—古新统。

2.1.2 新近系

区域新近系主要分布于互相封闭的盆地内，主要由湖沼相灰色砾岩、砂泥岩、黏土岩、泥灰岩夹褐煤层组成，如在剑川西北发育的双河组，在其中发现了烟煤层。各盆地的沉积厚度差异很大，从几十米至2000余米。双河组的典型剖面以大理北面的剑川双河附近剖面为代表。双河组为中新统的下部，主要由湖沼相灰色砂泥岩夹褐煤组成。在洱源盆地东侧的三营、牛街及太平村一带，主要由浅灰绿色、灰黄色、粉红色等颜色的半固结粉砂岩和黏土组成，中夹多层褐煤，厚度不等，总厚200～500m，为上新统。

2.1.3 第四系

第四系主要分布在盆地、河谷两侧及山麓斜坡等地带，堆积厚度差异大，区域内长期接受第四纪地层堆积，其环境多与新构造运动密切相关，同时它又是确定断层新活动时代的重要证据。区域内的第四纪沉积类型有湖相、河流相、洪积、残坡积及冰川堆积等。

下更新统（Qp_1）：有湖相和河流相堆积。湖相堆积在区域内主要分布于下关、大理和鹤庆等断陷盆地中。由一套灰色砾石层、亚黏土、砂层组成的河湖相沉积。在大理盆地南段、凤仪等地均有出露，各地厚度不一，在鹤庆盆地厚度达80多米。冲积层分布于澜沧江、金沙江及其一级支流上，构成Ⅴ级以上阶地。具二元结构，下部为砾石层，上部为黄色砂土层。

中更新统（Qp_2）：有湖相、河流相堆积和残积。湖相堆积，剑川盆地称江尾河组，鹤庆称鹤云寺组。由黏土、砂质黏土、泥质粉砂、粉砂、细砂组成，厚达100余米。由褐灰色、黄红色粗砂砾石层、亚黏土、砂层组成，砂砾层的特征是多为红色，砾石强烈风化，与砂或红褐色黏土共同堆积。砾石大小混杂，无分选性，磨圆度差。河流相堆积构成河流Ⅳ～Ⅴ级阶地，为砾石层、砂砾石层夹黏土层，含砾黏土层、砂层。残积相堆积一般形成含砾红色黏土，厚度不等，一般多在1～5m，最厚可达10m以上。

上更新统（Qp_3）：有湖相、河流相、冰川和洞穴堆积。区域在晚更新世晚期发生大理冰期，冰碛物海拔高度为3000～3500m。在玉龙山东坡主要由一套灰白色细砂、粉砂及灰岩、玄武岩碎块构成，无层理。在多个盆地呈湖相堆积，为中细砂、粉砂及黏土，普遍见有含煤或泥炭层，其上与大理冰期至玉龙山组逐渐过渡。河流相堆积一般构成Ⅱ～Ⅲ级阶地，为砾石层、砂砾石层夹黏土层、含砾黏土层、砂层。洞穴堆积为紫红色黏土层、黄色角砾、红色黏土等。

全新统（Qh）：有湖相、河流相堆积，成因类型多样，有冲积物、湖积物、洪积物以及少量的坡积或崩积物。湖相堆积以剑川盆地发育最齐全，下全新统称上登组，为细砂、砂质黏土，厚6.8m。中全新统称海门组，粉砂、黏土、砂砾石，厚4.2m。上全新统称剑湖组，粉砂、黏土、砾石与砂互层，厚3.8m。冲积物在地貌上组成低级阶地或者河漫滩为砾石层、砂砾石层、砂层，洪积物主要分布在断陷盆地的边缘或者河谷冲沟沟口。

2.2 主要断裂活动特征

在收集整理前人野外调查和综合分析研究的基础上，编制了大理区域内的地震构造图（见表2-1和图2-1）。

表2-1 区域主要活动断裂特征一览表

编号	断裂名称	产 状	活动时代	活动性质	地震活动
F_1	红河断裂	NW/ NE /60°～80°	Qh	右旋走滑	1652年、1925年7级
F_2	中甸—龙蟠—乔后断裂	NW—NNE/ W /60°～80°	Qh	左旋走滑	1951年6¼级
F_3	丽江—小金河断裂	NE/ SE、NW /70°～85°	Qh	左旋走滑	多次6级左右

续表2-1

编号	断裂名称	产　状	活动时代	活动性质	地震活动
F_4	鹤庆—洱源断裂	NE/ SE、NW /50° ~ 70°	Qh	左旋走滑	1839年6¼级
F_5	程海—宾川断裂	近SN/W/50° ~ 70°	北段Qh 南段Qp_3	左旋走滑	1515年7¾级
F_6	维西—乔后断裂	330° ~ 350°/W/50° ~ 70°	北段Qh 南段Qp_3	右旋走滑	1948年6¼级
F_7	兰坪—云龙断裂	0° ~ 20°/E/50° ~ 70°	Qp_{1-2}	逆断层	—
F_8	澜沧江断裂	340° ~ 360°/W/50° ~ 80°	Qp_{1-2}	逆断层	2013年5.9级
F_9	无量山断裂	340° ~ 350°/ NE、 SW/60° ~ 80°	Qp_{1-2}	逆断层	1979年6.8级

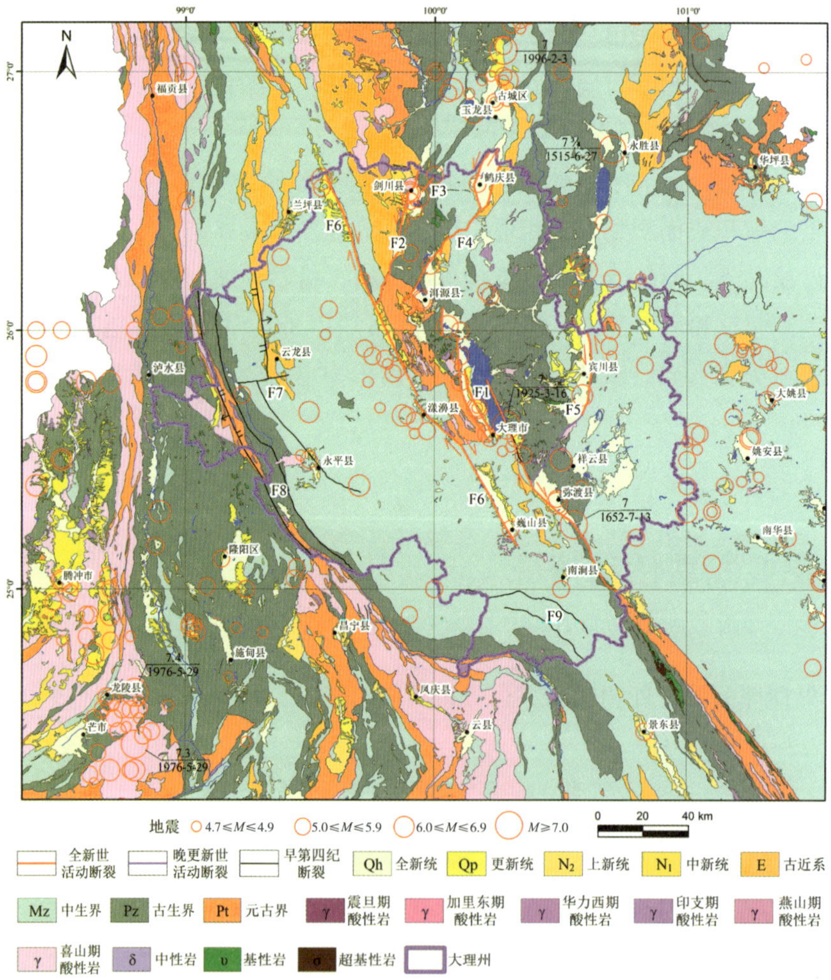

图2-1　大理州地震构造示意图

F1红河断裂；F2中甸—龙蟠—乔后断裂；F3丽江—小金河断裂；F4鹤庆—洱源断裂；F5程海—宾川断裂；F6维西—乔后断裂；F7兰坪—云龙断裂；F8澜沧江断裂；F9无量山断裂

根据云南省第一次全国自然灾害综合风险普查工作编制的《1：250000大理州区域地震构造图》，大理区域内发育红河断裂；中甸—龙蟠—乔后断裂；丽江—小金河断裂；鹤庆—洱源断裂；程海—宾川断裂；维西—乔后断裂；兰坪—云龙断裂；澜沧江断裂和无量山断裂。根据断裂的地质与地貌表现，兹将各断裂的活动性阐述如下：

2.2.1 红河断裂（F_1）

红河断裂带是中国西南部一条巨型块间走滑断裂带，它经历古近纪左旋走滑和中新世以来的大型右旋走滑运动。有关其生成、演化、发生与发展的历史及第四纪以来的活动性，已有大量的较为系统的研究。大理区域境内红河断裂按照位置分为苍山山前断裂和凤仪—定西岭断裂，这两条断裂均位于红河断裂带北段以伸展构造为主的变形区。大理区域内红河断裂展布见图2-2。

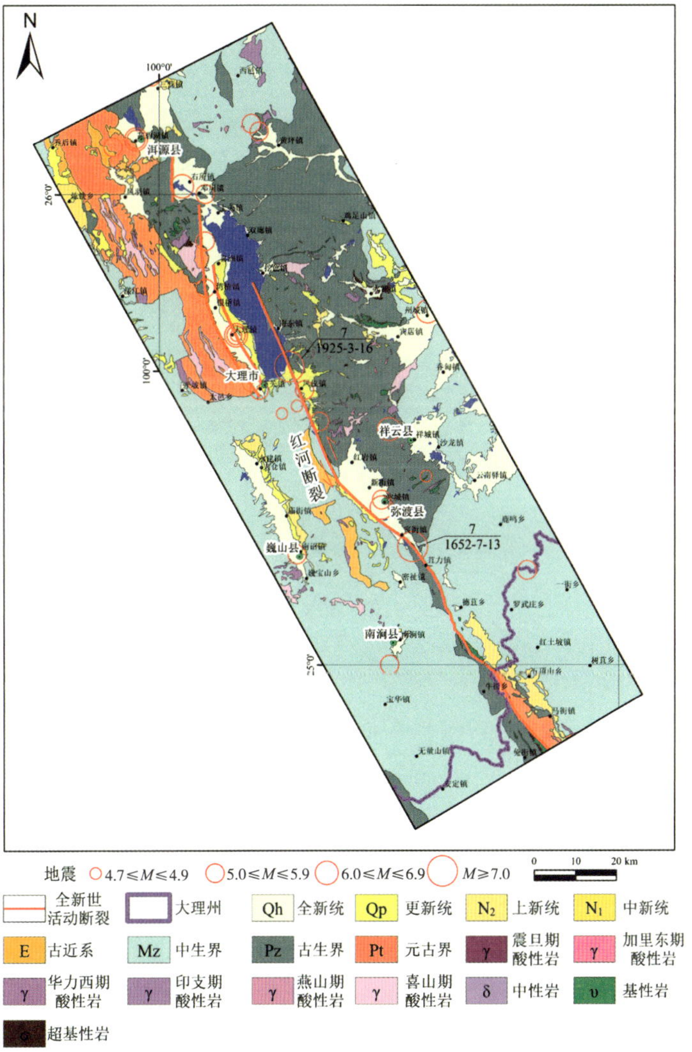

图2-2 红河断裂展布示意图

苍山山前断裂位于苍山东麓，大理盆地西缘，地质上为苍山隆起与大理盆地的分界，西部是苍山山脉，海拔高达4122m，东部大理盆地海拔多在2000m以下，加之大理盆地厚达1000m的第四系堆积，两相对照构成滇西北典型的盆山耦合结构。有关苍山山前断裂的活动性，前人有过大量详细的研究工作（虢顺民等，2001；向宏发等，2004）。沿苍山山前分布有一系列倾向大理盆地的正断层，地貌上构成断层陡坎和冲洪积台地的断层位错（见图2–3）。

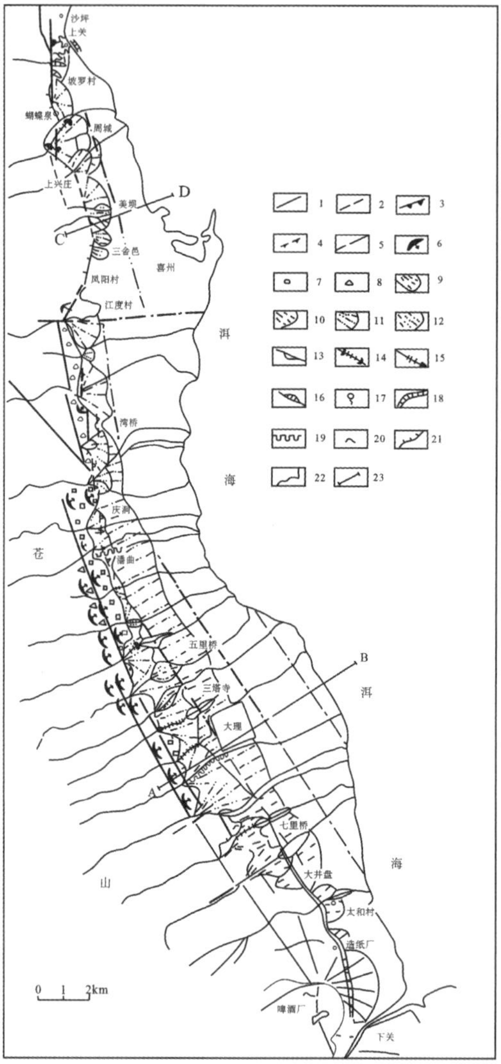

1.断层；2.推测断层；3.正断层地貌陡坎；4.推测断层陡坎；5.隐伏断层；6.滑坡后缘；7.晚更新世晚期台地（相对洱海高240～280m）；8.中更新世末期台地（相对洱海高300～440m）；9.晚期更新世晚洪积扇；10.全新世早期洪积扇；11.全新世中期洪积扇；12.现代洪积扇；13.切深2m以下的河段；14.切深在2～5m间的河段；15.切深在5m以上的河段；16.干沟、双线段一般深切5m以上；17.泉眼；18.南昭古路；19.南昭古城墙；20.新石器遗址；21.山边线；22.湖岸线；23.地质地貌剖面线

图2–3　苍山山前断裂构造地貌地质示意图

注：（据虢顺民等，2001）

断裂在右所断错了中更新世红土，向南延伸，见中更新世与断层接触，形成长1.5km，高5～6m的断层陡坎和断层崖（见图2–4）。断层崖延伸到西湖西岸后，直接与断层崖东侧的全新世湖积—洪积层呈断层接触，接触面平直，并在全新世地层中发育正断层。经^{14}C和热释光（TL）测年表明：^{14}C年龄（4.37±0.08）～（2.76±0.07）ka B.P.的灰黑色亚黏土已被断层错断，而年龄（2.21±0.11）～（1.23±0.08）ka B.P.的地层覆盖于断层之上（虢顺民等，2001）。

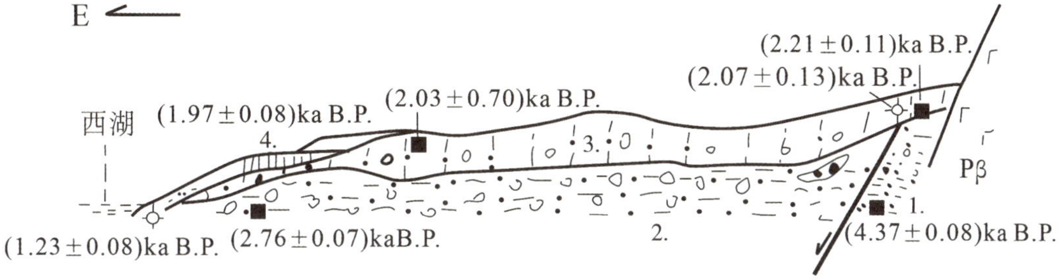

1.土黄色、灰黑色亚砂土、亚黏土夹砾石层；2.褐红色、棕褐色砂黏土夹碎石及碎石透镜体；3.浅棕色、灰黑色砂黏土夹碎石；4.灰色—灰黄色砂石层夹灰黑色亚砂土及砾石，含陶片

图2–4 右所波尾西湖西岸断层剖面

注：■热释光采样点；■^{14}C采样点（据虢顺民等，2001）

苍山山前断裂大理盆地段，该段苍山山前断裂由数条互为平行的正断层组成，大致以湾桥、庆洞一带为界，可分为南、北两段，两段的活动特征列于表2–2。

表2–2 苍山山前断裂大理盆地活动段活动特征一览表

	剖面位置	断层性质	活动次数	叠加的陡坎高度（m）	末次活动的断距（m）	被断最新地层年代（ka B.P.）	上覆最老地层年代（ka B.P.）
北段	上关龙首墙北	正	3	5～10		12.55±0.15	0.50±0.1
	上关龙首墙西	正	多次	14	0.2～0.3		
	菠萝村西	正	2		0.8	2.76±0.10	
	蝴蝶泉北	正	2	7.5		2.99±0.08	
	周城西	正	1		0.6	1.90±0.10	
	湾桥西	正	多次	10	2（?）		
	潘曲村西	正	多次	10		小于1000a	
南段	大理西	正	3 多次	1.5～10	1.2	2.37±0.14★	2.07±0.11
	下关啤酒厂西南	正				10.80±0.17	
	上末村—太和间	正					

注：★为热释光年龄，其余为^{14}C年龄（据虢顺民等，2001）

图2–5清晰地表现出断层的几何结构，苍山山前断裂有多条正断层组成，在此段正断层特征比走滑特征更为明显。

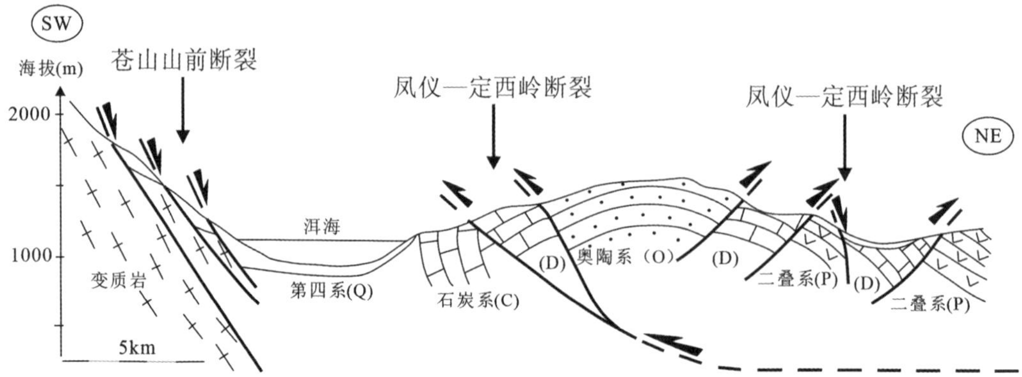

图2–5　大理盆地附近断层剖面

在上关龙首墙北侧断层切错^{14}C年龄为（12.55 ± 0.15）ka B.P.的砂黏土层，在断层上盘，见数个地震崩积楔堆积，地貌上构成断层陡坎（见图2–6）。

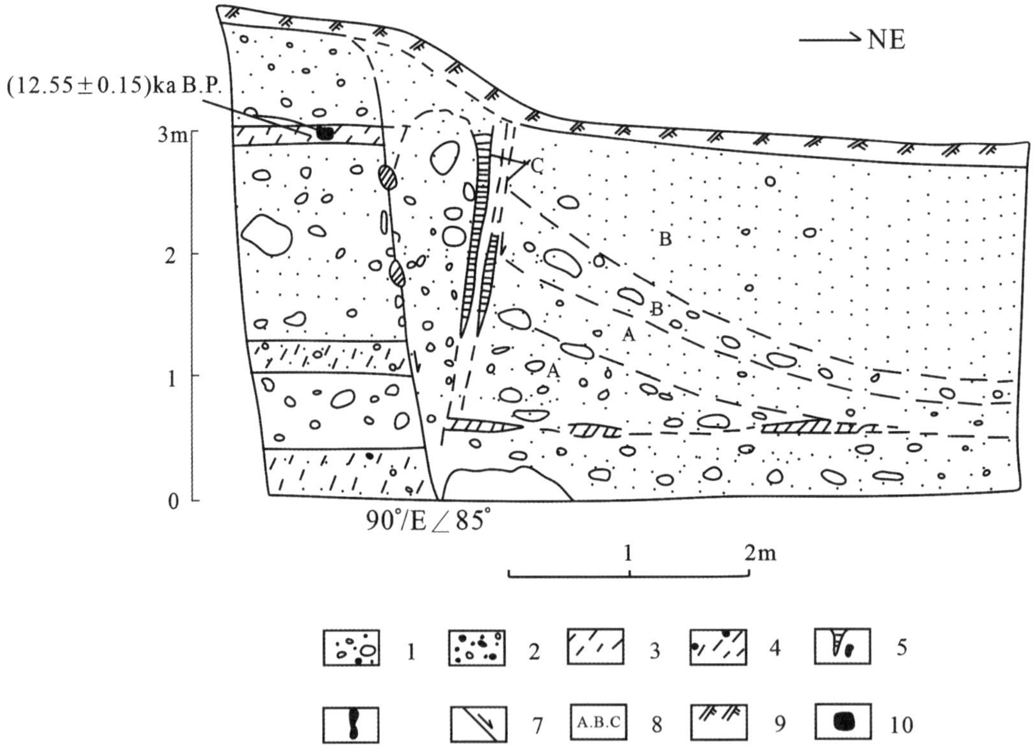

1.含砾砂土；2.含碎石土；3.棕灰色亚黏土；4.灰褐色黏土；5.砖红色裂缝充填土；6.棕灰色亚黏土团块；7.断层及位错方向；8.崩积楔编号；9.耕作土；10.^{14}C采样点

图2–6　上关龙首墙北侧断层剖面

注：（虢顺民等，2001）

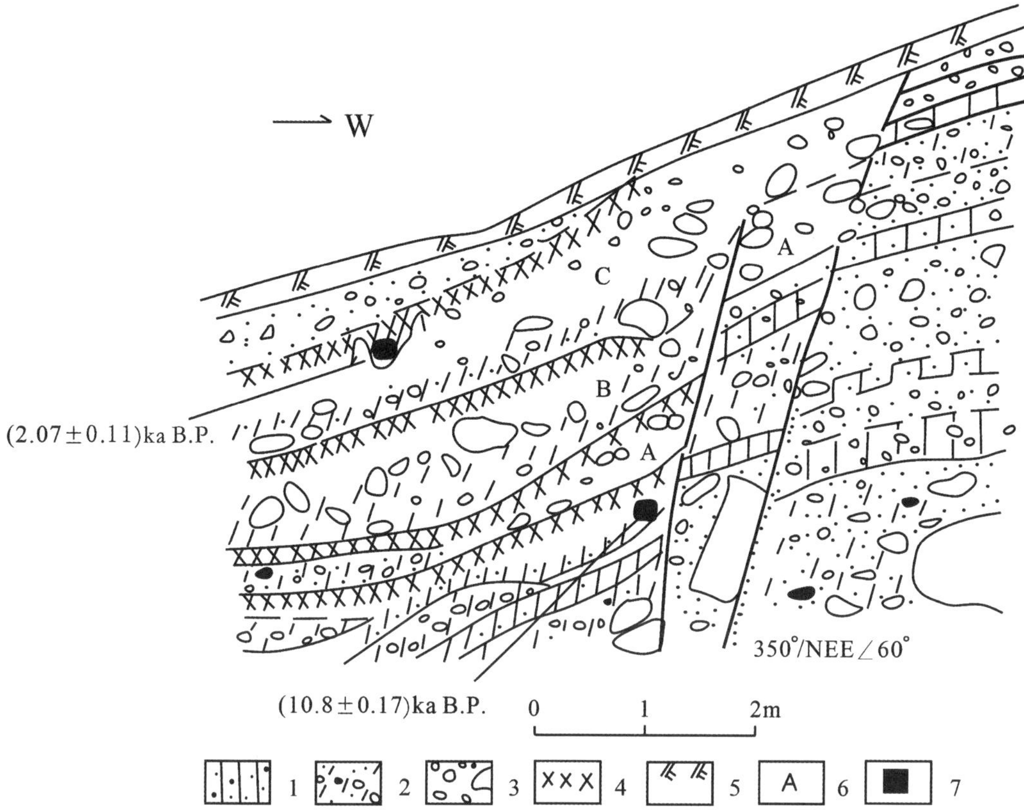

1.棕黑色亚黏土夹砾石；2.亚黏土砾石层；3.砂砾石层；4.古土壤；5.耕作土；6.崩积楔编号；7.^{14}C采样点

图2-7 下关啤酒厂西南断裂剖面

注：（据虢顺民等，2001）

在下关啤酒厂西，断裂产状为350°/NE∠60°，断层切错^{14}C年龄为（10.8±0.11）ka B.P.的含砂砾亚黏土层（见图2-7）。

在大理喜洲镇凤阳村花溪沟沟口，可见元古界苍山群变质岩与晚第四纪粗细混杂的砾石层断面接触（见图2-8）。前人根据断层位移量计算，认为苍山东麓断裂全新世垂直活动速率达5mm/a。

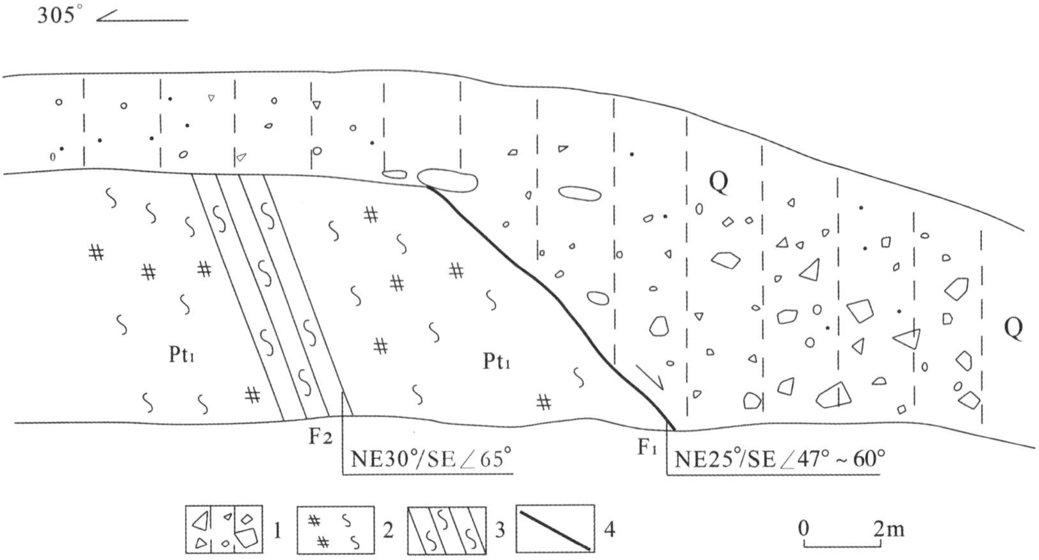

1.大小混杂，具一定磨圆的砾石层，组成洪积扇后缘台地；2.元古代片麻岩破碎带；3.元古代片麻岩中的节理；4.断面

图2-8　下关喜洲镇凤阳村花溪沟沟口断层剖面

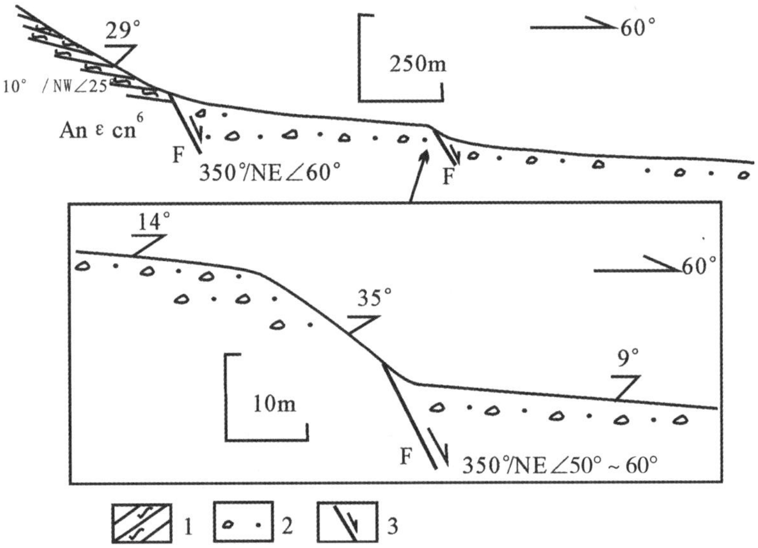

1.黑云母片麻岩；2.砂砾石层；3.断裂

图2-9　大理宝林寺南苍山东麓断裂剖面

在大理市三阳村，可见二级洪积台地前缘形成一高约15m的断层陡坎，地面之下2m热释光测年结果为（7.74 ± 0.66）ka B.P.。在大理市宝林寺村南，此段苍山东麓断裂由东西两条分支组成，西支构成基岩断层三角面，为前寒武系苍山群黑云母片麻岩与洪积台地的分界，东支断错二级洪积扇，形成高约17m的断层崖，上升盘洪积台地主要

由砂砾石组成，可见厚度6m，砾径5～40cm，呈棱角状至次棱角状，岩性以片麻岩、角闪岩和石英岩为主，其间被褐灰色砂土填充（见图2-9）。推断断裂全新世垂直断错速率为2mm/a。

苍山山前多级洪积扇相互叠置呈叠瓦状结构，且新扇坡度大，老扇坡度小，新扇在老扇之上。这种新、老扇体的结构关系，是苍山山前断裂不断活动抬升的结果。

表2-3 苍山东麓晚第四纪断层露头及探槽古地震期次

段落	地点	剖面位置	断距/m	断错或接近断错年代（^{14}C测年）/a B.P.	历史地震或古地震/a B.P.
北段	上关	龙首墙西	0.8	495 ± 100	1514年6½级
		龙首墙北	5.4	12553 ± 145	E1：1514年6½级 E2：2500～3000 E3：＞5000
	波罗村	村西	—	2757 ± 95	E1：2500～3000 E2：＞5000
	蝴蝶泉	蝴蝶泉北	0.65	473	1514年6½级
		蝴蝶泉北	—	8300 ± 120	—
		蝴蝶泉北	—	2985 ± 75	E1：2500～3000 E2：＞5000
	周城	村西洪积扇	2.0	1900 ± 95	1514年6½级
	喜洲	高台面与砾石层底面	520～750	100000	—
南段	潘曲	村西陡坎	10	1000	1514年6½级？
	大理	1.低台面与现代洪积扇顶面； 2.Q_4^2洪积扇	20～30 5～10	—	—
	下关造纸厂	厂西台缘	5.5	13450 ± 220 21150 ± 510	—
	下关啤酒厂	厂西南陡坎	3.7	2070 ± 110 10800 ± 165	E1：2560 E2：6870 E3：＜10800 ± 165
		厂西北剖面	1.6	—	—

注：（据冉勇康等，1990）

苍山山前断裂自晚更新世末以来发生过多次活动，形成了高度不一的断层陡坎和显示多次古地震事件的崩积楔。断裂带在全新世中期以来发生了3次地表破裂型古地震事件（见表2-3），单次地震的垂直位移为0.6～2.0m。7级左右地震平均地震重复间隔

1000～2000a，垂直断距1～2m。并且，在不同断层段的活动时间稍有差异，南段的最后一次活动发生在2000a B.P.，而北段则发生于500a B.P.，最后一次活动可能是1514年6½级地震的反映。

凤仪—定西岭断裂同样属于红河断裂带的断裂构造。从凤仪盆地的东、西边界及大赤佛—定西岭通过，走向NNW。在地貌上，该断裂北段成为凤仪盆地与山区的分界，断裂显示了倾滑活动。断层走向340°～350°，由两条次级断裂组成，成为凤仪盆地的东、西边界，本文称之为凤仪盆地西缘断裂、凤仪盆地东缘断裂。

（1）凤仪盆地西缘断裂

凤仪盆地西缘断裂是大理盆地东缘断裂的南向延伸端段，北起南村以北，经海东、红山、凤仪、大江西、松毛坡、大赤佛、石老人、大草地、定西岭，一直到弥渡盆地内，沿弥渡盆地西缘展布，经大庄营、苴力、沙河，走向NNW，长度约75km。断裂又可进一步划分为凤仪盆地西缘断层、大赤佛—定西岭断层等。地貌上表现为线性山脊、断层三角面和沟槽（见图2-10、图2-11、图2-12）。

在凤仪盆地上白桥、狮岗、新铺及松毛坡一带均见第四纪以来的断层露头。在上白桥一人工开挖剖面上，见松毛坡组的砖红色粉砂岩与灰黄色砂砾层中有一条NNW向高角度正断层，与西南升、东北降的现今地貌分界相一致。

图2-10　大理市红山附近线性山脊（镜向SE）

图2-11 大赤佛附近连续断层三角面（镜向E）

图2-12 弥渡双树村冲沟同步右旋位错（镜向W）

在红山村旁断层发育于上第三系和上更新统地层中，断层走向320°，倾向NE，倾角68°～70°，垂直错距2m，显示正断层运动（见图2-13）。断错的最新地层热释光年龄为（75.75±6.44）ka B.P.。

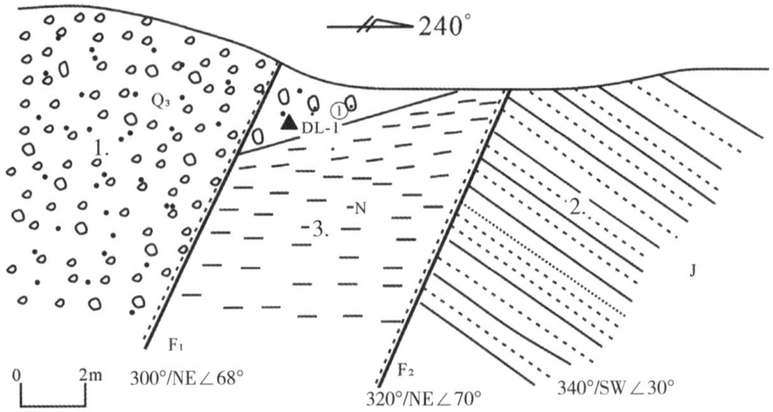

1.灰黄色砾石岩（含黏土）；2.侏罗系泥岩；3.挤压破裂的黏土层；▲T1采样点及编号

图2-13　红山村旁第四纪剖面

狮岗村西约150m出露断层剖面（见图2-14），近于水平的砖红色砂砾层及其上覆亚黏、亚砂土层不整合于倾角达20余度的灰黄色砂层之上。而一系列NW—NNW向的正断层均发育于这两套地层中，并具明显垂直断错和断层泥（见图2-14），在断层泥的滑动面上见有倾滑为主的断层擦痕。再往南在新铺村南的Q_1砂黏土中也见到近于SN—NNE向的正断层。

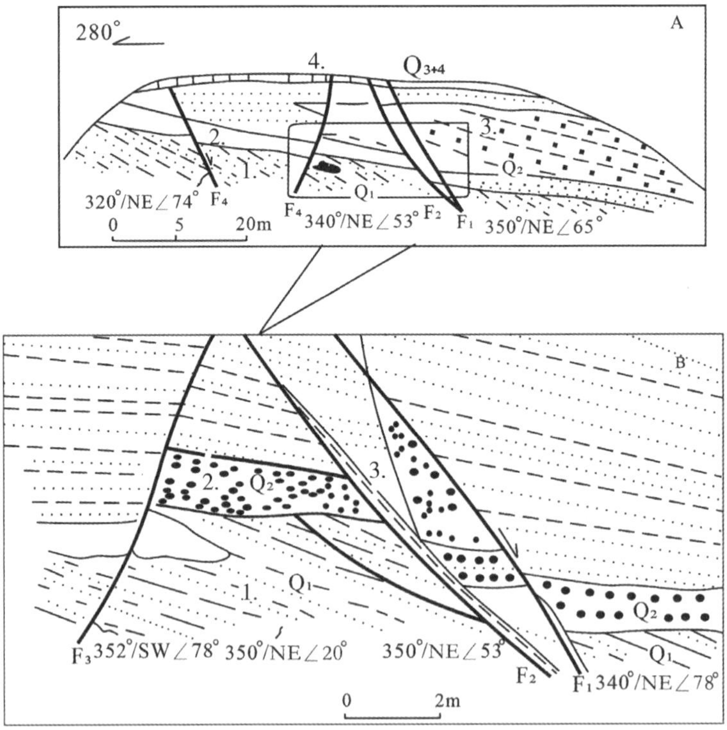

1.浅黄色砂岩层与肉红色粉砂岩夹薄层灰白色亚黏土及黄绿色砂砾石透镜体；2.砖红色砂层；3.肉红色砂黏土层夹灰白色黏土层；4.浅灰黄色含砾亚砂土层

图2-14　凤仪狮岗村西第四纪断裂剖面

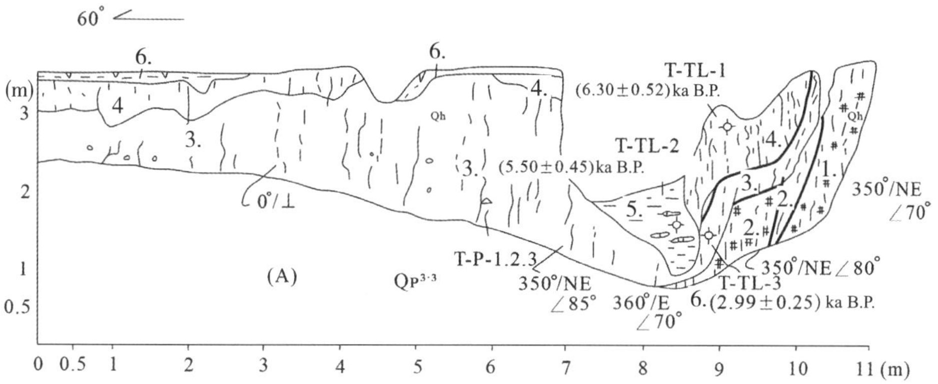

1.黄色挤压破碎带夹泥质条带；2.黑色、黄色泥质挤压条带；3.砖红色砂黏土夹灰白色泥质条带；4.黑灰色亚黏土夹白色泥质条带；5.红色砂土夹砂层透镜体；6.耕作土 今热释光取样点 孢粉取样点

图2-15　头合阱南200m冲沟探槽剖面

图2-15为头合阱南200m冲沟探槽剖面，断裂在1、2、3地层中强烈活动。从挤压白色条带的分析看，断层最少影响到全新世早期地层。

据野外调查，在凤仪东南大江西村东，见断裂发育在早更新世松毛坡细砂泥层中，断层产状为10°/SE∠85°，以劈理密集带为特征，断层滑动面上擦线清楚，擦线倾向SW，侧伏角20°，示有正断右旋走滑运动。该断裂使近EW流向的大丰乐南河右旋扭动达400m。

断层南延到310地质队附近，虽未见到断层出露，但在断层延长线西侧，经孢粉鉴定为中、晚全新世的湖相层被抬升，高出现今盆地顶面15m，采样处的地层厚度为5m。由此推断，凤仪盆地西南边界断层，自中全新世以来的垂直断错约有20m。

断层向东南延伸到三哨水库的大赤佛后，与凤仪盆地的东边界断层靠拢，构成大赤佛—定西岭峡谷，并与东边界断层组成大赤佛—定西岭断裂。

断层进入大赤佛—定西岭峡谷后，活动性质开始转化为右旋走滑为主兼倾滑。

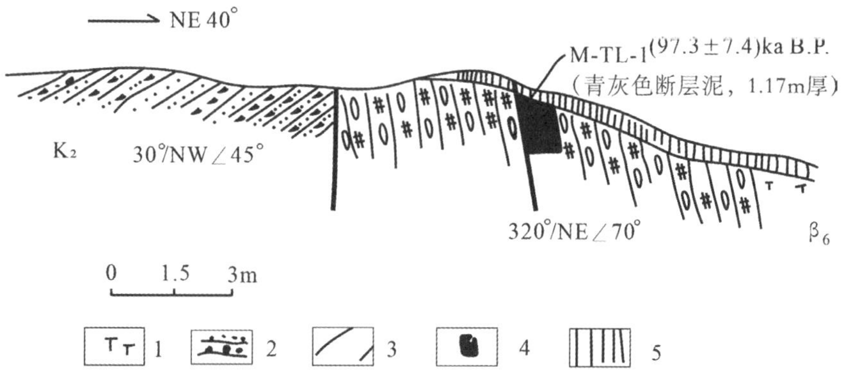

1.喜山期玄武岩；2.紫色砂砾岩；3.断层挤压带、断层泥带；4.青灰色断层泥；5.残坡积红土层

图2-16　定西岭北1.5km断层剖面

图2-16为大赤佛—定西岭断层段的典型剖面。断层发育于晚白垩世砂岩和喜山期玄武岩之间，断裂带宽10.5m，有1.17m厚的青灰色断层泥，断层直通地表，影响全新世残坡积层。在地貌上形成一坎高1.3m、坡角21°的断层陡坎。

石老人村东晚更新世晚期的褐黄色碎石亚砂土中见有开口向上的“地震楔”（见图2-17），楔内堆积有全新世的褐黑色岩块亚黏土，沿断面的最新活动和张裂发生在全新世早期。从断错楔的规模分析，大致相当于6.5～7.0级地震。在具有右旋位移的冲沟中，被断错地层的^{14}C年龄为（5.37±0.09）ka B.P，但上覆年龄为3000a左右的地层未错断。

位于大理盆地与弥渡盆地之间的定西岭地区，沿断裂发育有清晰的沟、脊水平位错。根据沟脊的长度和位错量大小，初步把沟脊位错分为大于200余米、100米和大于20余米等三种不同的量级，并得到了位错量最小（30余米）、长度最短一级水系位错发生年龄约为5360a B.P.。

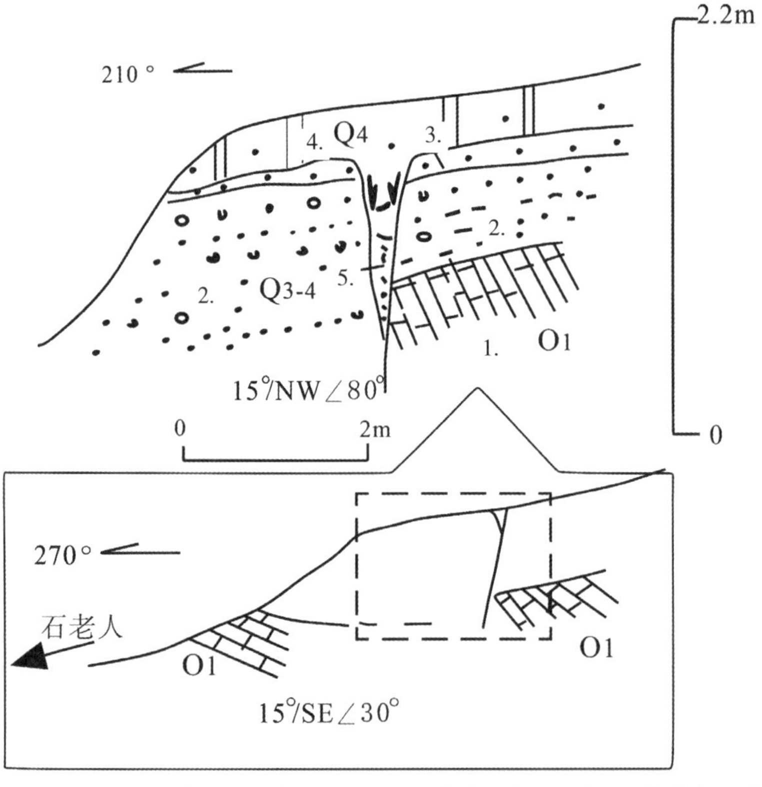

1.薄层灰岩挤压破碎带；2.褐黄色碎石、岩屑、亚砂土（位错垂直>1m）；3.灰黄色亚黏土；4.黑灰色含岩块亚黏土；5.褐灰色亚黏土石老人村东350m晚更新世以来活动断层剖面

图2-17　石老人村东350m晚更新世以来活动断层剖面

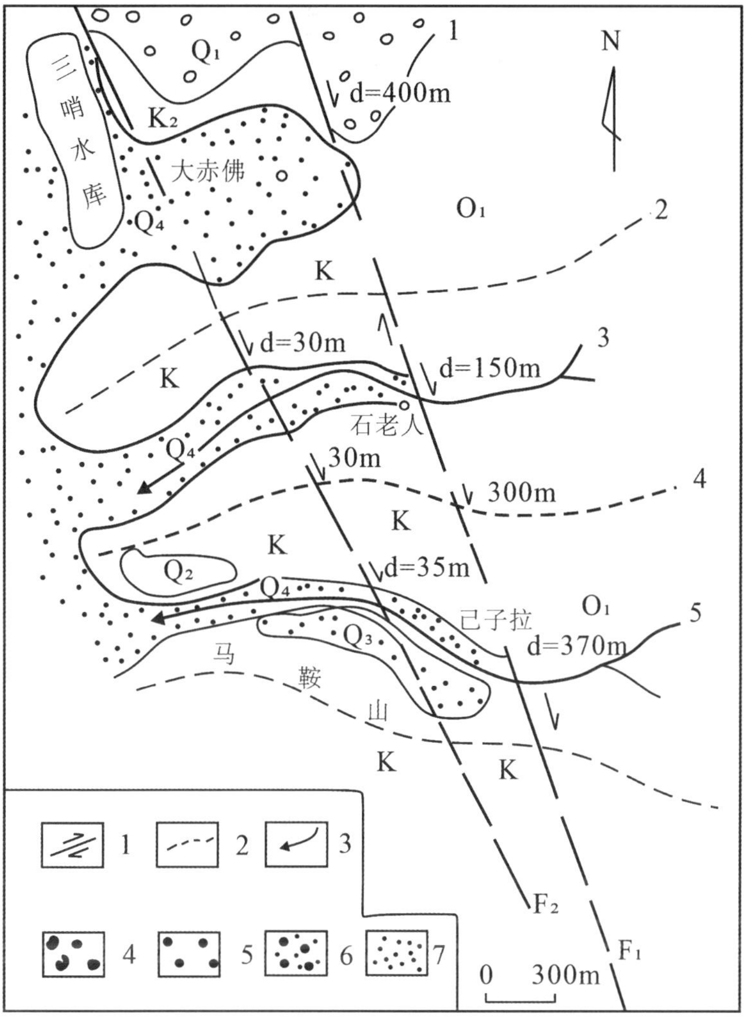

1.断层及水平位错方式；2.山脊线；3.冲沟及流向；4.下更新统；5.中更新统；6.上更新统；7.全新统

图2-18 定西岭北大赤佛—己子拉段水平位错分布图

在定西岭北大赤佛—己子拉段于断裂上存在达400m的水平位错量，而靠近河谷的一支断裂位错量多在30m左右（见图2-18）。调查表明，最大一级位错为早更新世地层位移，而被位错的冲沟有晚更新世的堆积物。由此看来，位错均发生在晚更新世以来。

冉勇康等通过1：10000的大比例尺填图，实测了定西岭北至大赤佛段红河断裂山脊位错的一批数据，得到约120m、50～60m及13～30m的3组数据，并通过探槽开挖和相关年龄测试，得出该断裂活动的上限年龄为3000ka B.P.前，为全新世活动断裂。

在凤仪镇龙翔村可见断裂断错于晚更新统卵砾石层中，断面清晰（见图2-19、图2-20）。图2-21为龙翔村附近另一处第四纪断裂照片。

图2-19　龙翔村凤仪盆地西缘断裂第四纪剖面

图2-20　断裂局部照片（镜向NW）

图2-21　龙翔村凤仪盆地西缘断裂断错卵砾石层（镜向NW）

图2-22为芝兰村附近见第四纪断裂剖面，断层发育于晚更新统含砾石黏土层中，断面清晰，断层产状为320°/SW∠65°。

综合分析，该断裂为全新世活动断裂。

图2-22　芝兰村断裂第四纪剖面（镜向NW）

（2）凤仪盆地东缘断裂

北起于海东，南西经尊庄、塔村、米总村、清乐村、敬天村、下锦场、南汤天村、秧田阱，至大赤佛，走向NNW，长度25km。

断层地貌清晰，大湖西一带表现为清晰的断层槽地（见图2-23）、断层三角面和线性山脊和断层垭口（见图2-24），断层三角面坡度30°～40°。根据野外调查，在大湖西采石场见断层破碎带宽约200m，地层陡立，岩石极为破碎。塔村公路旁见断层破碎带宽约150m，地层揉曲强烈，断层走向340°，倾向NE，倾角75°。根据这两处的断层露头，基本上可以肯定断层在平面上的几何展布特征。

图2-23　断层槽地（镜向N）

图2-24　秧田阱附近断层垭口（镜向SE）

清乐村东约400m砖场可见奥陶纪石英砂岩与第四系松毛坡组砾石层呈断层接触。其间见有走向NNE—近SN、倾向E的挤压断面和与之同向的滑动镜面。

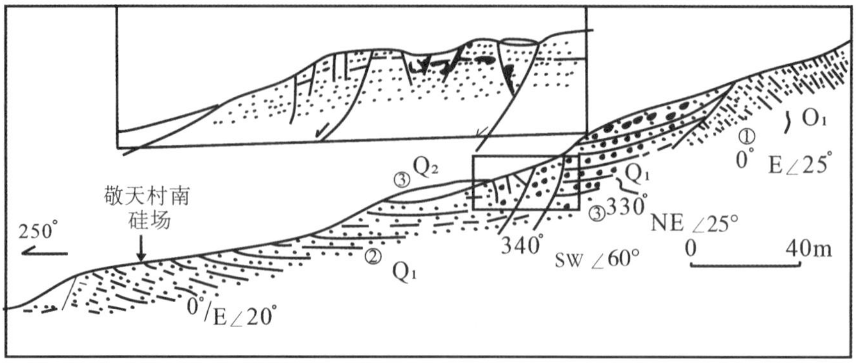

图2-25 敬天村断层地质剖面

敬天村东松毛坡组砂砾层不整合于奥陶系石英砂岩之上。在其堆积的边缘地带。发育一系列清晰的倾向盆地的倾滑正断层及与之相伴的反向倾斜的次生小断层。在地貌上除构成线性陡坎外，还见有若干叠加在其上的小地堑（见图2–25）。

在南汤天村，同样能见到更新世松毛坡组中发育一系列向盆地倾的正断层（见图2–26）。其走向350°，以高角度正断层为主，垂直断错明显，断距在0.4～2.3m之间，并有厚度不等的断层泥。

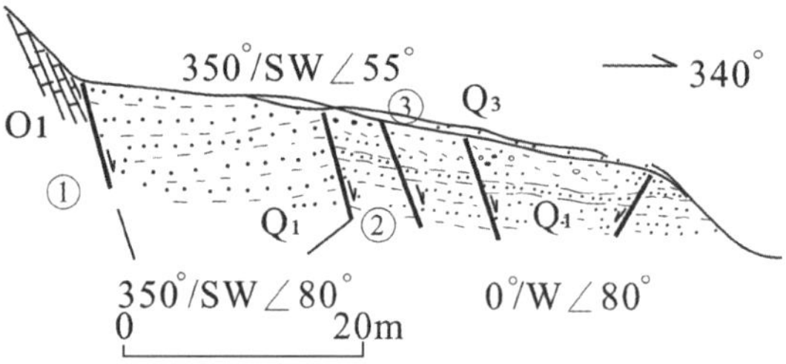

图2–26 南汤天村南综合地质剖面图

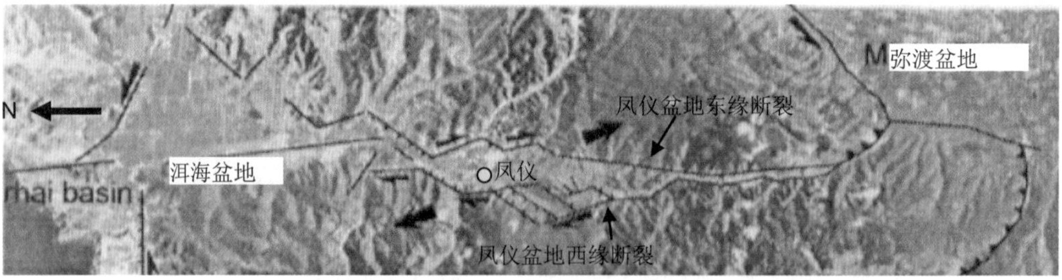

图2–27 凤仪盆地控盆断裂及形成机制示意图

注：（据AnneSocquet, et al. 修改）

通过对断层地貌和断错地层时代，以及对凤仪第四纪盆地沉积（见图2–27）的控制综合分析，该断裂为全新世活动断裂。

在双树南500m可见断裂发育于上白垩统紫红色砂岩和不整合覆盖于砂岩之上的晚更新世晚期—全新世早期的紫色砂砾层之中。断层产状为300°/SW∠55°（见图2–28），沿断层面发育了20cm厚的断层泥，断层泥的热释光年龄为（51.0±3.7）ka B.P.，断层面上保留着显示右旋倾滑活动性质的斜擦痕，断距为2.5m。沿断面上盘有两个崩积楔A、B，其堆积年龄经孢粉鉴定分别为晚更新世晚期（小于40ka）与全新世中期，代表50ka以来断裂的两次活动。

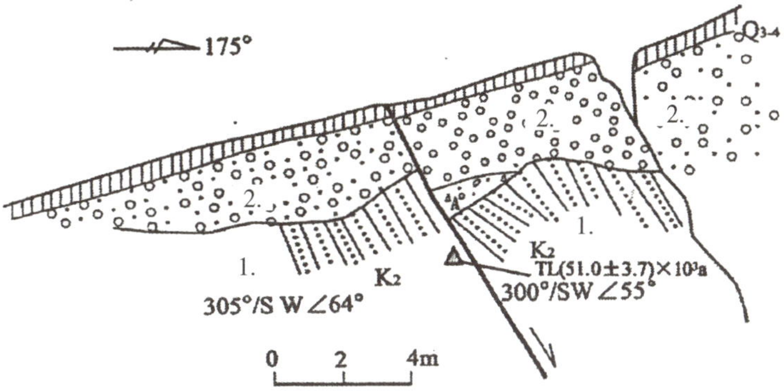

1.上白垩统砂岩；2.晚更新世晚期—全新世早期的砂砾石层

图2–28　双树南500m断层剖面

图2–29　南汤天村第四纪剖面（镜向NW）

在南汤天村可见断裂发育于晚更新世晚期—全新世早期的褐黄色含砂砾石黏土之中。断层产状为340°/NE∠60°（见图2–29），断层表现正断性质。

综上所述，红河断裂在晚第四纪时期发生过多次活动，最新活动段位于大理盆地的湾桥—庆洞一线以北，最新活动时间约为500a B.P.。在此段以北的右所盆地段和湾桥—庆洞一线以南段，最新活动时间稍偏老，约为2000a B.P.。同时，该断裂的活动有从山边向盆地逐渐迁移的趋势。

综合分析认为，红河断裂最新活动时间为全新世。

2.2.2. 中甸—龙蟠—乔后断裂（F_2）

中甸—龙蟠—乔后断裂是一条区域性断裂，以然度为界大致分为两段。北段（然度以北）属于早第四纪断裂（汤勇等，2014；胡朝忠等，2015）；南段（然度以南直至剑川段）属于全新世活动断裂，大理区域内断裂主要为该断裂的南段，展布位置见图2–30。

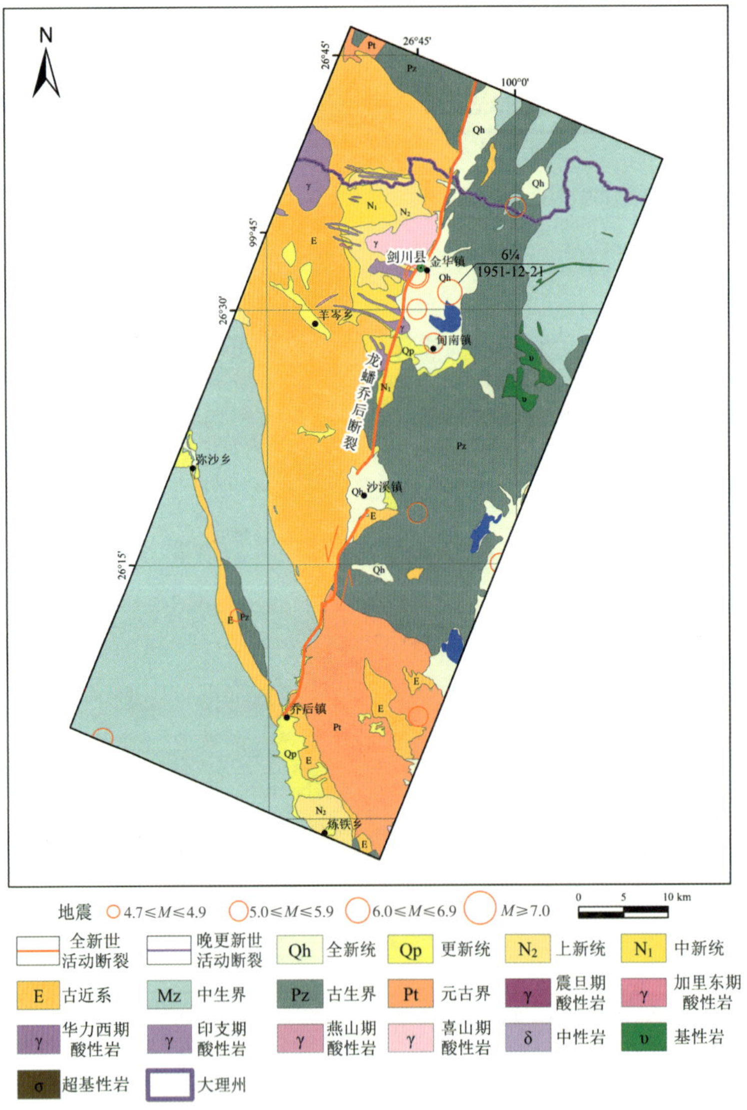

图2–30　中甸—龙蟠—乔后断裂位置展布示意图

断裂主要展布于剑川和洱源一带。断裂走向NE10°~15°，倾向SSE，倾角60°~80°。

根据区域地质资料，断裂附近分布有大量的喜马拉雅山运动期的粗面岩和正长岩、正长斑岩等，属于典型的碱性岩，是地壳处于伸展拉张环境下的产物，这在东非大裂谷已有较好的例证。这从侧面印证了断裂的拉张型特征。沿断裂侵入的喜山期岩浆活动的另外一个构造意义是断裂及受其断裂控制的剑川盆地具有较强的活动特征。

在卫星影像上，近场区内的龙蟠—乔后断裂具有平直的线性特征，影像特征清晰。断裂对龙蟠、中和、雄古、九河、剑川、沙溪等第四纪盆地有明显的控制，沿断裂有多个温泉呈串珠状分布，呈断层槽地的地貌现象发育（见图2-31、图2-32）。

在白汉场、剑湖、文源等地尚发育有多个现代湖泊。卫星影像上可以看出断裂对以上盆地的控制，断裂线性影像特征从剑川盆地西缘平直通过，这与野外调查结果非常吻合。野外调查可见，在吉来村、回龙村、江尾村、上宝甸等地发育有多个断错晚更新世地层的断层，这些断层均以正断层的性质出现。

图2-31　九河乡附近断层槽地（镜向W）

图2-32　白汉场北断层槽地（镜向N）

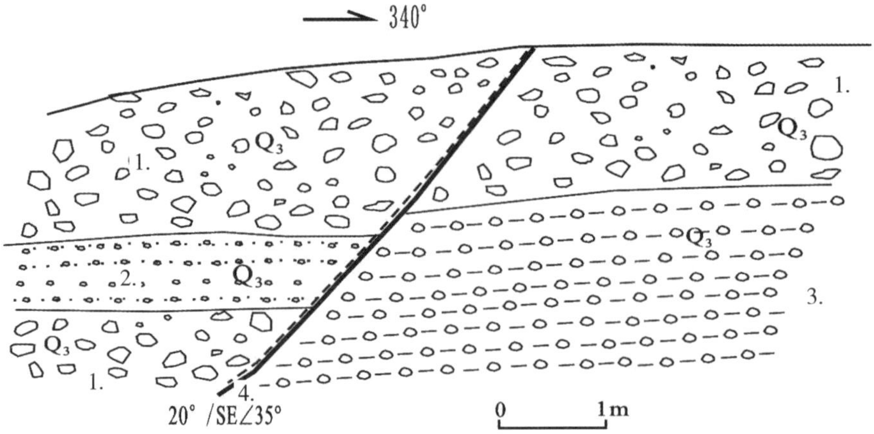

1.白色砾石层；2.灰白色砂砾石层；3.褐色含砾黏土层；4.断层及断层泥

图2-33 龙应吉来村山坡上断层剖面图

据野外调查，在九河盆地西缘的龙应吉来村山坡上，可见河流T_3阶地上更新统砾石层中发育第四纪活动断层（见图2-33），断层产状20°/SE∠35°。砾石层磨圆度中等—良好，属于河流冲洪积相，根据沉积物出露高度、胶结程度、岩性等进行对比，属于晚更新世沉积，说明晚更新世—全新世断层有过新活动。断层面上发育1～2mm厚的灰白色断层泥，断层泥松散，未胶结，属于较新时代断层作用的结果。从断层剖面很容易判断断层具正断层性质。

图2-34显示的断层剖面旁侧见发育另外几条小断层，断层产状20°/SE∠83°～85°，主要表现平直的断层面和砾石层定向排列的现象。砾石层定向排列的现象较为罕见，其形成机制是在断层拉开后，上层砾石快速充填的结果。

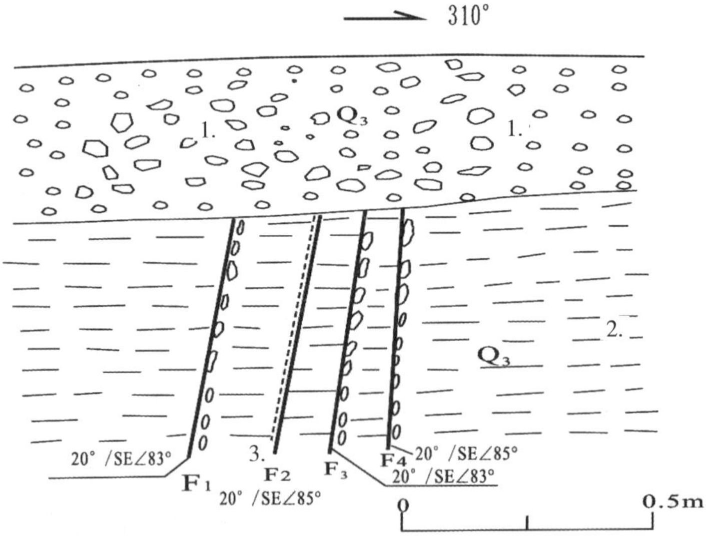

1.灰白色砾石层；2.褐红色黏土层；3.断层破碎带

图2-34 龙应村西北500m山坡上断层剖面图

回龙村在老断层旁边发育有一条新活动的断层（见图2-35），断层产状20°/SE∠65°，断层断错了上更新统砾石层，砾石层稍具层理，断层具正断层性质。在回龙村沿断裂走向，串珠状地发育有两个断塞塘。

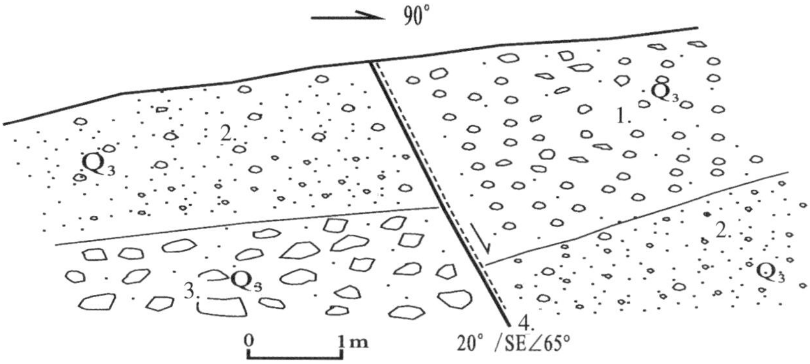

1.褐灰色砾石层；2.灰黄色砂砾层；3.灰色砾石层；4.断层及断层泥

图2-35 回龙村断层剖面图

在剑川南龙门邑目前尚保留有地震裂缝（见图2-36、图2-37）。裂缝发育在由石灰华组成的长形垅丘上，据中国地震局地质所（1990）年代测定，泉华垅丘的年代为全新世。沿断裂有6个垅丘分布，旁侧有大量温泉涌出，现代仍有泉华堆积。裂缝宽10～15cm，走向近SN，向西倾斜，倾角很陡，达68°～87°。根据断裂的活动性质，推测裂缝向下延伸，其倾向可能变为东倾。

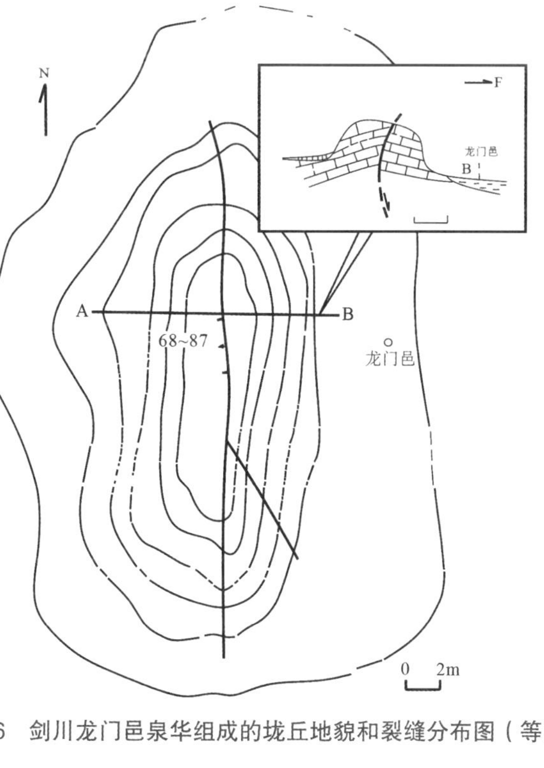

图2-36 剑川龙门邑泉华组成的垅丘地貌和裂缝分布图（等高距1m）

图2–37　龙门邑石灰华中的地震裂缝

在白汉场、三义等地见台地及洪积扇分布小断坎，在白汉场论瓦村东，热释光年龄为（7.46 ± 0.82）ka B.P.的洪积扇被断错并形成高于1.2m的断坎，表明断裂为全新世活动断裂。

断裂在杜吾北公路边，切割晚更新世次生红黏土（见图2–38），断面直通地表，错断了上更新统地层。

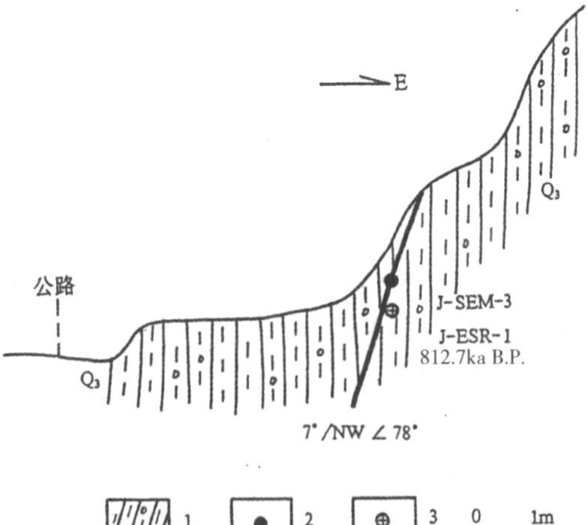

1.残坡积次生含砾黏土；2.SEM取样点；3.ESR取样点

图2–38　杜吾北900m公路东侧断层剖面图

剑川—兰坪公路旁宝甸加油站附近断层发育T_2阶地上，错断了上更新统砾石、砂层，断层产状320°/NE∠42°、0°/E∠80°，以正断层为主，有0.5m的垂直错距（见图2-39、图2-40）。上覆有耕土层，未见断错。

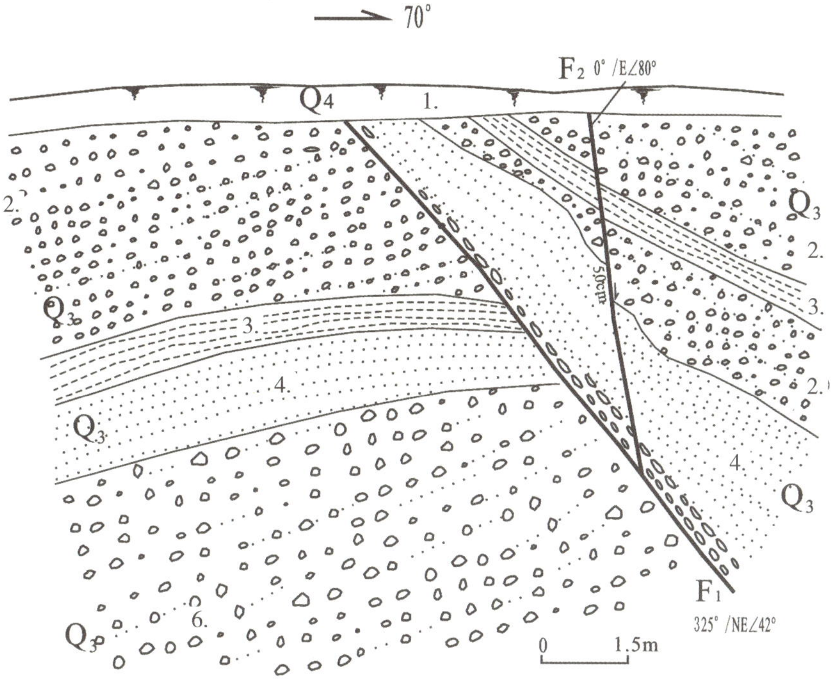

1.壤土；2.黄色砂砾石层；3.灰色黏土；4.细砂层；5.卵砾石层

图2-39　剑川盆地西南剑川—兰坪公路旁宝甸加油站附近断层剖面图

图2-40　剑川—兰坪公路旁宝甸加油站附近断层（镜向NE）

江尾村附近T2阶地砂、砾石层中发生多条断层（见图2-41、图2-42），断层产状F_1：345°/NE∠45°，F_2：345°/NE∠45°，F_3：335°/SW∠55°，均系正断层性质。根据位错量和断错地层层位，这些断层分为两组，其中，F_1和F_2为同期活动的产物，二者相互平行，均断错下部砾石层和砂层，位错量一致，达30cm，然均未断错上覆黄色砾石层；F_3错断了下部及上部地层，直通地表，位错量达35cm。从剖面位错特征观察，应是两次历史地震所致，第一次地震发生较早，断错了下部砾石层和砂层，同时形成F_1、F_2断层；第二次地震发生较晚，形成F_3断层。这是否与1688年剑川6¼和1751年剑川6¾级地震相对应，有待于进一步考察。但根据位错量级与地震震级对应关系来看，其中的一条可能是1751年剑川6¾级地震时形成。至于6¼级级别的地震能否形成地震断层值得怀疑，至少目前尚无报道。需要指出的是，如果其中一条是1751年剑川6¾级地震形成的地震断层（地震地表位错），根据地震地表位错的量级，此地震的强度可能偏小，或许震级达到7级才有可能形成如此大量级的位错。

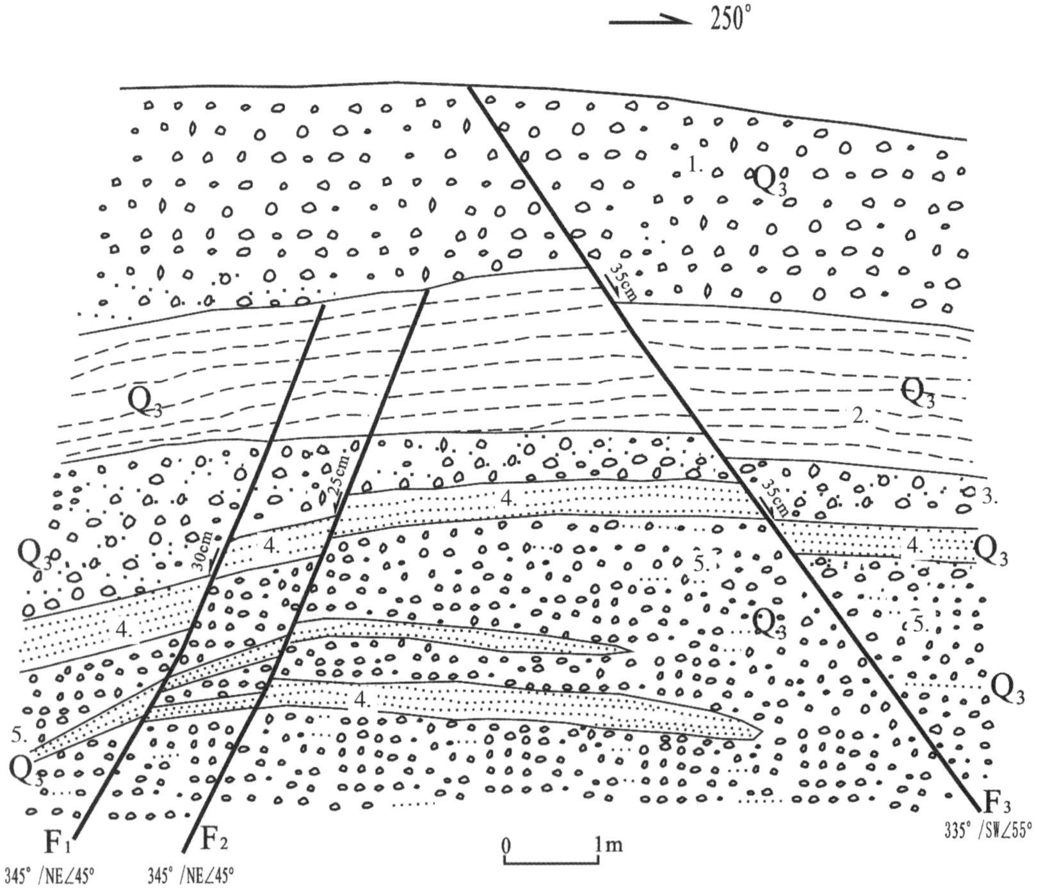

1.黄色砾石层；2.浅褐色黏土；3.砂砾石层；4.细砂层；5.含砂砾石层

图2-41　江尾村附近公路旁断层剖面图

图2-42 中甸—龙蟠—乔后断裂江尾村附近公路断层

上宝甸南西1.3km采砂场小溪旁可见断层发育于蛇山组（Q_1s）砂质黏土与Q_3黄色砾石层之间（见图2-43），断层产状350°/NE∠78°、320°/SW∠55°，沿断面有2～3cm厚的挤压片理化带和摩擦镜面，并有半胶结的砂层透镜体发育。有侧伏角85°的垂向擦痕，指示断层为正断层。

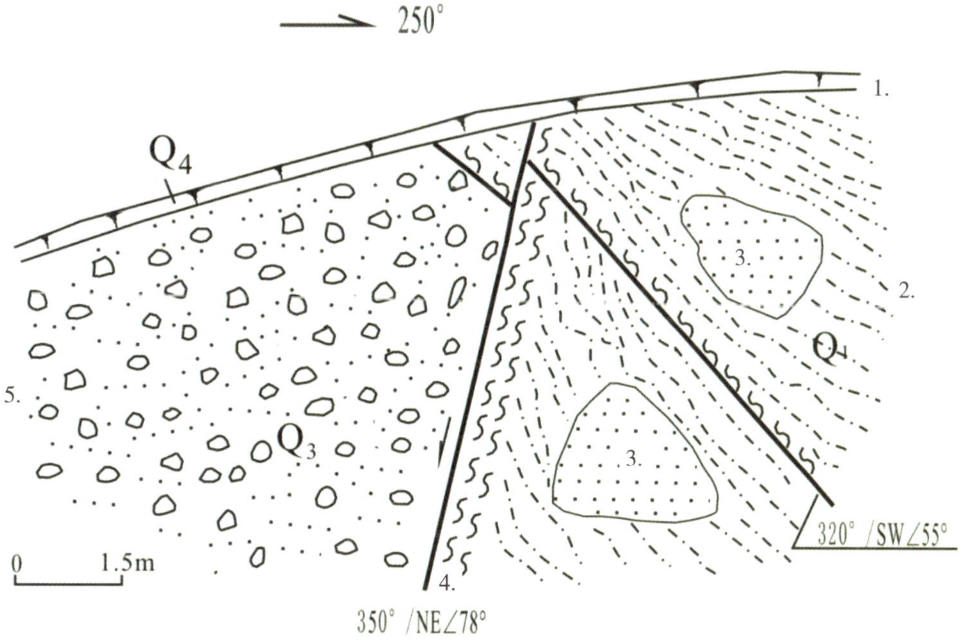

1.壤土；2.浅褐色砂质黏土；3.半胶结黄色细砂透镜体；4.断层片理化带；5.松散状含砂砾石层

图2-43 上宝甸南西1.3km采砂场小溪旁断层剖面图

上宝甸南西可见到另一断层剖面（见图2-44），断层产状320°/NE∠70°，沿断面有5～6cm厚的挤压片理化带和摩擦镜面。

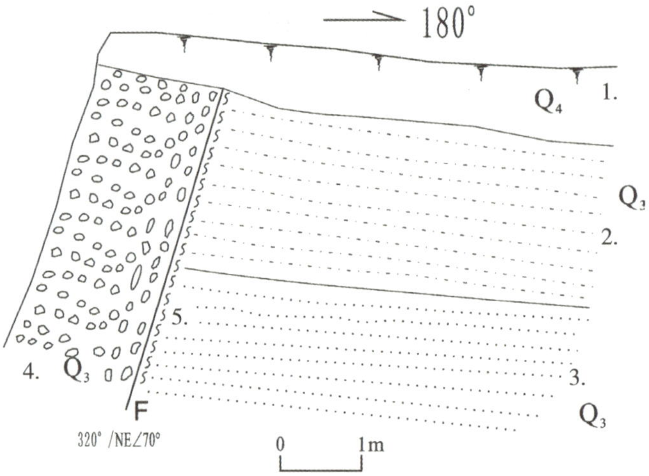

1.壤土；2.灰白色砂质黏土；3.黄色细砂；4.灰白色砾石层；5.断层及片理化带

图2-44　上宝甸南西1.3km采砂场断层剖面图

印盒村西断层剖面（见图2-45），可见细砂层断错，表现为正断，断距约30cm，断层产状70°/SE∠70°。北庄北公路边见黏土层被断错开（见图2-46），表现为正断，断距约10cm，断层产状20°/SE∠55°。以上均表明断层晚更新世以来活动强烈。图2-47为雄古三村南第四纪断层擦痕。

图2-45　印盒村西细砂层断错（镜向SE）

图2-46 北庄北公路边黏土层断错（镜向SE）

图2-47 中甸—龙蟠—乔后断裂雄古三村南第四纪断层擦痕（镜向E）

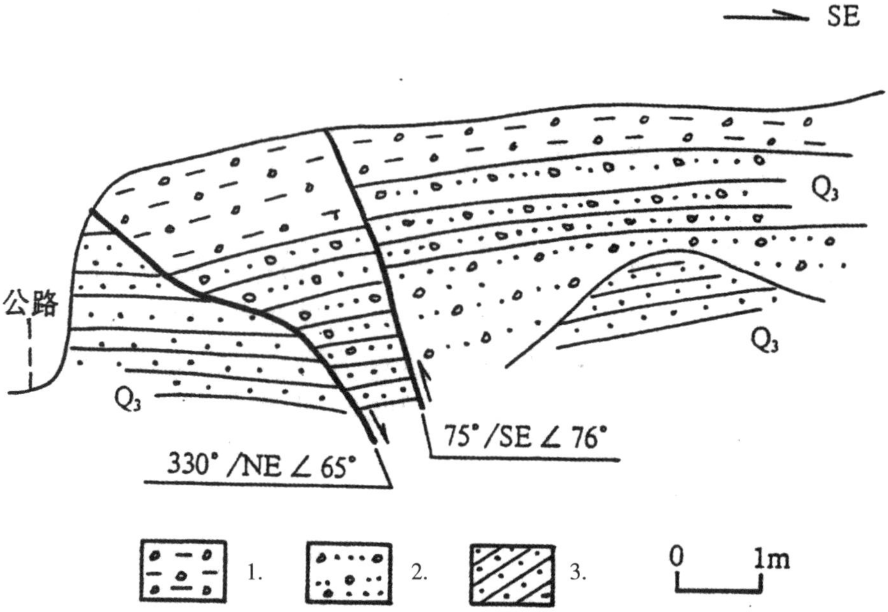

1.红色砂砾土层；2.红色砾砂层；3.黄色砂和含砾砂土层

图2-48　沙溪北庄村北1000m公路边探槽剖面

沙溪北庄村北1000m公路边探槽剖面显示（见图2-48），被错地层为上更新统灰白色砂砾层、红色砾石砂土层，地层结构松散，未胶结，为晚更新世以来沉积物，其中一断面断距达1.3m，另一断面断距达2.2m，正断层性质。

在新文东300m断错水系清楚，一小冲沟左旋断错21m，冲沟西岸发育三级阶地，其时代以（5.06 ± 0.4）$\times 10^4$a B.P.计，其位错速率为0.41mm/a。

在中南村、子米罗冲沟也发生左旋断错，均断错为三级阶地，断错量分别为26m、18.5m，时代以（5.06 ± 0.4）$\times 10^4$a B.P.计，获得断层滑动速率分别为0.50mm/a和0.36mm/a B.P.。子米罗冲沟的左旋位错量和相关年代的测试见图2-49。

在杜吾一条发育二级阶地的冲沟被左旋位错14m，阶地年龄为（2.58 ± 0.2）$\times 10^4$a B.P.，以此计算的滑动速率为0.54mm/a。上述断裂段中4个滑动速率的平均值为0.45mm/a。

在白汉场南九河地区，据国家地震局地质研究所等（1990）对夷平面断错的研究，认为夷平面与盆地之间的垂直断距达700 ~ 800m（取其平均值为750m），时代为240 $\times 10^4$a B.P.，由此计算的垂直滑动速率为0.31mm/a。

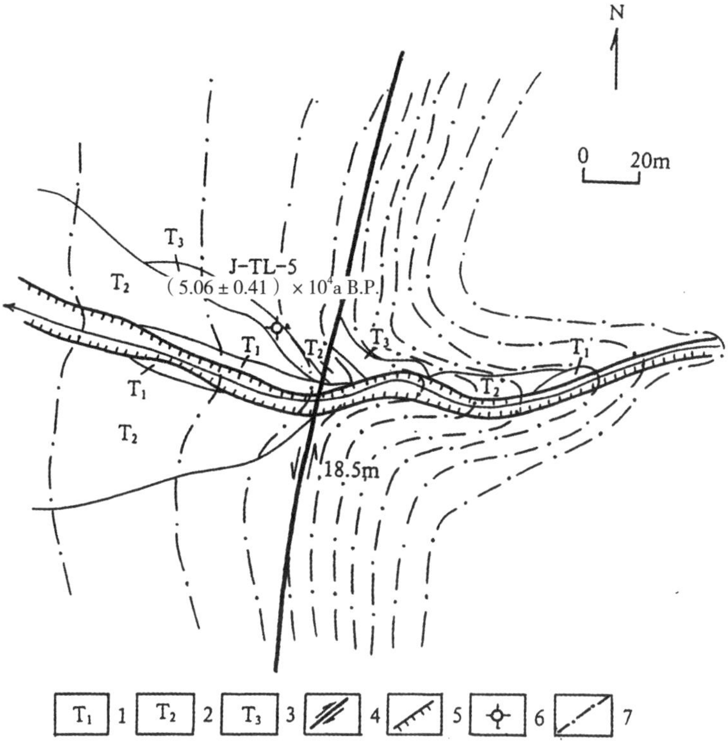

1.一级阶地；2.二级阶地；3三级阶地；4走滑断层；5.阶地坎；6.热释光取样点；7地形等高线（等高距2m）

图2-49 白汉场子米罗东800m冲沟及阶地左旋位错示意图

龙蟠—乔后断裂分布于九河、剑川盆地西缘，卫星影像线性特征非常清晰，断裂对龙蟠、中和、雄古、九河、剑川、沙溪等第四纪盆地有明显的控制，沿断裂有多个温泉呈串珠状分布，在白汉场、剑湖、文源等地尚发育有多个现代湖泊。

根据野外结果，吉来村、回龙村、江尾村、上宝甸等地多处错断了晚更新世地层，以正断层性质为主。断裂附近分布有大量的喜马拉雅山运动期的粗面岩和正长岩、正长斑岩等，属于典型的碱性岩，是地壳处于伸展拉张环境下的产物。这从侧面印证了断裂的拉张特征。

该断裂以全新世活动为主，属于全新世活动断裂，水平滑动速率为0.45mm/a，垂直滑动速率为0.31mm/a。

2.2.3 丽江—小金河断裂（F_3）

该断裂展布于鹤庆盆地西缘一带，具体见图2-50。断层总体走向NE40°，倾向SE，表现为逆冲和左旋走滑性质。该断层在航、卫片上，线性特征清晰，主要表现为一组近于平行的NE向条形断裂谷地（见图2-51、图2-52）。

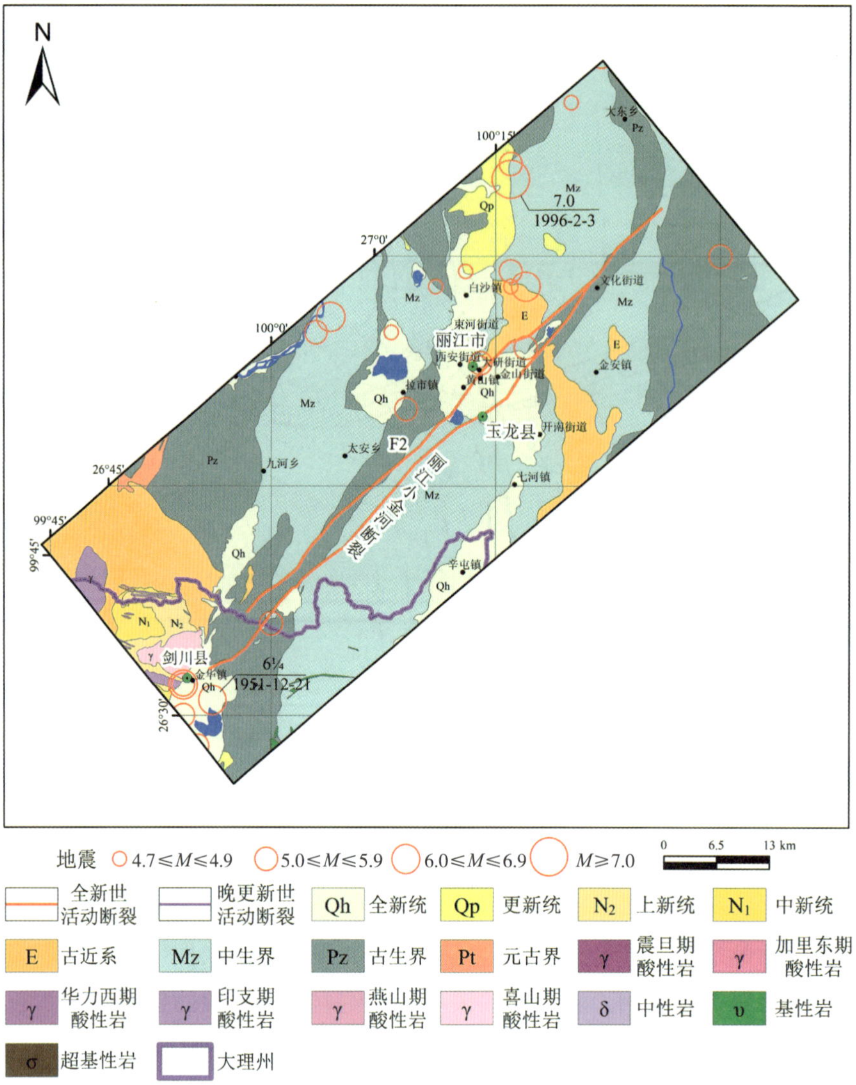

图2-50　丽江—小金河断裂位置展布示意图

图2-51　太安乡附近断层三角面及线性山脊（镜向SE）

图2-52　高且村附近断层槽地（镜向W）

该断裂多处见有晚更新世以来的断层陡坎与水系位错，如在南溪盆地担读村东北部，丽江—小金河断裂左旋切错小冲沟（见图2-53），其中，F_2、F_3对应的位错量分别为8m和20m，且F_3断错Ⅰ级阶地堆积物。区内阶地测年资料表明，Ⅰ级阶地（T_1）的年龄为6.32ka B.P.，表明此点断裂20m水平错距应发生在6.32ka B.P.以后。即左旋水平位错的下限值为3.10mm/a（向宏发等，2002；丁锐等，2018）。

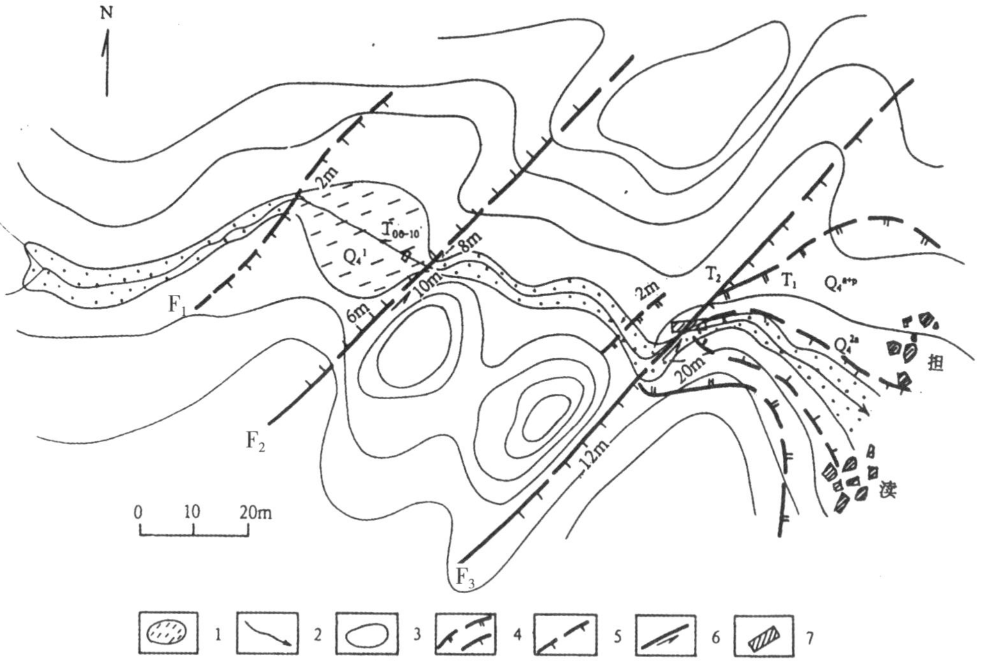

1.黏土，淤泥质沉积物；2.主冲沟流向；3.示意等高线；
4.阶地、齿数示阶地级次；5.断层陡坎；6.水平位错；7.探槽位置

图2-53 丽江西南南溪担读断裂位错分布图

在团山至干地坝一带，断裂西北部为中三叠统北衙组（T_2b）灰岩构成的高山，海拔在2900～3000m以上，并发育有高3000～3100m的剥夷面。断裂东南盘为中二叠统（P_{2h}）玄武岩组成的中高山，平均海拔2500m。两相对比，垂直落差达500～600m（见图2-54）。研究表明，它们是中更新世早、中期（约480ka B.P.）以来断裂垂直位错的结果，并由此计算得到丽江—小金河断裂的平均垂直位错速率为1.0～1.3mm/a。

在文化本过村西，见到山前小型冲沟及冲积扇被断裂同步左旋位错，位错量分别为18m和14m（见图2-55），同时伴有断层陡坎发育。横过断层陡坎开挖探槽，揭露出断层剖面如图2-56所示。从剖面图可以看出，断层下盘地层的岩性与层序显示出3个不同的沉积环境：下部砂砾层夹砂黏土层为冲沟早期的河流相堆积；中部层位为3层灰黑色淤泥层间夹亚黏土层，为浅水环境下的淤泥质堆积，且与下部层呈整合关系，可能为断塞塘堆积物；上部为韵律很好的粉细砂沉积，与下伏层为不整合接触，属冲沟后

期流水侧蚀所致。

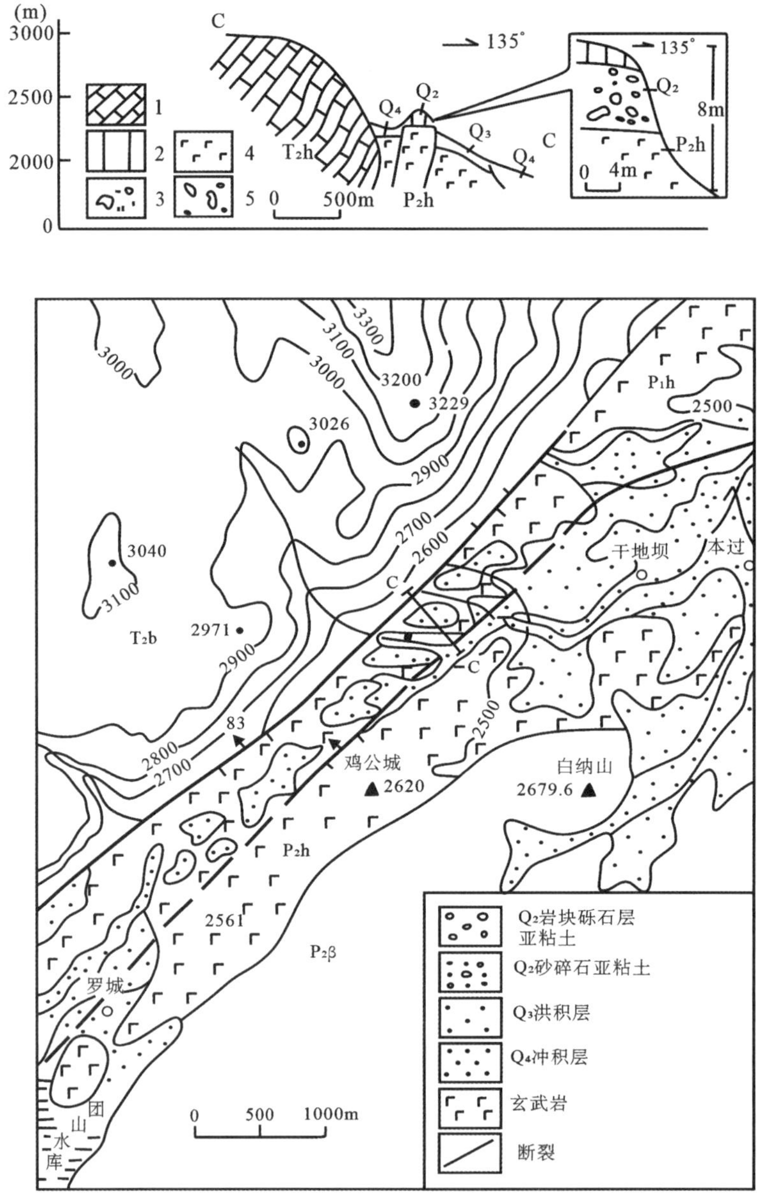

1.灰岩 2.灰绿色玄武岩 3.亚黏土 4.砂砾岩 5 碎石岩块层

图2-54 丽江东北罗城—干地坝、丽江—小金河断裂地质剖面图（上）和断裂两侧地质地貌平面分布图（下）

从剖面显示的地层层序与断层关系看，此点断层活动主要发生在中部灰黑色泥质层^{14}C年龄为（8890 ± 90）a B.P.（见表2-4）堆积之后，构造楔泥炭层^{14}C年龄为（3690 ± 125）a B.P.形成之前，即断层开始活动时间介于3690 ~ 8890a B.P.间，按中值5890a B.P.计，此点断裂平均水平位错速率为3.1mm/a。

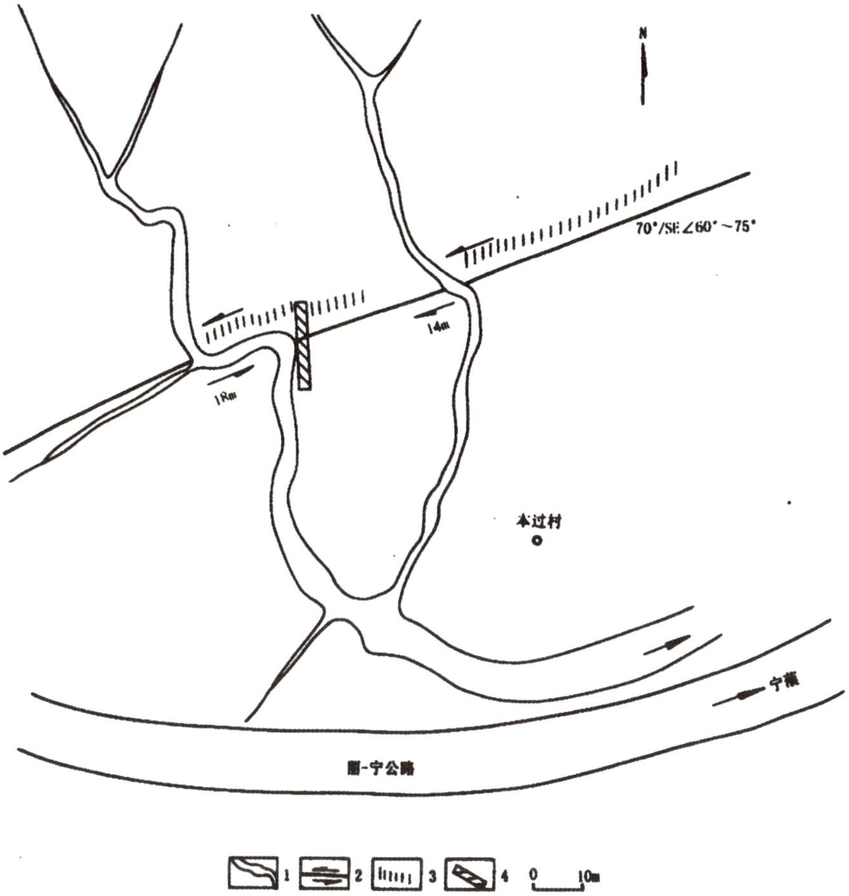

1.冲沟；2.断裂水平位错（m）；3.断层陡坎；4.探槽位置

图2–55 丽江东北文化本过村西断裂位错与探槽位置实测图

表2–4 丽江文化本过村西探槽^{14}C测年结果

序号	野外编号	采样点	样品物质	距今年代（a B.P.）	树轮校正（cal a B.P.）	地质意义
1	J–^{14}C–1	丽江文化	含碳黏土	1083 ± 95	12900 ± 160	确定古地震年代
2	J–^{14}C–2	丽江文化	含碳黏土	1680 ± 100	12830 ± 145	确定古地震年代
3	J–^{14}C–3	丽江文化	含碳黏土	8890 ± 90	10005 ± 170	确定古地震年代
4	J–^{14}C–5	丽江文化	含碳黏土	11150 ± 100	13145 ± 90	确定古地震年代
5	^{14}C00–5	丽江文化	含碳黏土	3690 ± 125	—	确定古地震年代
6	^{14}C00–6	丽江文化	含碳黏土	2730 ± 130	—	确定古地震年代
7	J–^{14}C–6	永胜三刀山东豁口	碳粒	2000 ± 175	—	确定古地震年代
8	J–^{14}C–7	永胜三刀山东豁口	碳粒	2085 ± 140	—	确定古地震年代

续表2-4

序号	野外编号	采样点	样品物质	距今年代（a B. P.）	树轮校正（cal a B. P.）	地质意义
9	J-^{14}C-8	永胜三刀山东豁口	碳粒	9230 ± 170	—	确定古地震年代
10	J-^{14}C-9	三刀山西豁口	碳粒	300 ± 155	—	确定古地震年代
11	J-^{14}C-10	三刀山西豁口	碳粒	1630 ± 130	—	确定古地震年代
12	J-^{14}C-11	剑川桃园	碳粒	3570 ± 100	—	断错冲沟年代
13	J-^{14}C-12	上关龙首墙	碳粒	495 ± 100	—	古土壤年代

从该探槽剖面（见图2-56）上可以看出，与中部黑色淤泥层堆积过程相伴，有3次断层突发性位错事件：

第一次事件发生在第三层灰黑色淤泥层Ⅲ-③堆积之后，以正走滑断错为主，并使构造变动带A发生变形，f_1断层发生部分位错，其垂直位错的上限≤1.0m（f_1垂直位错总量2.2m应视为3次垂直位错的累积量），发生时间应在黑泥层③堆积之后，即8890a B.P.以后。

第二次事件，沿构造变动带A再次发生左旋位错并伴有正断拉张，f_1以正断走滑为主；f_2伸张裂开并形成构造楔B，构造楔B底高约1m，楔内的黑色泥块堆积物^{14}C年龄为（3690 ± 125）a B.P.。

第三次事件继续沿扰动变动带A发生正断左旋错动，同时形成构造楔C，构造楔C底高约1.5m，其发生时代在第Ⅳ大层中的碳质粉砂层（Ⅳ-③）堆积之后，层Ⅳ-③的^{14}C年龄为（2730 ± 130）a B.P.，即第三次断错事件应发生在2730a B.P.后。

由此看来，此探槽揭露出的3次突发性位错事件分别发生在8890a B.P.后、3690a B.P.和2730a B.P.，其重复间隔分别为5200a B.P.和960a B.P.，平均为3080a B.P.。从位错量大小（总垂直位错2.2m的1/3，即0.7m和构造楔底高1m左右）分析，大致相当7级左右地震的位错量（向宏发等，2002）。

图2-57为金沙江树底北1km金沙江边河流阶地断层剖面图，此处断层规模可观，野外露头可见长度30～40m，宽度5m左右，破碎带发育角砾岩和宽厚的片理化带，有一定的挤压特征。断层断错了金沙江T_2阶地砾石层堆积物，根据区域阶地测年资料，该阶地沉积发生于晚更新世，说明断层在晚更新世有过最新活动，图2-58为丽江市玉龙县西村南该断裂的露头。

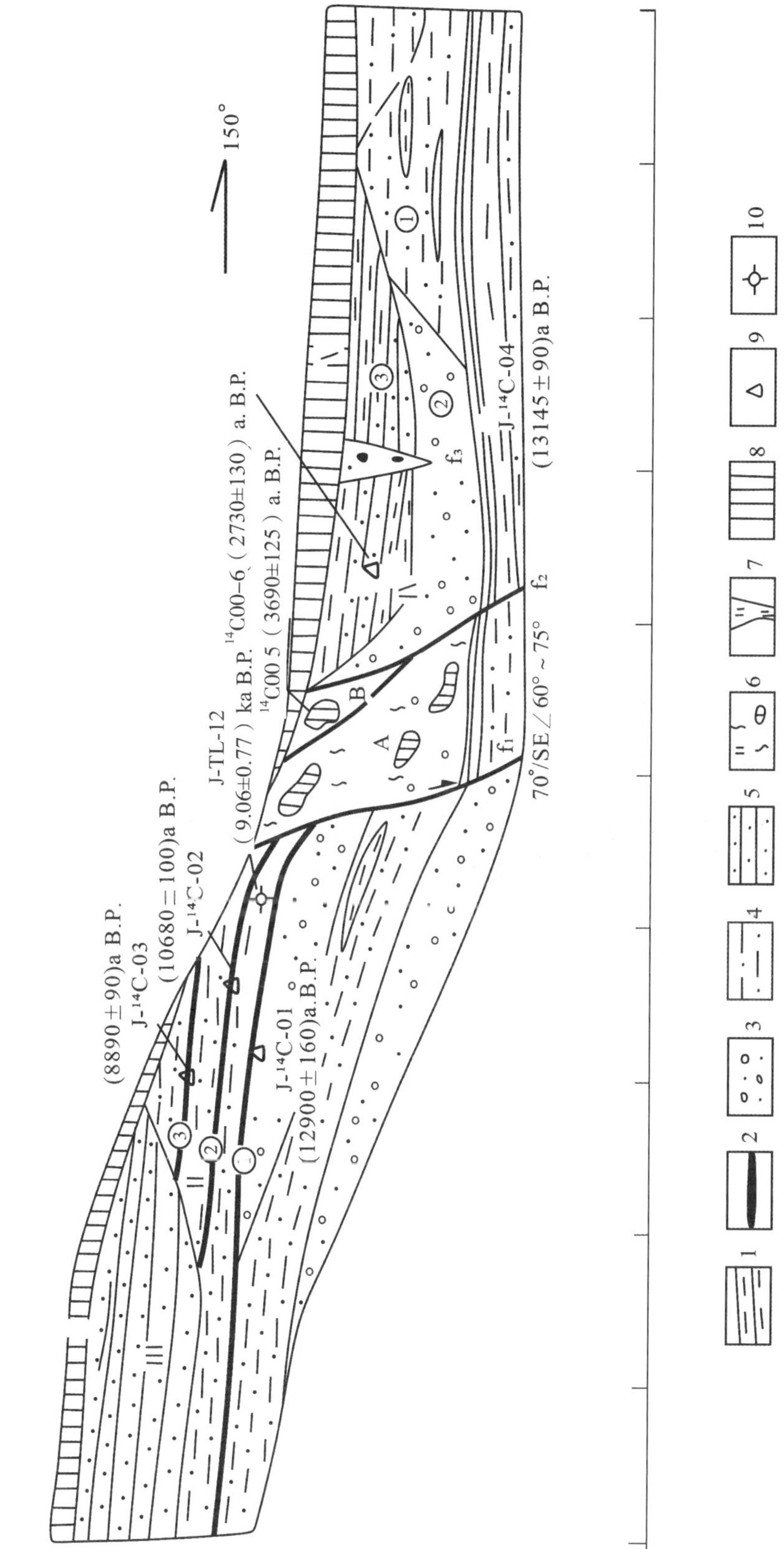

1.亚黏土；2.灰黑色黏泥层；3.砂砾层；4.粉砂质亚黏土；5.粉细砂层；6.黏土泥块变动层；7.构造楔；8.现代黏土层；9.^{14}C采样点及编号；10.热释光采样点及编号

图2-56　丽江文化本过村西探槽剖面素描图

（据向宏发等，2002）

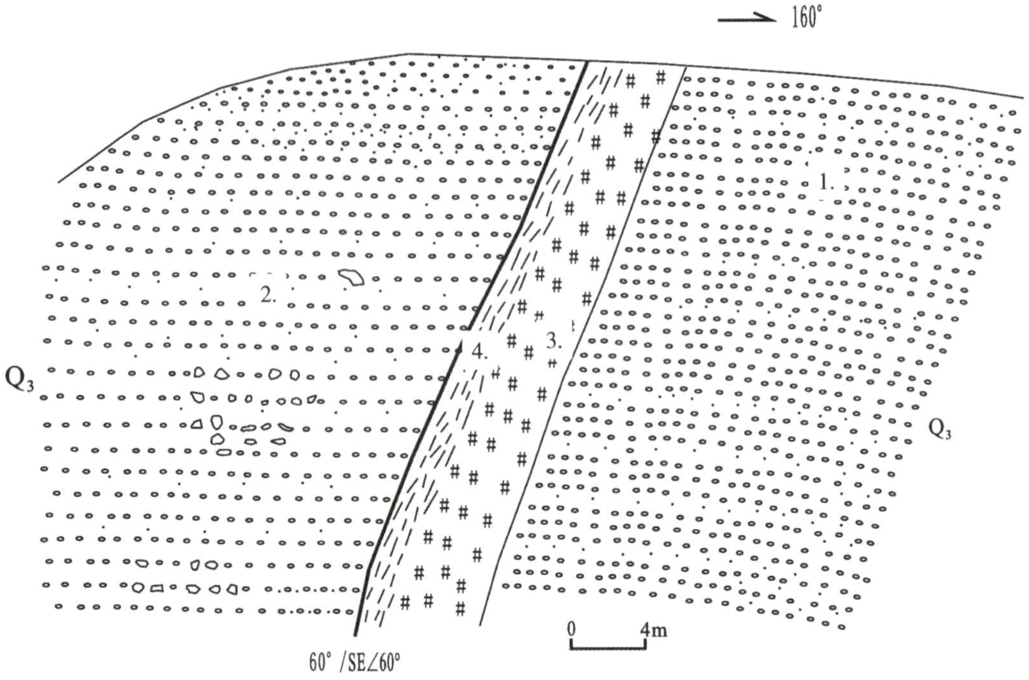

1.褐灰色卵砾石层；2.灰色卵砾石层；3.碎裂岩、角砾岩带；4.片理化带及断层泥

图2-57　树底北1km金沙江边河流阶地断层剖面图

图2-58　丽江市玉龙县西村南断裂露头（镜向SW）

从上述资料分析可知，丽江—小金河断裂为全新世活动断裂，活动性质以逆冲左旋走滑运动为主。晚更新世以来平均左旋走滑速率为3.1mm/a。

2.2.4 鹤庆—洱源断裂（F_4）

鹤庆—洱源断裂斜切鹤庆和洱源县。该断裂南起洱源盆地西缘，作NNE走向经牛街进入鹤庆盆地后，作为鹤庆盆地西缘主断裂，向NE经辛屯、新民村，斜切丽江盆地ES角，展布位置见图2-59。在几何结构上，该断裂由一系列近于平行的NE向断裂左阶斜列组成的一个左旋走滑断裂。在航、卫片上线性显示清晰，水系、山脊位错明显。

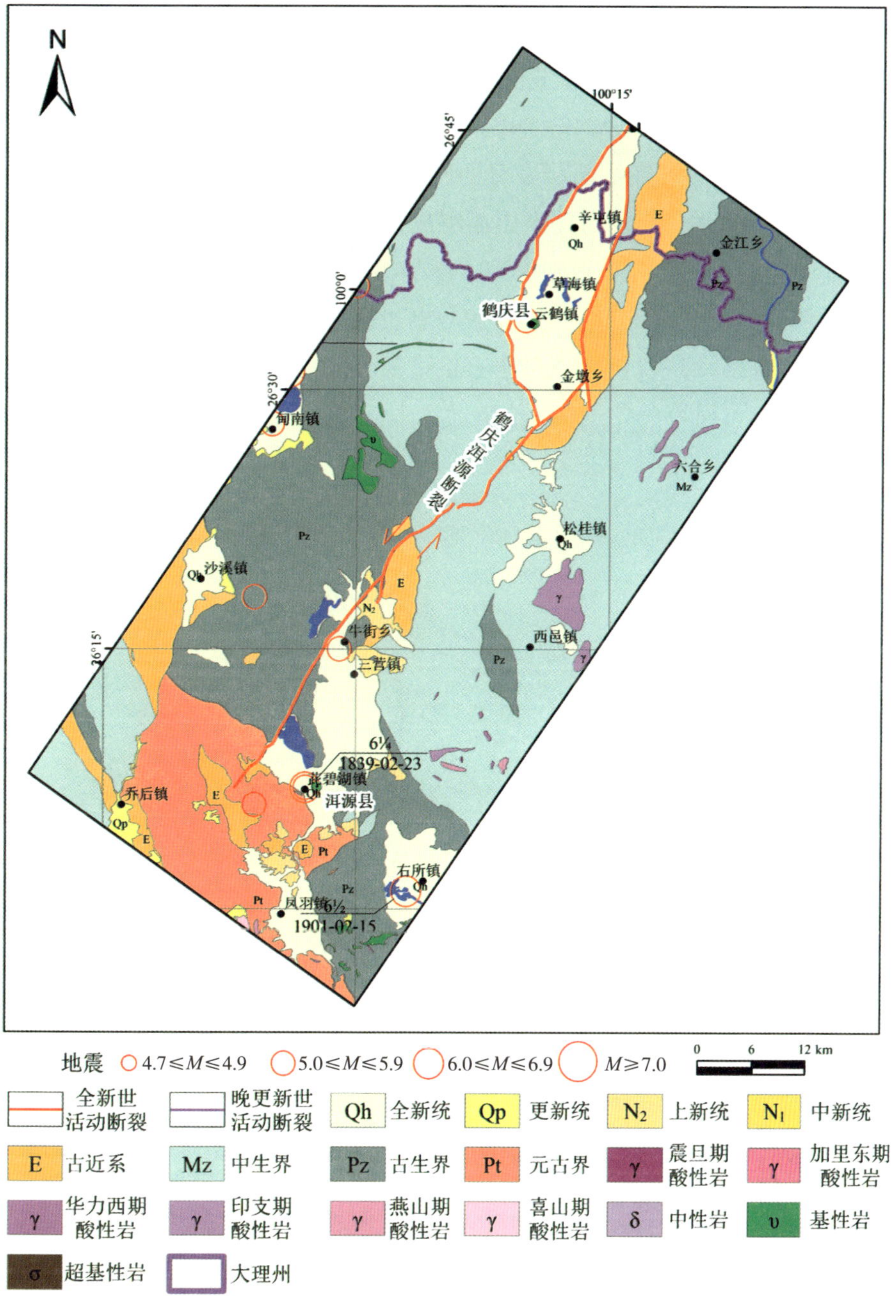

图2-59 鹤庆—洱源断裂展布位置示意图

沿断裂洪积扇发育，从南到北大小洪积扇组成洪积裙带，断裂通过处发育左旋断错水系，出山的冲沟通过断裂处也有左旋扭错现象。从大松坪到洞门口沿断裂分布一系列左旋扭动的冲沟和山脊。洞门口可见一断层残丘再次被后期断层活动的左旋错开。地貌上形成陡崖，剖面上形成正断层系列断面，其间夹多个构造楔，形成时代为晚更新世—全新世。

在新民中学南500m一小冲沟的南北两侧可见断裂发育在蛇山组（Q_1s）地层中，在地貌上表现为断层陡坎、迭水、冲沟左旋错扭和断层浅沟等（见图2-60）。冲沟从WN向ES流经断裂时向东北方向呈肘状拐弯，其左错量达7m；跌水高约3m。在蛇山组中断裂以高角度正断层为主，走向NNE—NE。

在冲沟的东北方向，在沿断层发育的NE向浅沟沟头，同样见到该断层的剖面露头。断裂以一组近于平行的高角度断层面组成，并以倾向盆地的正断层活动为主（见图2-61中f_1、f_2），同时伴有次级逆断裂（f_3、f_4）。上述4条小断裂走向25°～30°，倾角达80°，切错早更新世蛇山组及上覆中晚更新世残积土（见图2-62），断层通天，应视为晚更新世以来活动断裂。f_1～f_4的垂直位错依次分别为0.7m、2.7m、2.0m和0.7m。其中0.7m的位错量可视为一次突发性位错量。

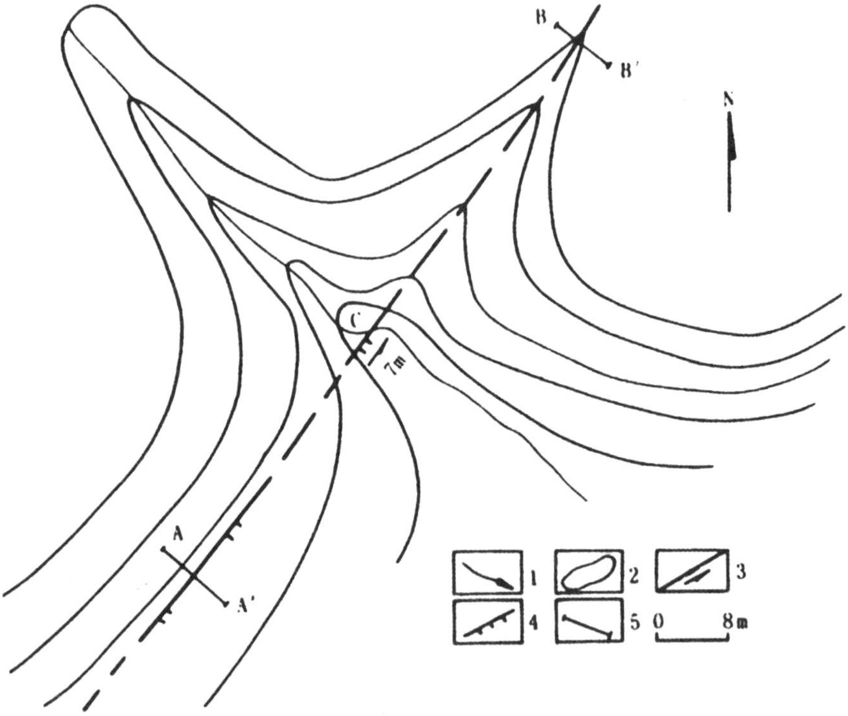

1.冲沟及流向；2.示意等高线；3.断裂水平位错；4.断层陡坎；5.地质剖面线位置及代号

图2-60　新民南500m断裂位错平面分布图

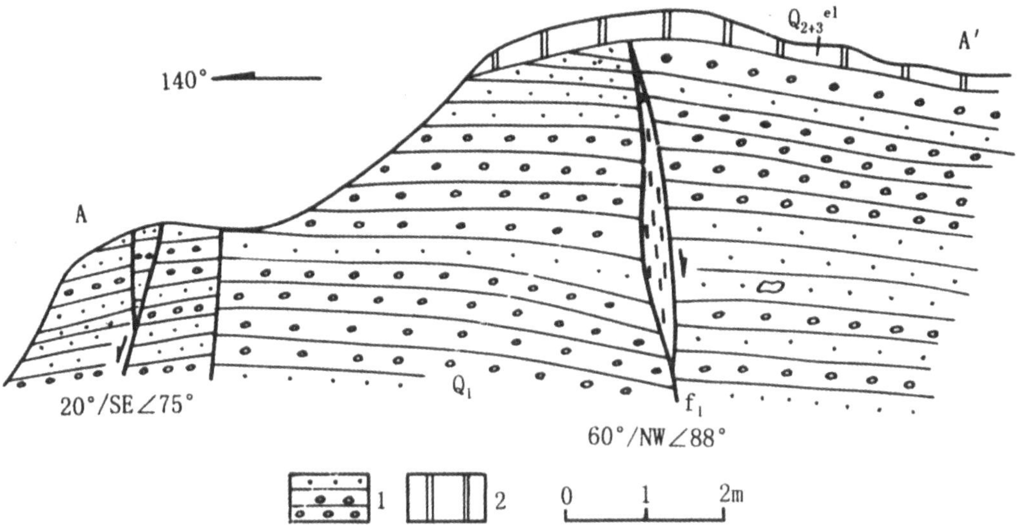

1.砂砾层和粉细砂层；2.浅灰色亚黏土

图2-61 新民中学南500m小冲沟南断裂剖面（A—A'）

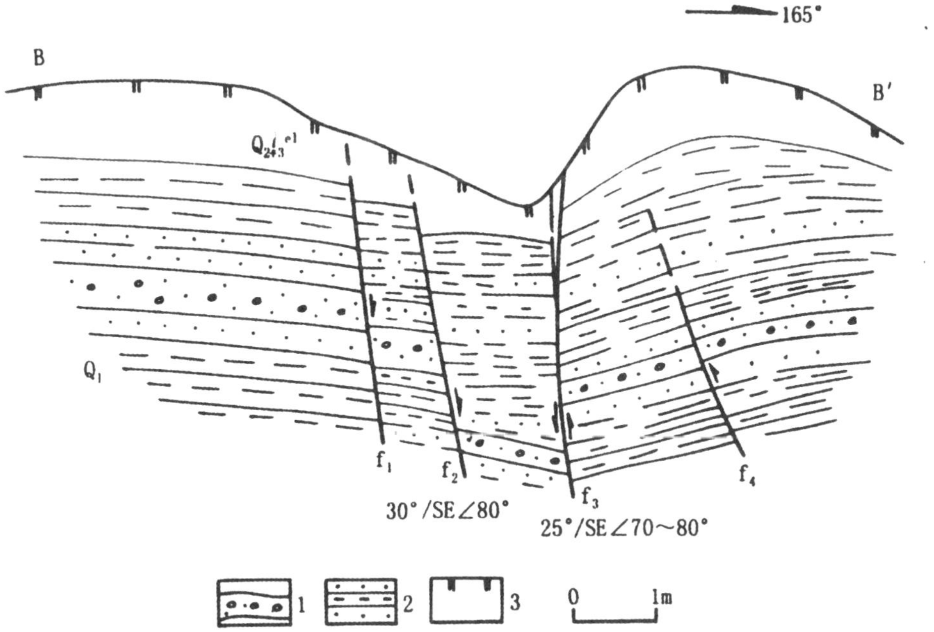

1.砂砾层；2.浅桔黄色细砂与亚黏土层；3.残积亚黏土

图2-62 新民南500m冲沟北断层剖面（B—B'）

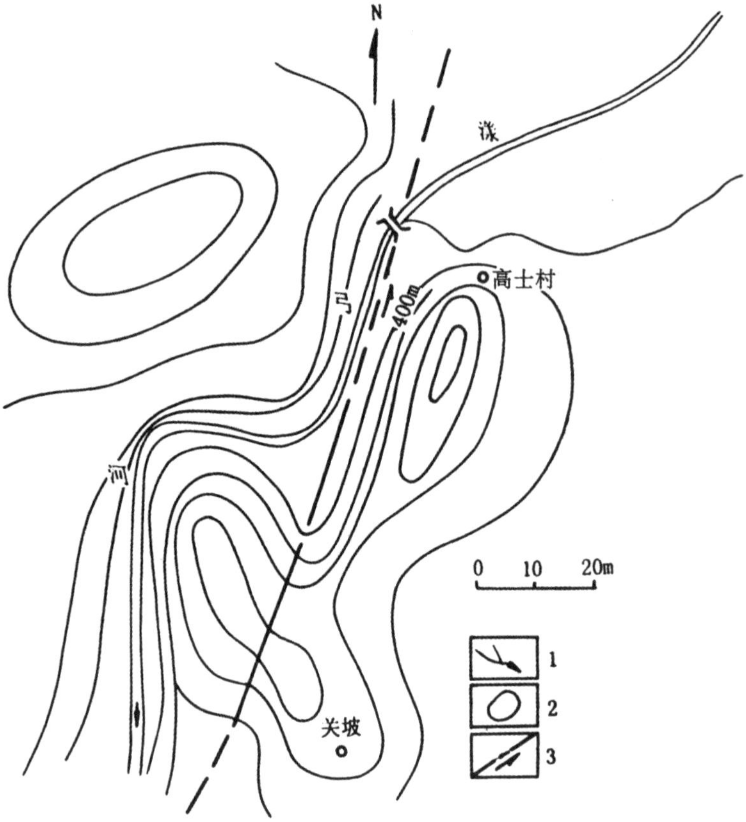

1.水系及流向；2.示意等高线；3.断裂及水平位错
图2-63　丽江关坡—高士村一带断裂分布平面图

在东关西北、西关东南600m的公路北侧，可见到该断裂发育在一套浅灰白色的角砾状砂砾岩层中，断层走向近SN向，高角度倾向NW，显示为正断层性质；在关坡—高士村一带，断裂在地貌上表现为断层槽沟和水系左旋扭动（见图2-63）。由于植被覆盖，沿断层走向追索，未见断层露头，但漾弓江流经断裂附近似有400m的左旋扭动。

积德屯西1km采砂场见两条断层发育于更新统阶地沉积之中，表明断层在晚更新世有过活动（见图2-64）。

在启可村东至达瓦村东，沿鹤庆—洱源断裂在地貌上有断阶平台，基岩断层陡崖、断层陡坎发育，并见一系列近EW向冲沟有左旋同步位错现象（见图2-65）。在基岩陡崖附近，左错量250m；在山前靠近盆地边缘处，左错量20 ~ 50m不等。与20 ~ 50m量级位错相应的冲沟堆积物的热释光年龄为（38.36 ± 6.26）ka B.P.，由此计算出该段点断裂水平位错速率为0.53 ~ 1.3mm/a，中值为0.92mm/a。

在达瓦北、丽江盆地东缘的段家村至洪家村一带，发育一条近SN向断裂，它为鹤庆—洱源断裂伴生次级断裂。该断裂主要表现为水系的左旋同步位错（见图2-66）。

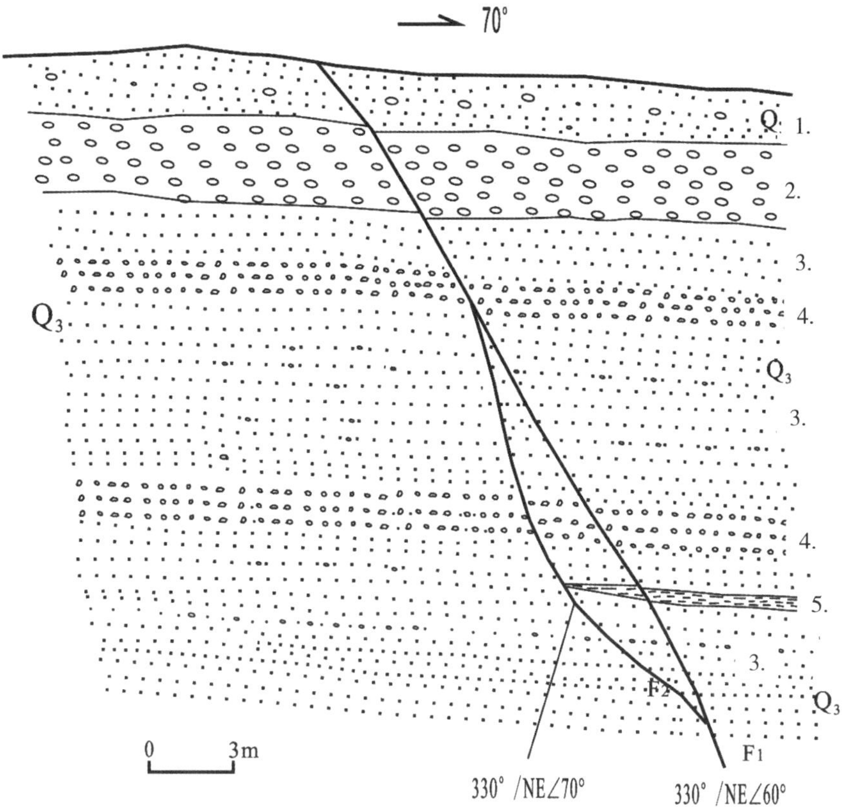

1.灰黑色含砾中砂夹黄色条带；2.杂色砾石层；3.深灰色含砾细砂；4.黑灰色砾石层；5.褐红色黏土

图2-64 积德屯西1km采砂场断层剖面图

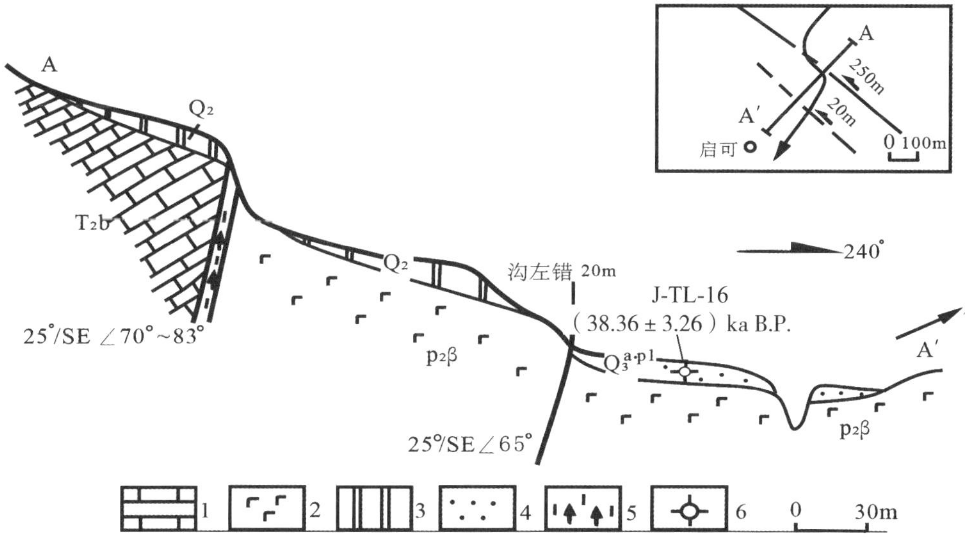

1.灰岩；2.玄武岩；3.棕褐色亚黏土；4.粉细砂层；5.断裂破碎带；6.热释光采样点及编号

图2-65 丽江东南启可村东地质剖面（下）及断裂位错平面（上）分布图

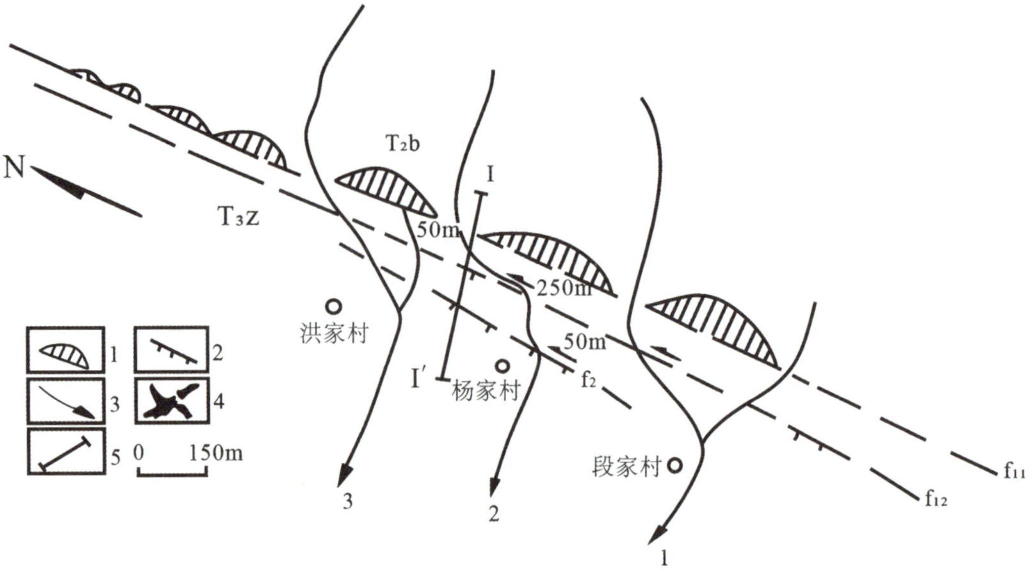

1.基岩断裂崖 2.断层陡坎 3.冲沟及流向 4.断裂水平位错 5.地质剖面位置

图2-66　丽江东段家村—洪家村断裂位错平面分布图

近盆缘的断层控制晚更新世冲积层分布，并使新冲沟左错约50m，新冲沟堆积物的热释光年龄为（22.87±1.94）ka B.P.，由此计算，该点断裂水平位错速率为2.2mm/a。图2-67为鹤庆南班榜西附近断层照片。

图2-67　鹤庆南班榜西（镜向NE）

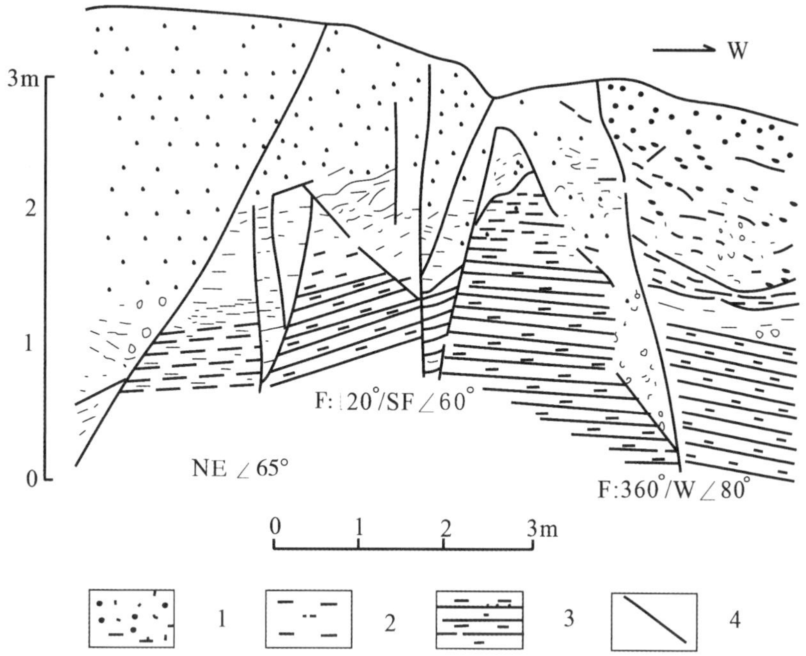

1.亚砂层；2.厚层黏土；3.薄层黏土；4.断层

图2-68 洱源涧门口全新世正断层剖面

洱源盆地东侧涧门口附近发育有多条第四纪断层，它们与盆地东断崖走向一致，剖面上构成正断层系列，并夹有多个张性正断层控制的楔形体。断层切割全新世地层顶面（见图2-68），显示多期构造运动事件。

综合上述资料分析，鹤庆—洱源断裂带是一条规模较大、活动时代较新的全新世活动断裂。南部盆地段以左旋走滑拉张运动为特征，一次突发性位错量为0.7m；东北段为左旋走滑运动为主，水平位错速率为2.2～2.5mm/a。

2.2.5 程海—宾川断裂（F_5）

断裂由片角镇进入宾川，向SW经期纳、力角、宾川、州城镇、老赵村、栽秧阱、苏家庄，进入弥渡盆地西北角的禹门村、红岩西南部后与红河断裂相交汇，展布位置见图2-69。程海—宾川断裂以老赵村为界分南、北两段，北段控制程海、期纳、宾川盆地第四纪（更新统及全新统）地层堆积，并见切错上更新统和全新统的坡积物，断层陡坎、台阶状地貌发育，为全新世断裂段；南段为晚更新世断裂段。

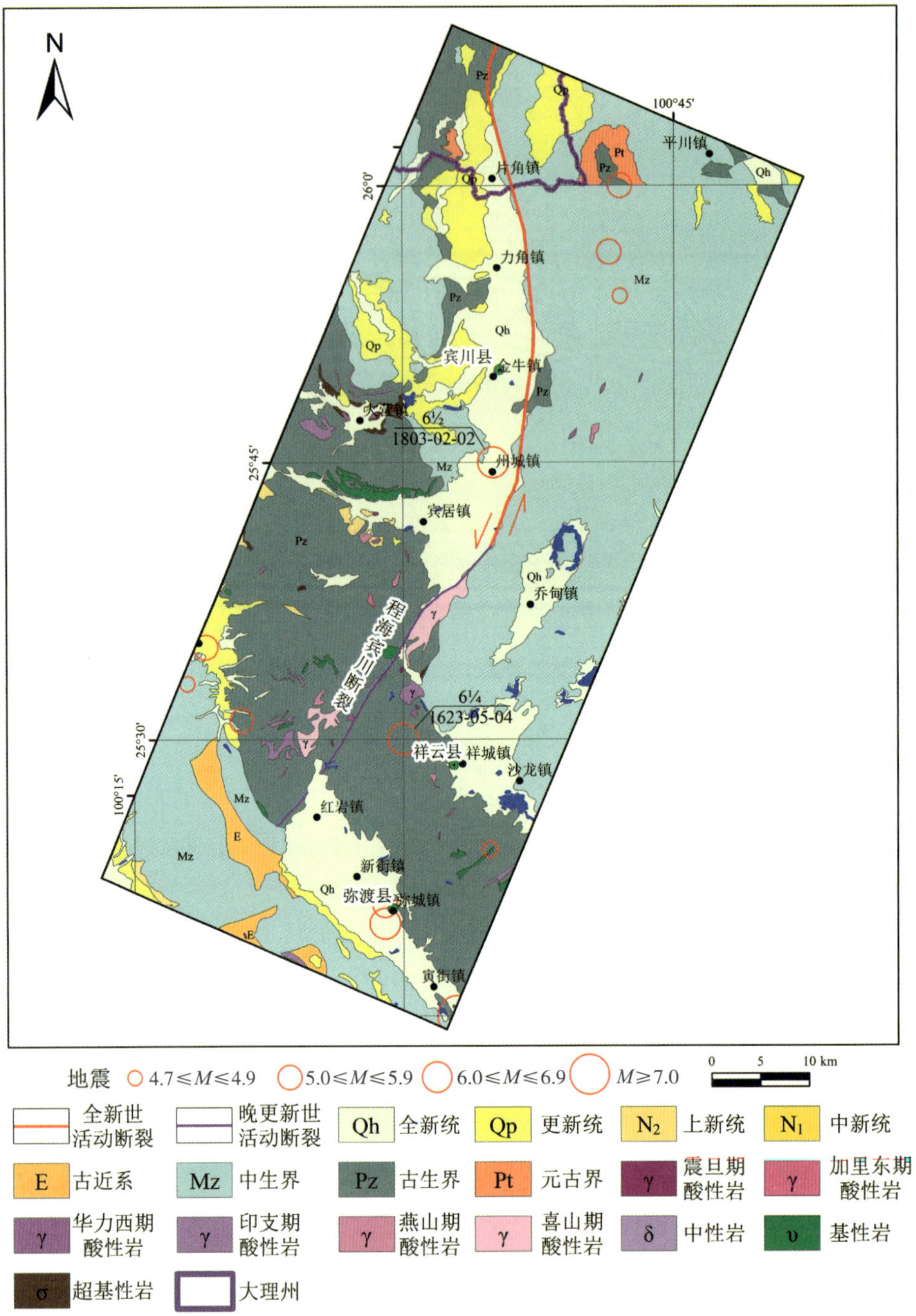

图2-69 程海—宾川断裂展布位置示意图

北段：该断裂段卫星影像线性特征清晰（见图2-70、图2-71）。沿断裂自北向南成串发育有金官、永胜、程海、期纳、宾川、弥渡等第四纪断陷盆地和湖泊，且对这些湖盆边界的形成与发育具有明显的控制作用。

图2-70 金沙江大桥附近断层槽地（镜向S）

图2-71 期纳镇附近断层三角面（镜向SW）

在期纳镇满官村西南采石场人工开挖的剖面中，于晚第四纪松散堆积层和二叠系破碎灰岩之间见有三条断层（见图2-72）。断层产状为：F_1：53°/∠90°；F_3：28°/NE∠51°；F_2平列于F_1与F_3之间。出露地层自下而上为：①下二叠统灰岩，破碎严重；②灰绿色致密状砂砾石、角砾石堆积层；③白色钙质胶结角砾石层；④灰黑色松散状砂砾石层；⑤棕红色坡积角砾石堆积。F_1断错①和②层，断层角砾沿断面呈定向排列，角砾以玄武岩为主，粒径一般10cm左右，其间充填的粉砂物质热释光测年结果为（10.35±0.88）ka B.P.。F_2断错①和④层，上盘④层的热释光测年结果为（7.44±0.63）ka B.P.，垂直错距为0.4m。F_3断错了①和⑤层。在地貌上形成高约1m的陡坎，向下斜切F_2，上盘被断错地层⑤的热释光测年结果为（6.81±0.58）ka B.P.。

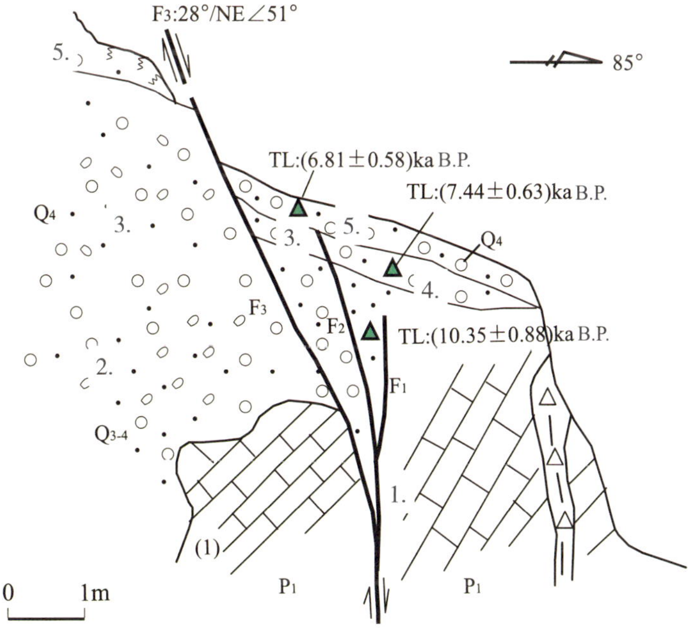

1.下二叠统灰岩；2.灰绿色致密状砂砾石、角砾石堆积层；3.白色钙质胶结角砾石层；4.灰黑色松散状砂砾石层；5.棕红色坡积角砾石堆积

图2-72 期纳满官村西南采石场第四纪断层剖面

在热水塘向南至片角之间的第四系下更新统蛇山组河湖相地层中，多处可见两组断层发育，且NE向断层常断错NW向断层，断距有几厘米、10余厘米、几十厘米，最大达1m（见图2-73）。

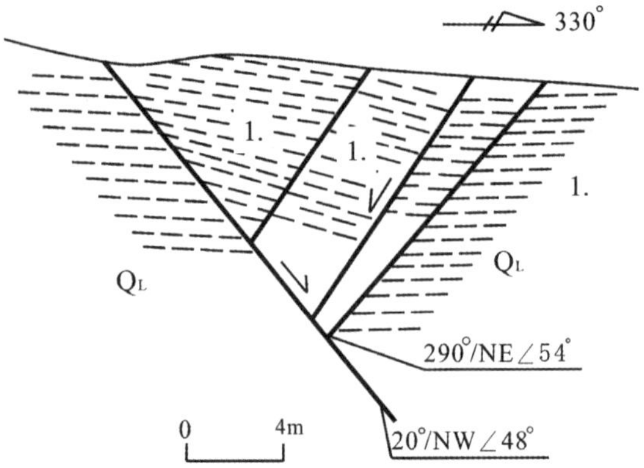

1.第四系下更新统蛇山组河湖相黏土层

图2-73　热水塘—片角之间第四系断层剖面

在宾川至金沙江间热水塘东附近的公路对面见二叠系灰岩碎裂岩与第四系中上更新统坡积、洪积层之间呈断层接触（见图2-74），断层产状为30°/NW∠82°。

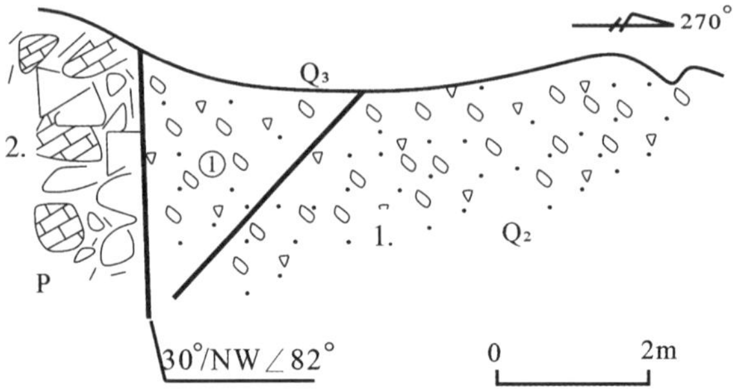

1.第四系中上更新统坡积、洪积层；2.二叠系灰岩

图2-74　宾川—金沙江之间热水塘东公路对面断层剖面

在宾川盆地州城南后所第四系中发育多组正断层，其中一组产状为30°/NW∠72°，剖面出露地层岩性自下而上为：①湖湘黏土；②红土（红色风化壳）；③表土层砂砾石层。①～②层为下更新统蛇山组，③层为下更新统。断层断错了①～③层。最大垂直断距3m，断层间夹楔状堆积物，地貌上形成断坎（见图2-75）。

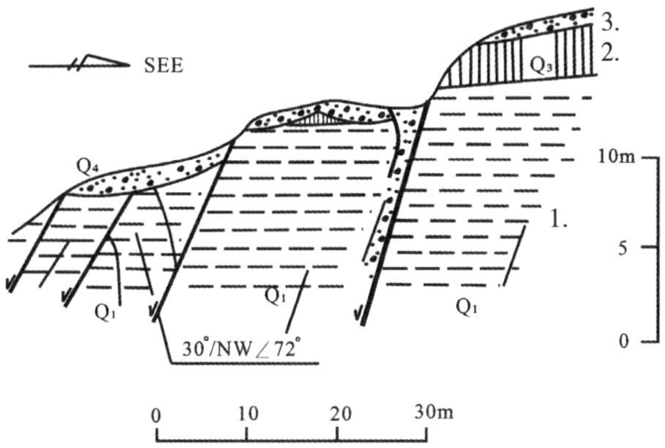

1.湖湘黏土；2.红土；3.表土层砂砾石层

图2-75 宾川盆地州城南后所第四纪断裂剖面

在宾川盆地北部大梭罗村第四系蛇山组（Q_{1S}）湖积砂砾石层中见发育断层，产状330°/SW/85°，正倾滑性质。剖面地层岩性自下而上为：①砂砾层；②含砂砾黏土层；③含黏土砂砾石层；④红土层。断层断错了①～③层，断距约60cm（见图2-76）。

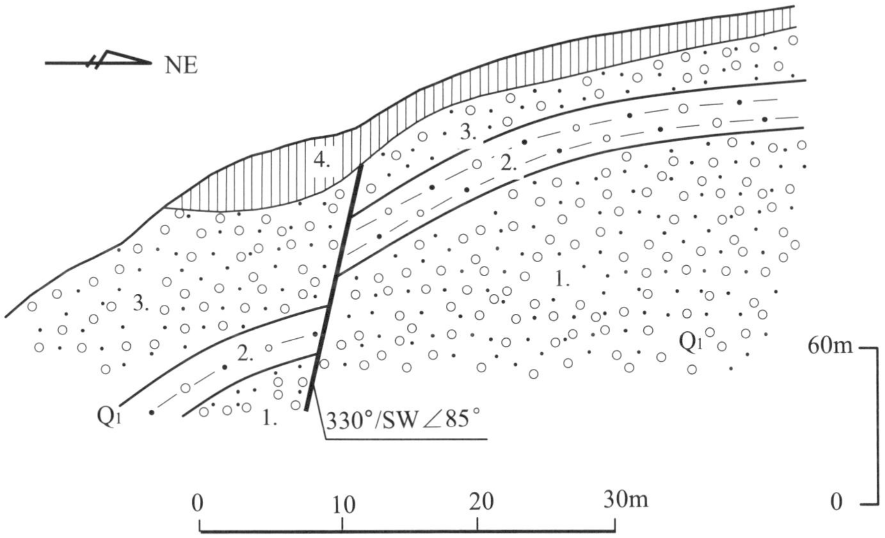

1.砂砾层；2.含砂砾黏土层；3.含黏土砂砾石层；4.红土层

图2-76 宾川盆地北部大梭罗村第四纪断裂剖面

金沙江以南热水塘—片角之间的断层谷东侧大石头村，在晚更新统冲洪积层中发育一条正断层（见图2-77）。断面产状为195°/NW∠72°，断层破碎带宽约5m，被断错地层的热释光测年为（59.65±5.07）ka B.P.，上覆的全新世坡积层未被切错变动。

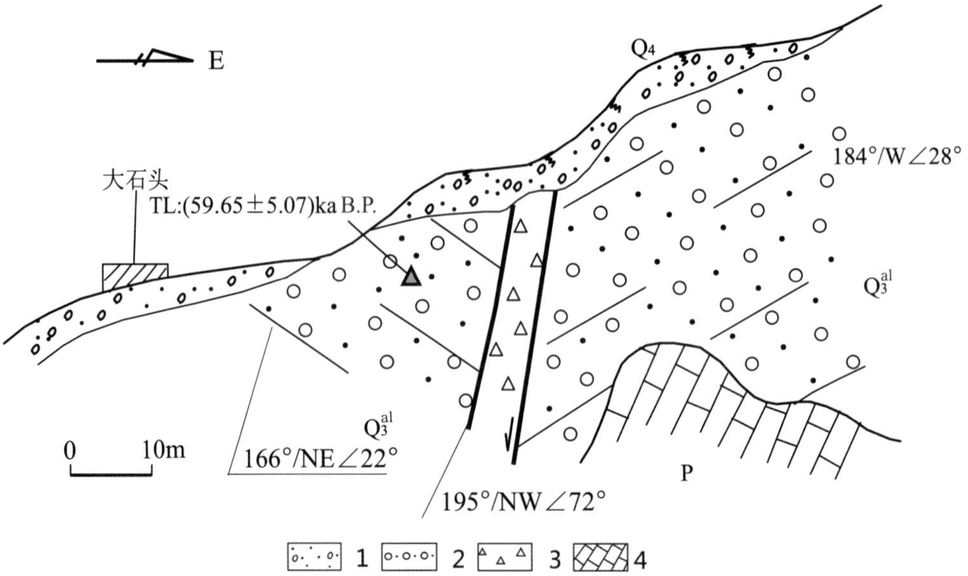

1.含砾砂土；2.砾砂；3.破碎带；4.灰岩

图2-77　永胜县大石头村东第四纪断层剖面

在期纳镇肖家村东边的山脚下，可见一系列近EW向的冲沟水系和山脊被两条近SN向断裂左旋错移（见图2-78）。经实测东边靠山脚的断裂（F_1）把9条冲沟左旋位错50～520m；靠沟谷的断裂（F_2）把5条冲沟（①、②、⑦、⑧、⑨）左旋错移50～80m，并使相应的小山脊发生同步位错，形成眉脊面，正断下掉40～50m。

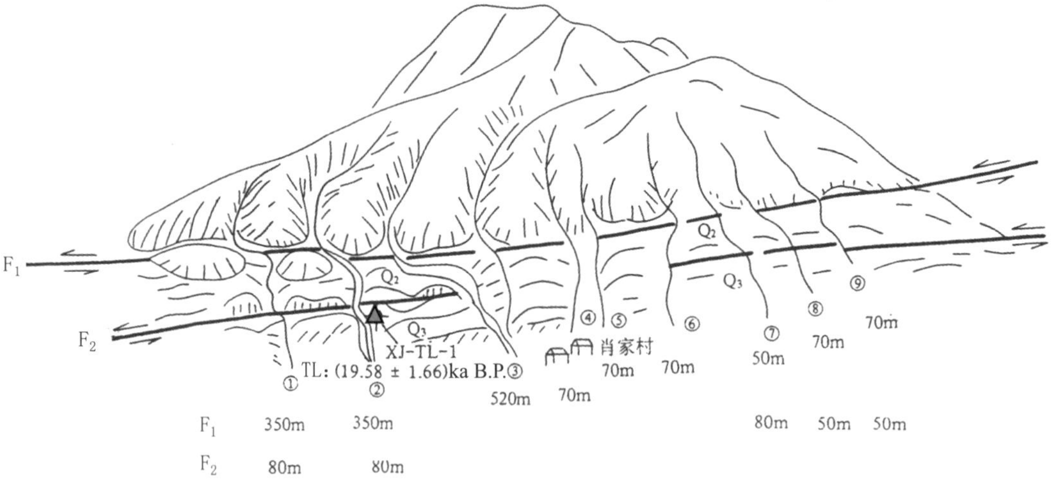

图2-78　期纳肖家村断错冲沟水系和山脊素描图

期纳南约2km，程海—宾川断裂横切金沙江河谷，断裂通过处的大路底至下六村之间，金沙江河谷发生90°拐弯，形成一个巨大的“S”形河谷地貌景观，左旋错距可达3000余米（见图2-79）。

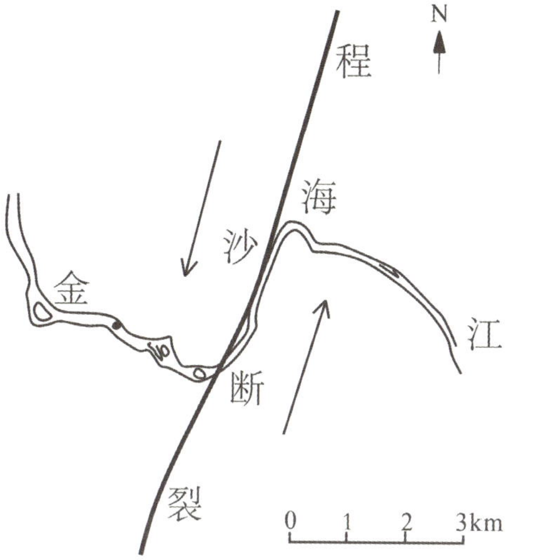

图2-79 断错的金沙江河谷平面简图

在小梭罗北公路边见断层露头（见图2-80），在晚更新统冲洪积层中发育一条正断层，断面产状为300°/SW∠85°，冲洪积含砾石黏土层被断错，断距约0.3m。

图2-81为海腰南断层露头，断层发育于晚更新统冲积含卵砾石的褐红色黏土中，断面清晰，断面产状为45°/SE∠75°。

图2-80 小梭罗北第四纪断层剖面（镜向NW）

图2-81　海腰南第四纪断层剖面（镜向NEW）

另据虢顺民等（1990）研究，在金官—程海间盆地东界断裂的麻冲和红水塘三刀山等处全新世以来有多次古地震事件的地质形迹。其中，据三刀山东豁口探槽揭露，见有时代不同的4个正断层作用形成的构造楔，反映出4次古地震和历史地震事件，其形成时间分别为公元前（9230±170）年、公元前7145—前3572年、公元前3572—前2085年和1515年的永胜7¾级地震。因各次突发性位错量在1～2m，与1515年永胜7¾级地震垂直位错量相当。由此得到该断裂7～7.5级地震重复时间间隔为1500～2000a。第四纪以来，左旋走滑运动速率为2.0 mm/a。

南段：主要展布于龙邑、黑龙箐、北秧凹和红岩一带。在地貌上为高大的红岩坡断崖。断崖线性清楚，呈直线状延伸，高差达600余米。在王新村，高差亦达600余米。从白王寨、笔架山向东跨过红岩坡，东侧有高低悬殊的两级陡崖，显示断裂为由西向东下掉的正断层性质。王关营、古城村一带，靠近盆地边界处有一系列断层残丘和正断层陡坎，破碎严重，破碎带较宽。弥渡盆地第四系最厚处（约500m）在靠近断崖的红岩村附近，说明断裂与弥渡盆地第四系沉积密切相关。

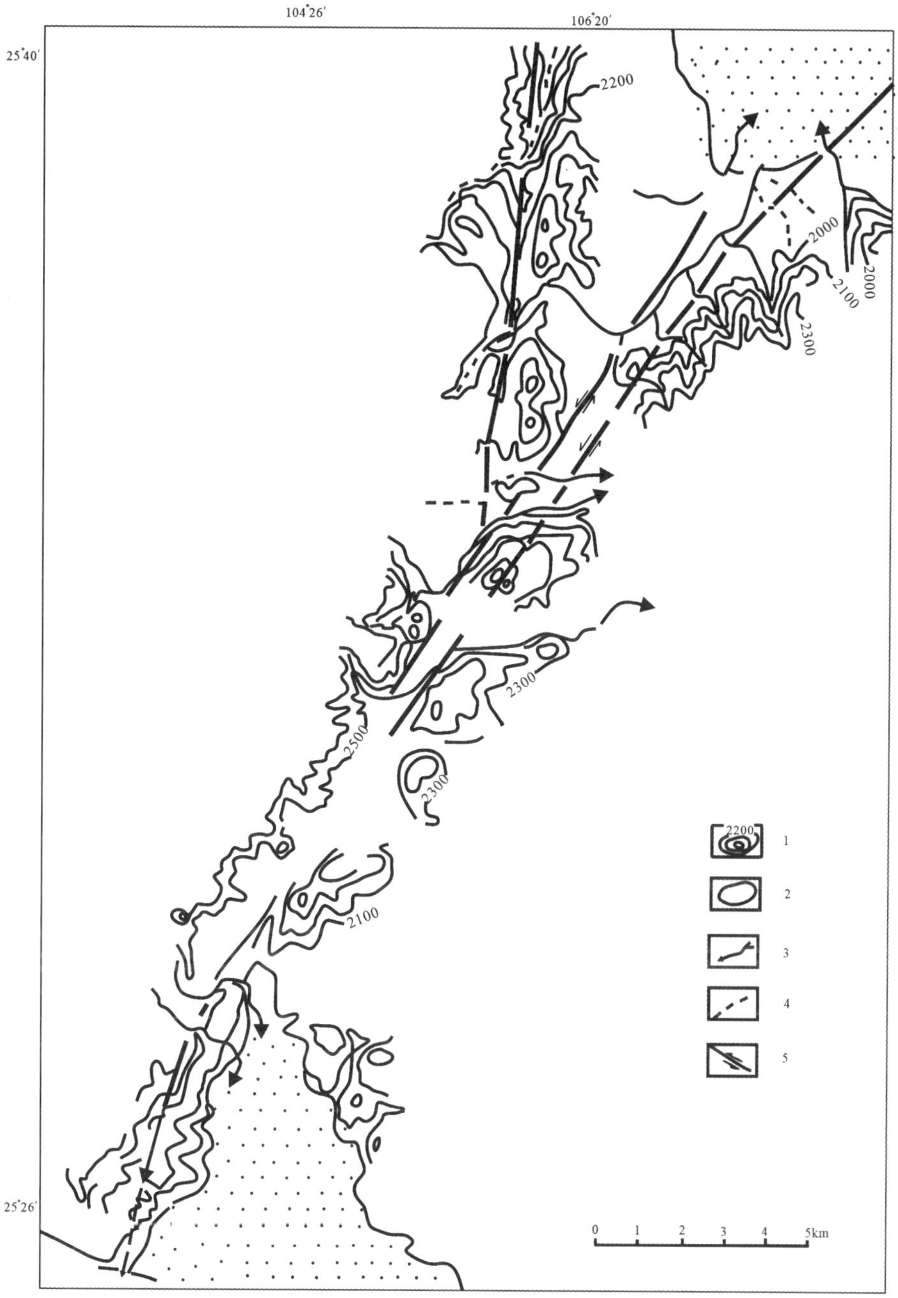

1.等高线；2.第四系；3.常流河；4.间歇河或冲沟；5.走滑断裂

图2-82 弥渡—宾川间断错地貌

从毛栗坡至苏家庄、红岩西北的吉祥庄等多处沿断裂出现清楚的山脊、水系、冲沟的左旋走滑位错（见图2-82），说明红岩坡段断裂为左旋走滑兼正断层性质。尤其是在苏家庄西北吉祥村一带，断裂多处同步错扭山脊水系、冲沟（见图2-83），位错量多在200～550m，为一晚更新世以来活动断裂。

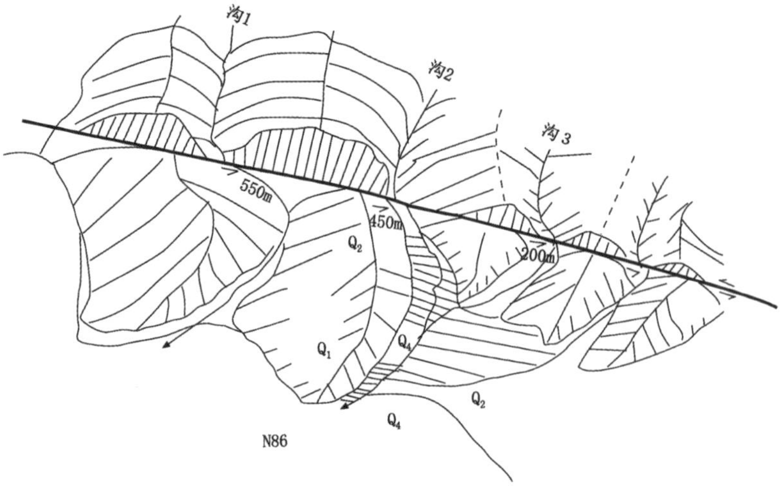

图2-83　苏家庄西北吉祥村一带断裂位错平面图

在断裂南端的红岩坡段，地貌上为高达600余米的断层崖，断崖线性清楚，呈直线状延伸。断裂沿线，断层三角面发育，横跨断裂的水系和山脊发生同步右旋位错，位错量几十米至上百米（见图2-84）。

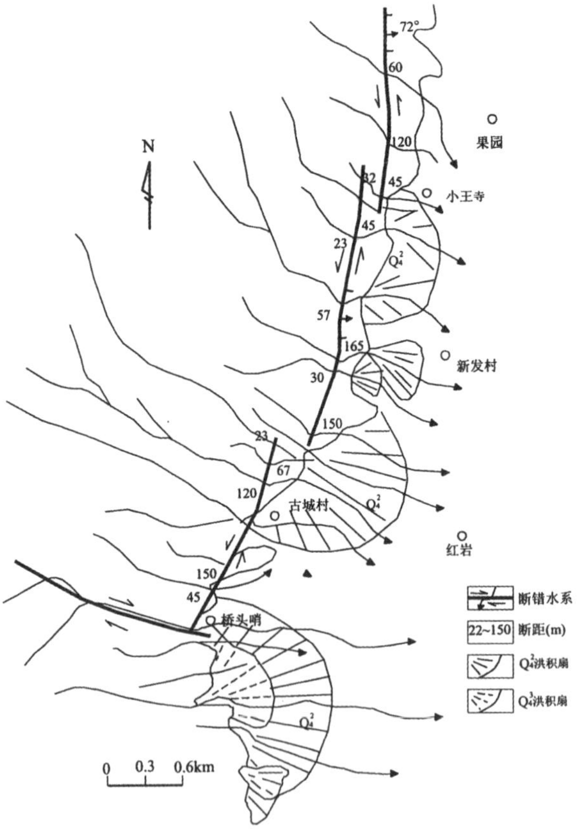

图2-84　红岩坡段断错水系

在红岩西沿断裂有长约2km的喜山期碱性玄武岩岩脉产出，一方面反映出断裂的新活动特性，另一方面表明断裂的切割的深度和性质。一般而言，碱性玄武岩产出于大陆裂谷一带，属于伸展构造环境下的产物，从岩矿方面印证了断裂的正断层性质和新活动特征。

在红岩北见断层露头（见图2-85），发育两条断层，断面清晰（见图2-86），产状分别为20°/NE∠50°和10°/NE∠45°。断层断错坡积褐色黏土，取黏土进行ESR测年，结果为（82.85 ± 2.47）ka B.P.，但上覆全新世耕土层未见任何构造变形迹象，表明断裂晚更新世曾有过活动。

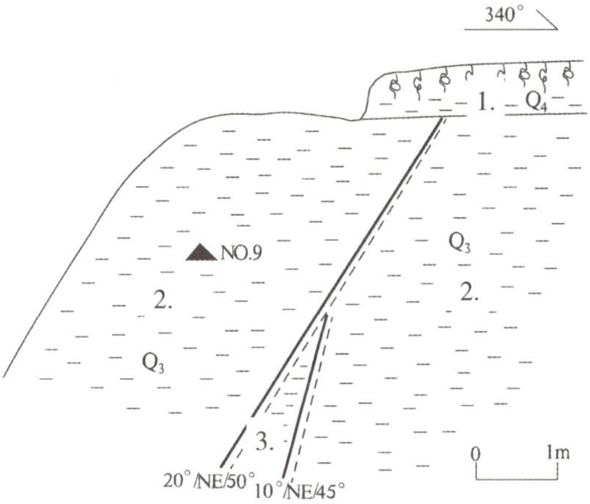

1.全新世耕土层；2.晚更新世黏土岩；3.断层。▲NO.9取样位置及编号

图2-85　红岩北第四纪剖面

图2-86　断层局部照片（镜向NE）

综合上述资料分析，程海—宾川断裂地形地貌线性清楚，控制晚更新世地层分布，切错山脊水系，位移量多在150～550m左右，应为晚更新世以来活动断裂。其中南段为晚更新世活动断裂，北段为全新世活动断裂，断层性质以左旋走滑兼正断为主。

2.2.6 维西—乔后断裂（F_6）

维西—乔后断裂带走向为NW向，是苍山西侧规模较大的一条大断裂，断裂由老君山镇进入大理境内，向南经马登、乔后、漾濞、巍山，止于南涧。断裂展布位置见图2-87。

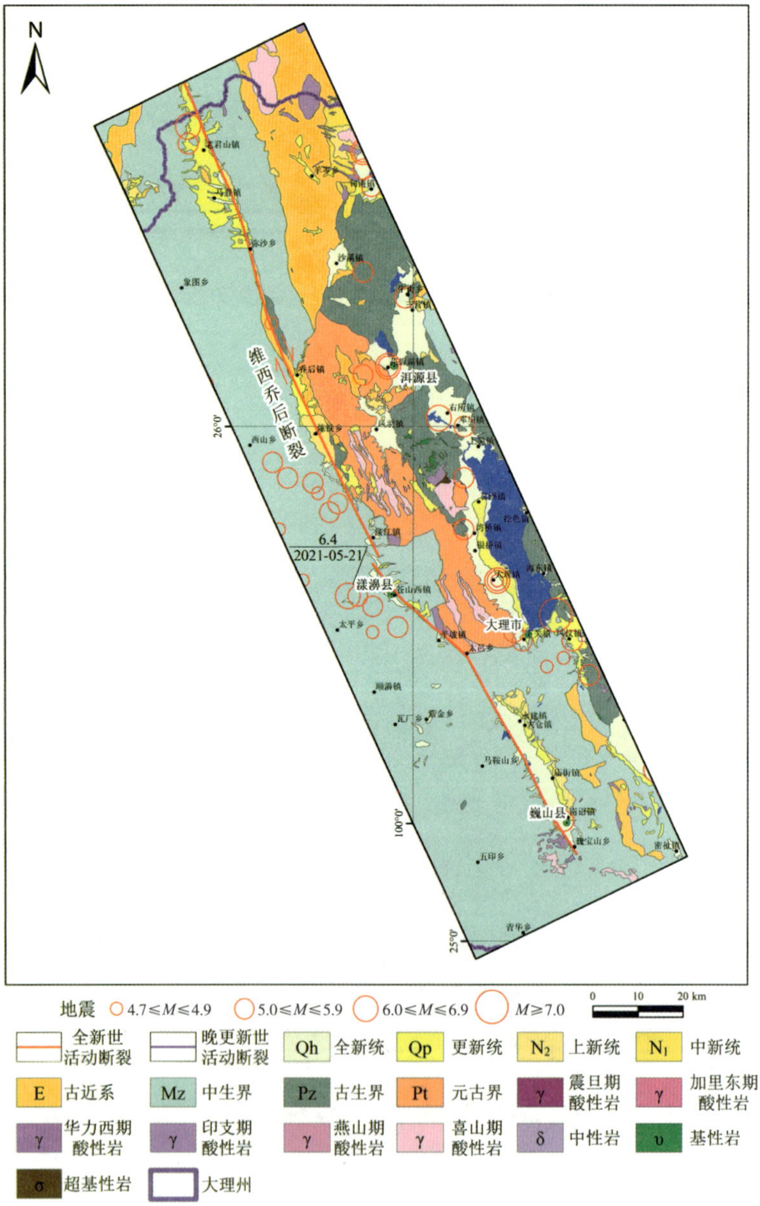

图2-87 维西—乔后断裂展布位置示意图

维西—乔后断裂带形成于加里东期，在以后的华力西期、印支期及喜山期均有活动，是新构造分区中巴迪—兰坪强烈隆起区的东边界。该断裂早期的活动以挤压为主，第四纪以来以右旋走滑运动为主，兼张性正断。新生代以来沿线形成维西、通甸、马登、乔后、巍山等串珠状槽盆，沿线线性山脊和断层三角面发育（见图2-88、图2-89、图2-90），控制维西、马登、乔后、巍山等第三纪和第四纪断陷盆地，温泉发育，水系右旋扭动明显。

图2-88　老君山镇北西线性山脊

图2-89　老君山镇附近断层三角面

据野外调查，在漾濞平坡东北及东南一带，断裂线性地貌清楚，主要表现为基岩断层陡崖和漾濞江Ⅰ级支流水系右旋同步扭动。在巍山盆地段主要表现为断裂对盆地南、北边缘有着明显的控制作用，盆地两侧边缘平直，断裂主要为正断层性质。

图2-90　维西托底村附近的反向陡坎

在平坡大合江东，断裂发育在元古界绢云千板岩中，产状325°/NE∠48°，表现为挤压柔褶带，宽6～8m，断裂控制漾濞江的水系发育。在平坡东南部小合江一带，断裂发育在元古界薄层状大理岩中，断裂产状为315°/NE∠65°，见断裂角砾岩带宽达20m，断裂明显控制西洱河阶地（T_2～T_3）分布，且切错T_4阶地（见图2–91）。西洱河T_4阶地应为中更新世阶地，由此看来，断裂中—晚更新世以后仍有活动。

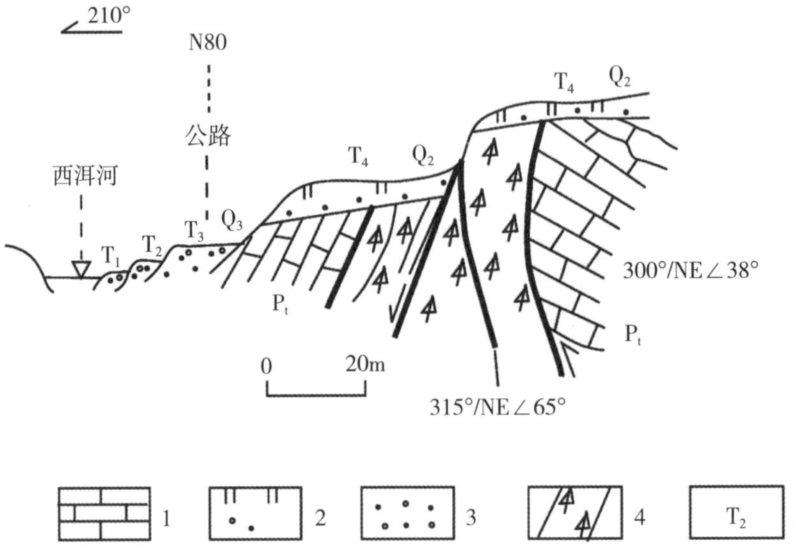

1.薄层状微晶大理岩；2.棕红色砂黏土层；3.砂砾层；4.断裂角砾岩带；5.阶地及序次

图2–91　漾濞平坡东南小合江村东南断裂剖面

在太邑村东，是维西—乔后断裂与近EW向的西洱河断裂交汇部位，断裂产状为300°/SW∠78°，控制西洱河阶地发育。

断裂向SE延伸从回辉登进入巍山大仓（上新世—第四纪）断陷盆地，并沿盆地两缘延伸，控制大西河的分布并多处右旋切错大西河的Ⅰ级支流水系（见图2–92）。

据野外观察，巍山—大仓盆地西侧NW向断裂呈右旋走滑错动，一系列的冲沟、山脊表现出同步的右旋错动、错距大。巍山地区NE流向大西河的支流水系，是由山区流入巍山盆地的，这组平行的支流水系均被NW向的平行断裂断错。其断错方式为右旋。由水系断错和年代求得断层平均右旋滑动速率是2.6mm/a（见表2–5）。盆地内的张性正断层，由盆地两侧向盆地内部发展构成阶状平台逐级下降。盆地东、西两侧的剥夷面均有明显的断裂位错，显示张性特征。在第四系中，正断层十分发育，沿断层形成楔状体堆积。由于断层多次运动，甚至一个剖面中产生多个楔状体，形成“楔套楔”现象（见图2–93）。

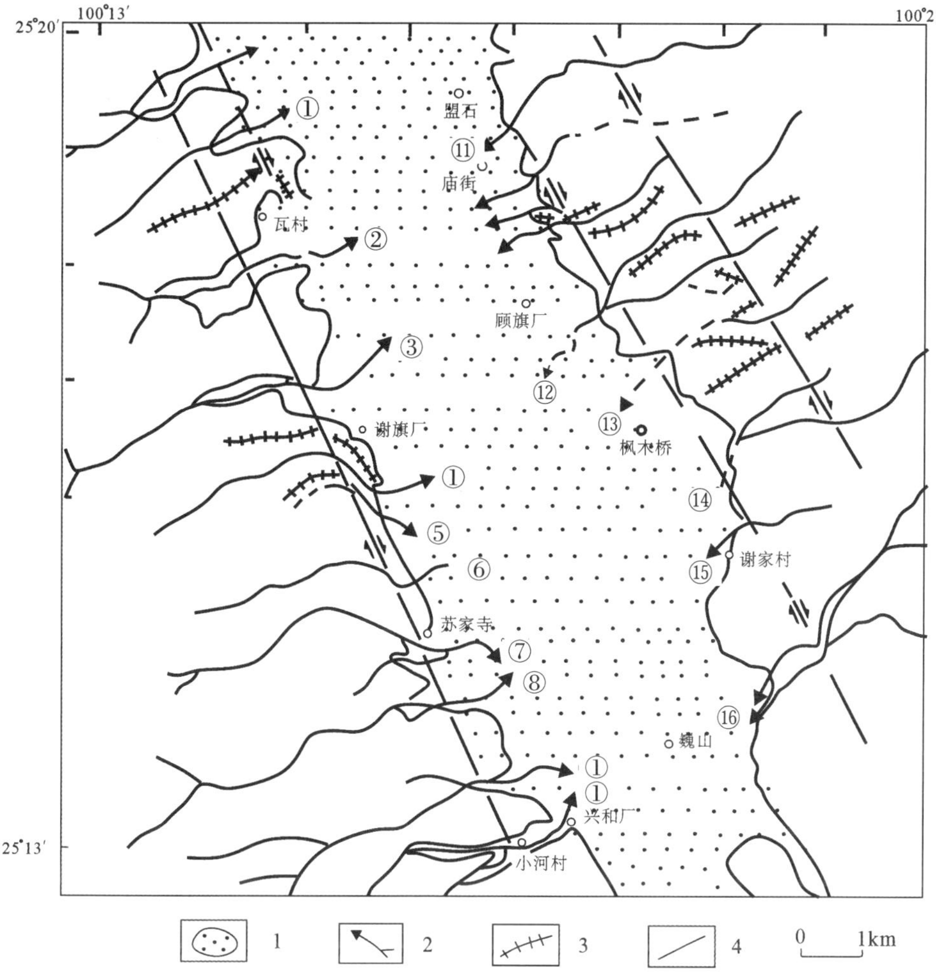

1.第四系；2.河流；3.山脊线；4.第四纪断裂

图2-92 巍山盆地断裂右旋断错图

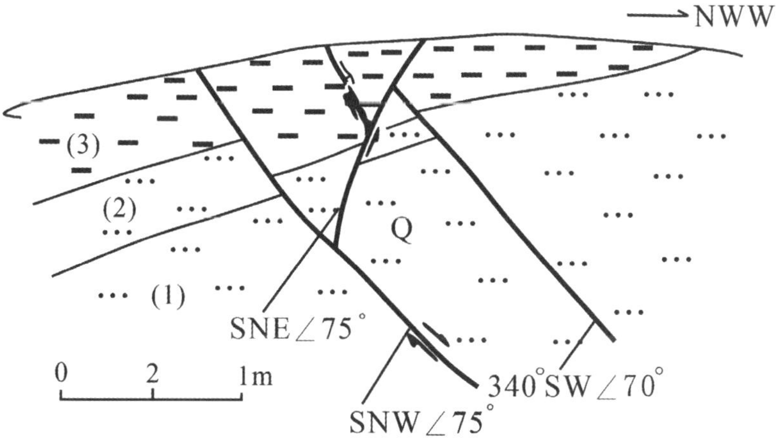

图2-93 巍山县团山附近“楔套楔”现象

表2-5　巍山盆地西侧断错水系表

编号	位错要素	水系长度（m）	水系年龄（a）	位错理（m）	位错速率（mm/a）	平均速率（mm/a）
1	河　流	3000	136363	300	2.2	2.6
2	河　流	3500	159091	500	3.14	
3	河　流	6000	272727	800	2.93	
4	河流、山脊	5500	250000	1200	4.8	
5	河流、山脊	5000	227272	1000	4.3	
6	河　流	4500	204545	850	4.15	
7	河　流	6000	272727	500	1.83	
8	河　流	7500	340909	350	1.03	
9	河　流	6500	295454	400	1.35	
10	河　流	6000	272727	300	1.1	
11	河　流	6000	272727	600	2.2	
12	河　流	5500	250000	500	2	
13	河　流	4000	181818	600	3.3	
14	河　流	6000	272727	600	2.2	
15	河　流	2500	113636	350	3.08	
16	河　流	5000	227272	400	1.76	

在平坡镇麻山箐村南，维西—乔后断裂横切麻山箐南冲沟，沿断裂带基岩山地发育断层崖、三角面和断层谷。断裂断错了麻山箐冲沟的T_2阶地（见图2-94）。T_2阶地后缘右旋水平位移45m，阶地面可见多个陡坎，垂直位错6m，西盘下降，呈正断性质。T_2阶地拔河40m，为堆积阶地，上覆砂砾层，厚约10m，自下而上依次为砾石、砂砾和砂土，T_2阶地面之下2m热释光样品测试结果为（36.56±3.11）ka B.P.，表明断裂在晚更新世有过活动。

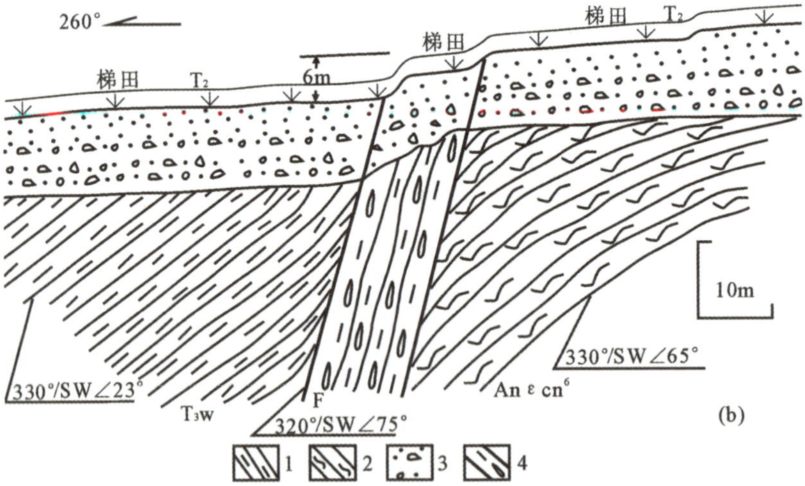

1.片岩；2.片麻岩；3.断裂带；4.砂砾石层

图2-94　维西—乔后断裂麻山箐剖面

在锣锅箐附近一支流T_3阶地上，发现一断层剖面，断裂断错了T_3阶地地层，阶地由砾石层与砂土交替沉积，层理清晰，砾石层的产状明显向NE方向倾斜，砾石层及砂土层被多条断层断错，东侧断裂止于T_3阶地砂土层内并被西侧断裂截断，最大位错量约0.7m，显示出正断性质。取砾石进行光释光测年结果为（55.5 ± 1.3）ka B.P.，显示断裂在晚更新有过强烈的活动，并表现出断裂的多期活动性（见图2–95，图2–96）。

图2–95 锣锅箐T_3阶地断裂剖面（镜向NW）

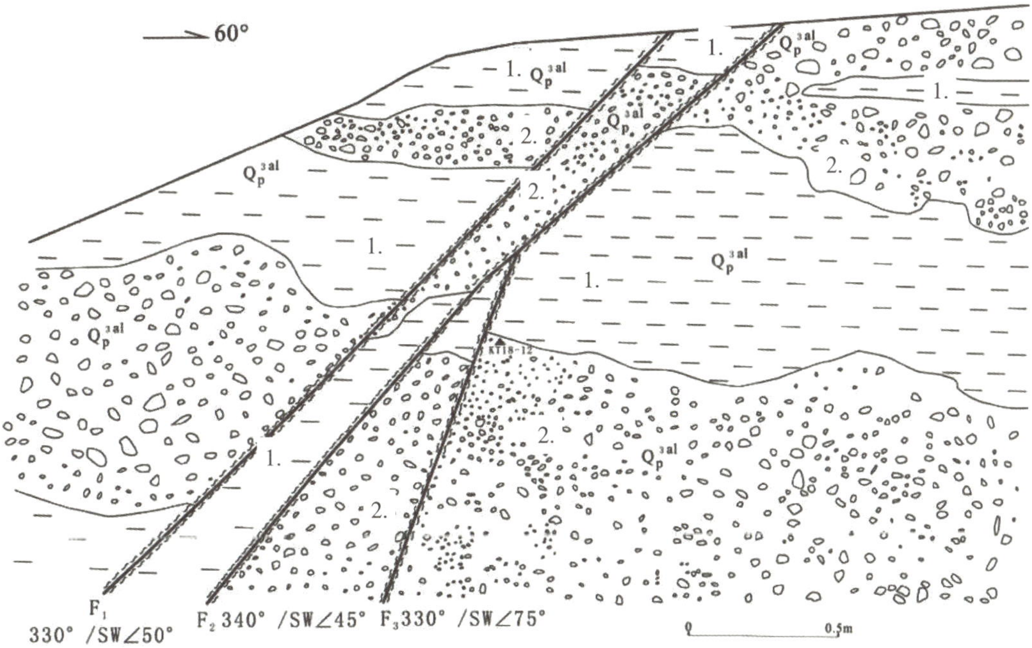

1.褐黄色黏土层；2.褐红色砾石层 ▲KT18–12释光样品

测年结果：KT18–12 （55.5 ± 1.3）ka B.P.

图2–96 锣锅箐T_3阶地断裂剖面

注：（据维西—乔后活断层填图，常祖峰等，2013）

在平坡镇麻山箐村南，维西—乔后断裂横切麻山箐南冲沟，沿断裂带基岩山地发育断层崖、三角面和断层谷（见图2–97）。沟床右旋位错达98m（见图2–97b），断裂断错了麻山箐冲沟的T_1、T_2阶地。T_2阶地后缘右旋水平位移45m，阶地面可见多个陡坎，垂直位错6m，西盘下降，呈正断性质。T_2阶地拔河40m，为堆积阶地，上覆砂砾层，厚约10m，自下而上依次为砾石、砂砾和砂土，阶地面之下2m热释光样品测试结果为（36.56 ± 3.11）ka B.P.，在冲沟北岸T_2阶地陡坎面上见断裂剖面，断裂东盘为前寒武系苍山群黑云母片麻岩、片岩，西盘为三叠系上统歪古组绿色板岩夹灰岩（见图2–97c）。T_1阶地拔河5m，为堆积阶地。冲沟南侧断层谷发育冲积扇，与T_1阶地相连，为同期地貌面。断裂在冲积扇上形成2m断坎。沿陡坎北端麻山箐南冲沟右旋位错达12m。根据阶地位错变形，3.6×10^4a B.P.以来断裂水平错动速率为1.2mm/a，垂直位错速率为0.16mm/a。3.6×10^4a B.P.以来速率较小，但代表了平均速率（常祖峰等，2021）。

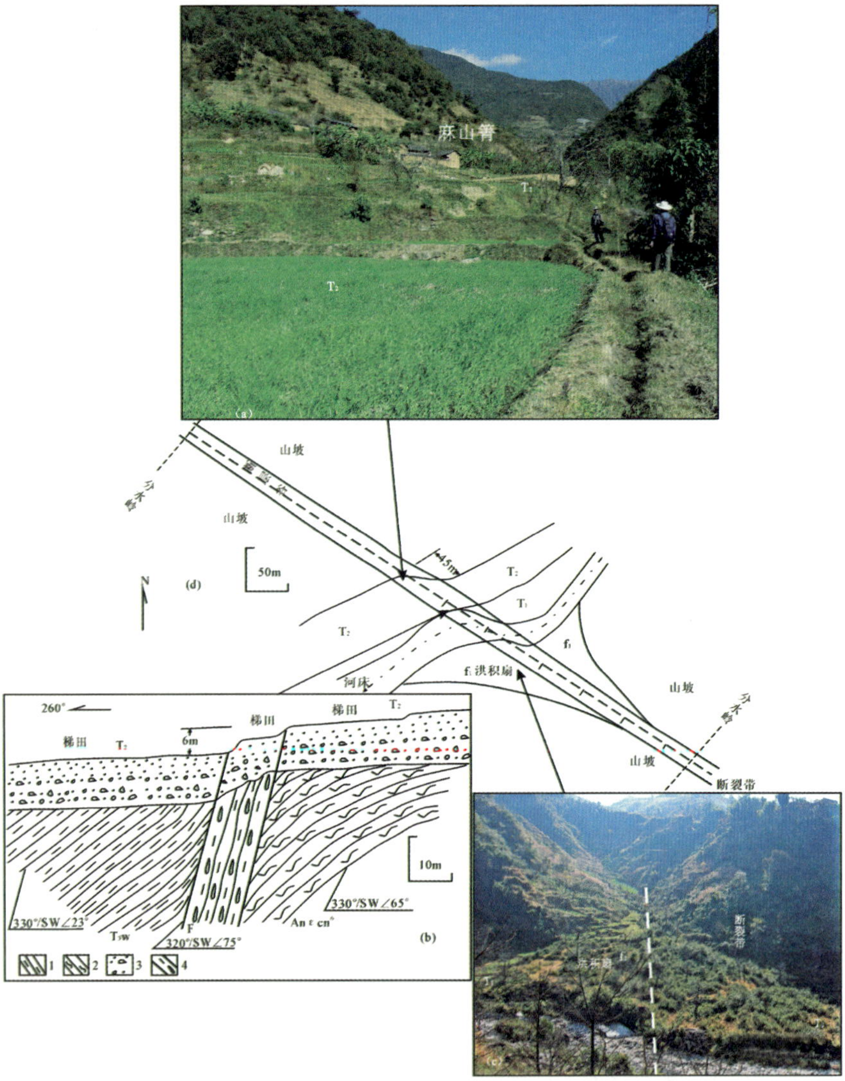

（a）麻山箐冲沟T_2阶地陡坎；（b）断裂剖面，位置位于（a）中T_2阶地陡坎面上；1.片岩；2.片麻岩；3.断裂带；4.砂砾石层；（c）洪积扇和T_1阶地错断地貌；（d）麻山箐地貌特征平面图

图2–97　维西—乔后断裂麻山箐剖面及断错地貌特征

果咋地南西1km可见断层发育于河流冲积相沉积物（河流高阶地）中（见图2–98），剖面图F_1错距很明显，达0.5m，为正断层性质，沿断面发育松软的断层泥和片理化带。经测年，被错地层热释光年龄为（83.12 ± 7.06）ka B.P.，上覆地层热释光年龄为（71.95 ± 7.06）ka B.P.，说明断裂在晚更新世有过明显活动。

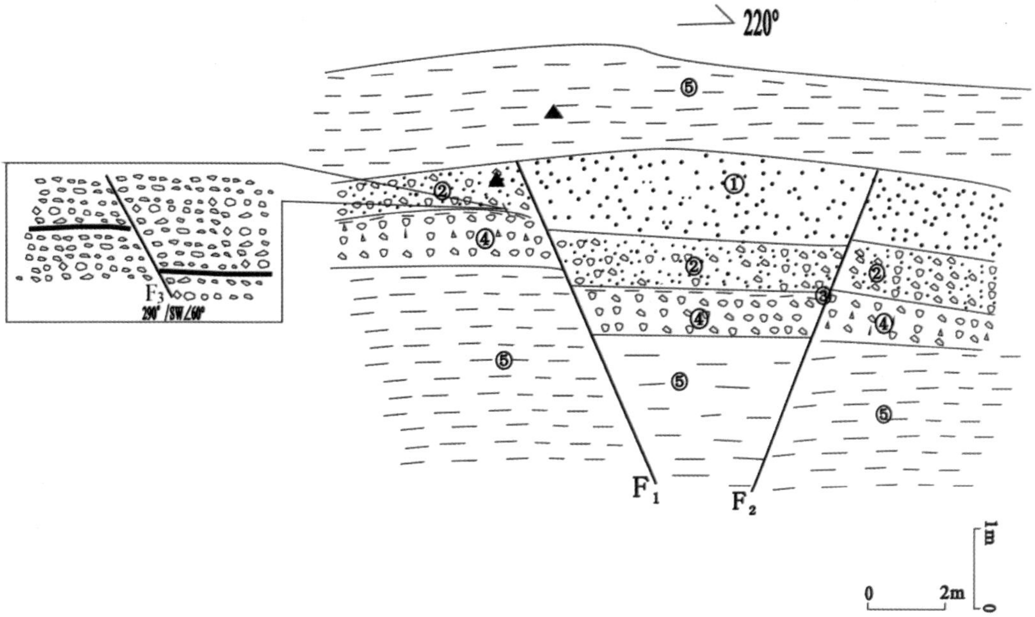

1.灰白色细砂层；2.砂砾石层；3.灰白色黏土层；4.灰色砾石层；5.灰白色黏土层 ▲取样点

图2–98 果咋地南西1km断层剖面图

在漾濞县东南18km的四十里桥村东侧，断裂断错了四十里桥村东冲沟和大王庙东冲沟的阶地（见图2–99，图2–100）。断裂将两条冲沟水平位错100m左右，断错冲沟谷肩并形成40m陡坎。冲沟发育最老阶地为T_4，拔河33m，基座阶地，在阶地面之下2m热释光测年结果为（85.33 ± 7.25）ka B.P.，阶地后缘水平位错大于38m，阶地面垂直位错10m；T_3阶地拔河12 ~ 15m，基座阶地，基座上覆5m厚的砂土层，该层顶下2m热释光测年结果为（55.10 ± 4.68）ka B.P.，水平位错23 ~ 30m，垂直位错5m；T_2阶地拔河5m，堆积阶地，其被断裂右旋水平位错12m，垂直位错为3m。T_1阶地拔河1m，堆积阶地，其裂点位于断裂带南侧附近（见图2–99）。据此计算，8.5×10^4a B.P.以来水平位错速率大于0.44mm/a，垂直位错速率0.12mm/a；5.5×10^4a B.P.以来，水平位错速率大于0.42 ~ 0.54mm/a，垂直位错速率0.1mm/a；3.6×10^4a B.P.以来断裂水平错动速率为0.33mm/a，垂直位错速率为0.08mm/a。

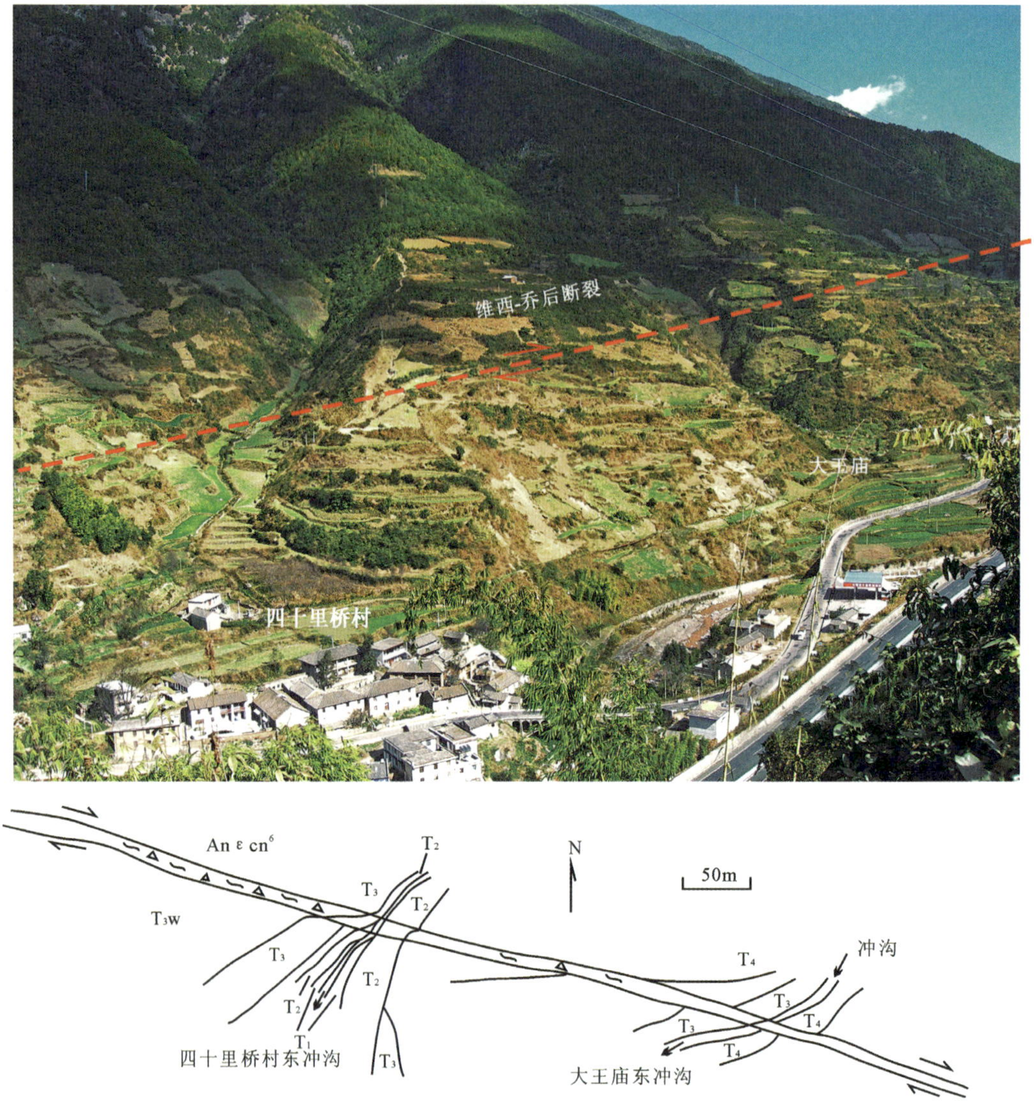

图2-99　四十里桥村东水系断错地貌平面图（照片镜头朝向NE）

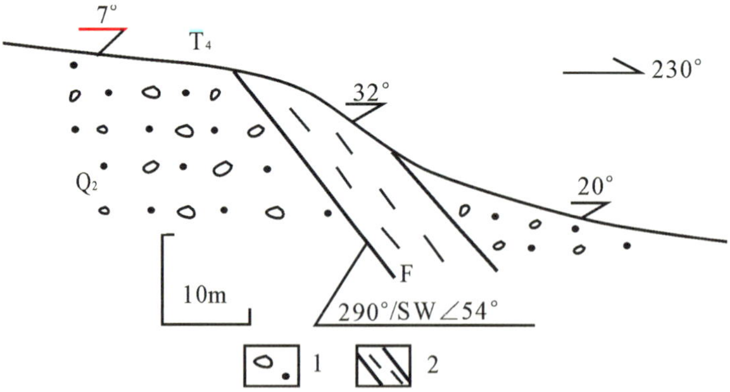

1.砂砾石层；2.断裂带

图2-100　维西—乔后断裂大王庙剖面图

图2-101为维西县城西公路边第四纪剖面，断面清晰，断裂产状为340°/NE∠60°。断层断错了晚更新统冲洪积含砾石的黏土、细砂层和含砾石细砂层。表现为正断性质，断距约40cm。

图2-101　维西县城西公路边第四纪剖面（镜向NW）

图2-102为维西县城阿开腊西南公路边第四纪剖面，断面清晰，断裂产状为280°/SW∠70°。断层断错了晚更新统冲洪积含乱砾石的黏土和黏土层，表现为正断性质，断距约20cm。断层上覆全新统坡积褐色黏土层未见断错迹象。

图2-102　维西县阿开腊西南公路边第四纪剖面（镜向NW）

野外调查发现，该断裂向南过平坡之后，该断裂西支尽管控制了巍山、南涧等第四纪盆地，但断裂迹线在地表出露不清楚，地貌表现不突出。由上述资料可以看出该断裂控制西洱河、大西河等河流（多为中更新世形成）水系发育，并切错河流T_4阶地及规模较大的Ⅰ级支流水系（也多为中更新世末期水系），控制巍山盆地的发育，表明该断裂主要活动在晚更新世。

2.2.7 兰坪—云龙断裂（F_1）

该断裂由多条近SN向逆断层组成，北端在维西河西至通甸一带被维西—乔后—巍山断裂所切，南端在永平一带与NW向断层相交，带宽20～30km，长约150km。断裂带控制了兰坪地区下第三纪云龙组成盐盆地的东、西边界，也是澜沧江东侧中生代浅变质红层与未变质红层的界线。早喜马拉雅运动时，兰坪—云龙断层产生背复式对冲推覆活动，其间形成狭长的裂谷，堆积了厚约4000m的第三系含盐地层。云龙城南的断层擦面指示断层兼有左旋平移活动，但晚更新世活动不明显。在南端永平、云龙一带断层交叉地区，有少数地震活动，但与地质构造的关系尚不清楚。

断裂发育于中生代侏罗—白垩系地层中，沿线断层陡立带、挤压片理化带等强烈发育（见图2-103、图2-104、图2-105）。在永平县东湾箐梅花铺附近，断裂发育在上侏罗统与下白垩统间，断层破碎带宽达10余米，断层带之上有晚更新世碎石亚黏土层覆盖，未见断层变动形迹。

图2-103　永平东杉松哨附近砂岩陡立带（镜向NW）

图2-104　石寨坪附近沘江左岸挤压片理化带（镜向NW）

图2-105　石寨坪附近沘江左岸挤压片理化带（镜向NW）

在云龙县城东南陈家村附近公路边，可见断层出露于下第三系中统果郎组泥岩、砂岩互层中（见图2-106、图2-107），主断面产状280°/S∠43°，沿断面挤压片理化特征明显（图2-108），局部发育有厚约1cm的断层泥，断层泥中等胶结，有一定强度。断面上覆的中—晚更新统残积亚黏土层平稳覆盖，未见受断裂活动影响的迹象。

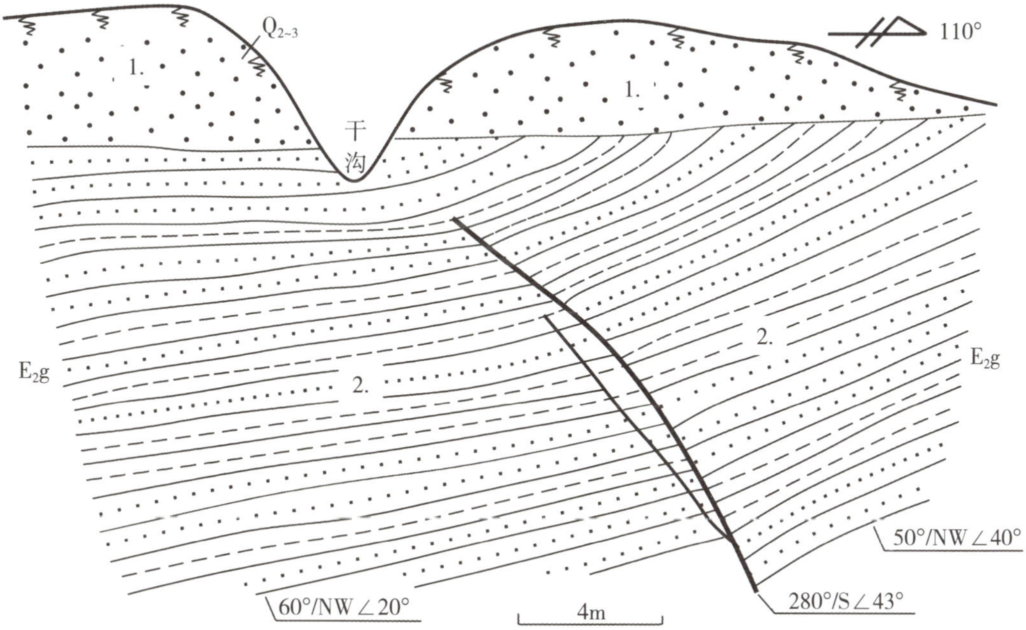

1.残积亚黏土层；2.下第三系中统果郎组泥岩、砂岩互层

图2-106　云龙县城东南陈家村附近断层剖面图（镜向NW）

图2-107　云龙县城东南陈家村附近断层照片（镜向NW）

图2-108　断面局部放大照片（镜向NW）

在永平东飞风山东南公路边见该断裂发育在上侏罗统与下白垩统间，总体显示为断面倾向NE的高角度挤压逆走滑运动特征，断层构造岩的ESR年龄为（870±64）ka B.P.，上覆未断地层的热释光年龄为（104.17±8.85）ka B.P.，表明该断裂于早更新世末期有过明显活动，但晚更新世以来已无活动迹象。断裂东南段（冷饭坡以南）地形地貌清晰，主要表现为银江支流水系的同步右旋位错，位错量介于800～1500m间，但未见小量级水系位错迹象，从水系位错量与年代的线性关系来看，这类800～1500m量级的位错约相当于中更新世中晚期发生的位错。

2.2.8 澜沧江断裂（F_8）

该断裂位于班公错—怒江结合带和金沙江—哀牢山结合带之间，是我国“三江”地区的一条区域性深大断裂带。断裂北起西藏境内的藏北羌塘地区，大致沿澜沧江河谷延伸，向南经昌都、察雅、芒康、盐井、梅里雪山—碧罗雪山—崇山东麓，过保山瓦窑、凤庆小湾后，继续在澜沧江河两岸左右摆动，经城子、景洪到小勐龙西南进入缅甸境内，全长超过1500km，云南省内长约800km。断裂总体走向NW—NNW，倾向SW，倾角较陡。但中段局部走向变化较大，在云县西北形成明显的大拐弯，地貌上大部地段表现为高山峡谷景观。

该断裂带形成于元古代末，之后经多次活动，形成多条断裂及宽数百米至上千米的挤压破碎带。断裂带对两侧的地质发育历史、岩浆活动与变质作用等具有强烈的控制作用。据地震测深资料，断裂切割莫霍面的断距约达2km，是一条超岩石圈深断裂带。

根据断裂带性质和特征的不同，可将之分为北、中、南三段，芒康以北为断裂北段，芒康—景谷县江边街为断裂中段，景谷县江边街以南为断裂南段。大理境内主要为断裂中段。

中段对该地区地质发展演化未起到控制作用。对该段断裂的多手段测年（热释光、电子自旋共振、铀系等）表明第四纪时期的活动可分为4期，最近一期的活动主要集中在（11～15）$\times 10^4$a B.P.的中更新世末—晚更新世初，第四纪时期的平均位错速率为0.1～0.7mm/a。该段的地震活动十分微弱，历史上仅有一次破坏性地震记载，即1770年9月26日凤庆鲁史5½级地震。

在功果桥上游的花鱼洞村澜沧江左岸，断裂发育在下白垩统景星组（K_1j）地层中（见图2-109）。断裂两盘为泥质砂岩、千枚岩。断裂两侧的地层产状基本一致，东侧的地层产状为：55°/NW∠78°。断裂由一条宽约1.3m的构造角砾岩劈理带组成，取构造岩样品经ESR方法测试获得，断裂的最新活动时代大于2000ka。同时，用SEM方法对构造岩样品进行相对年代鉴定，结果表明断裂活动时代在早更新世—中新世。断裂上覆厚约4～4.5m的残坡积层，未见有任何受断裂构造变动的迹象。在该套地层底部采取样品，经热释光测年结果其形成时代为（220.15±18.71）ka B.P.。

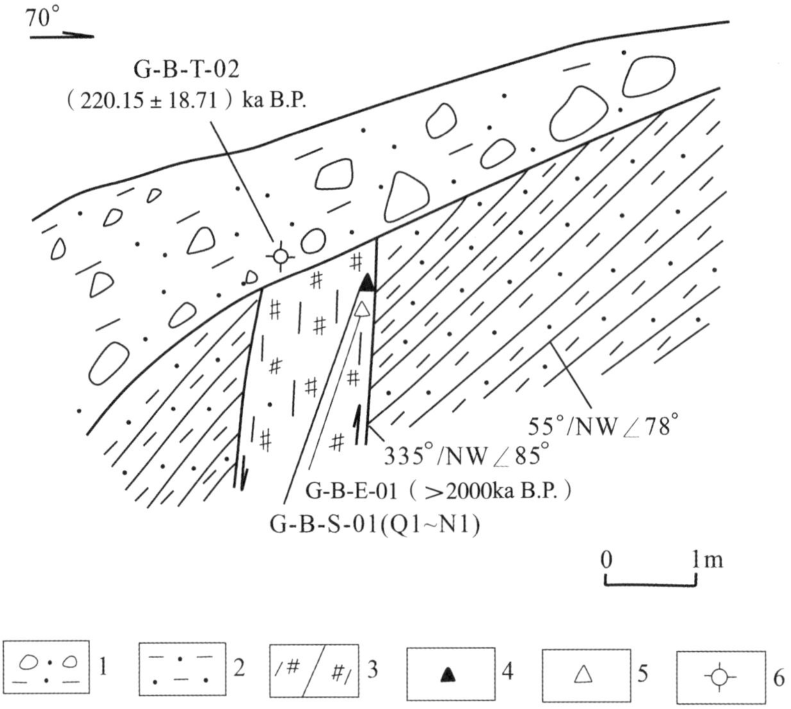

1.残坡积物；2.泥砂岩、千枚岩；3.构造角砾岩劈理带

图2-109　花鱼洞澜沧江左岸断裂剖面图

在澜沧江大桥附近的澜沧江东、西两岸均发现同走向的次级断裂（见图2-110）。断裂显示出张性特征，碎裂岩较发育，亦可见断层泥，但断裂规模不大，破碎带宽度最大为几十米。取两断层剖面中的断层泥做ESR年代学鉴定，结果显示为（31 ± 32）ka B.P.和（738 ± 73）ka B.P.，显示断裂有第四纪早—中更新世活动。这种活动也与地貌线性程度相关，西岸线性较好，最新活动发生在中更新世晚期，东岸稍差，最新活动发生在早—中更新世。

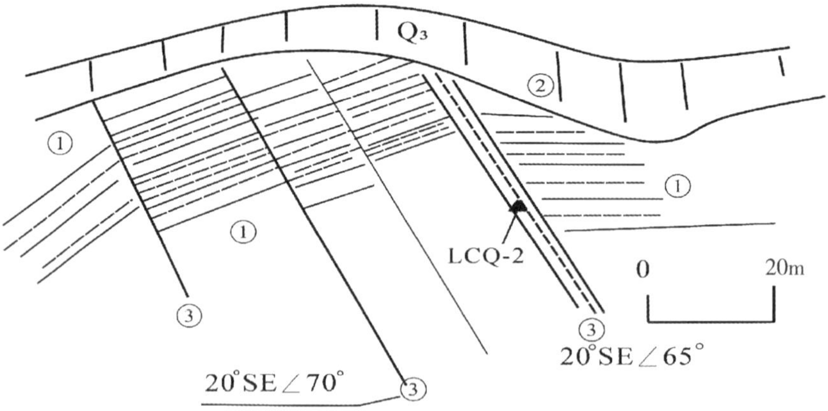

图2-110　澜沧江大桥东断层剖面

该断裂与怒江断裂的交汇部分附近有多次6级左右地震的发生。

综上所述，澜沧江断裂中段为早—中更新世活动。

2.2.9　无量山断裂带（F_9）

该断裂展布于无量山西麓，最宽可达45km，控制了兰坪—思茅中生代至早新生代坳陷及内部中新世以来的相对隆起，尤其是现代隆起的范围。断裂形成于印支运动，在其后的两次构造运动中均有强烈的活动，断错的最新构造层为喜马拉雅第三亚构造层。根据无量山断裂对喜马拉雅构造层的控制以及它的几何结构，以镇沅以北为界，分为南、北两段，北段为中更新世，南段为晚更新世活动。大理境内主要为北段。

北段北起于南涧县和乐乡西南部，向SE经热水塘，止于上白水一带，整体走向NW，呈向NE突出的弧形展布，倾向NE，倾角较陡，全长约90km。在上白水西部见断层露头，发育有两条断层，NW盘为白垩系中统泥岩，SE盘为三叠系中统泥岩，断面可见厚约5cm的灰白色断层泥，断层泥胶结良好，取样做ESR测年，其电子自旋共振测年结果为（533 ± 53）ka B.P.，表明晚更新世以来断层无明显的活动迹象。

在南涧县北东5.3km礼社江边可见断裂发育于白垩系与侏罗系砂岩间（见图2-111，图2-112），断裂西侧紫红色白垩系砂岩逆冲到浅黄色侏罗系砂岩上，倾角陡，产状340°/SW∠75°，断层间有约50cm的片理化带。上覆的含砾石坡残积黏土层未见错断。断裂剖面的地貌部位位于礼社江的T_2阶地上。拔河高度为12m。根据礼社江上游江尾塘村T_2阶地的炭样的测年结果为（21340 ± 90）a B.P.，表明断裂至少自晚更新世中期以来不再活动。

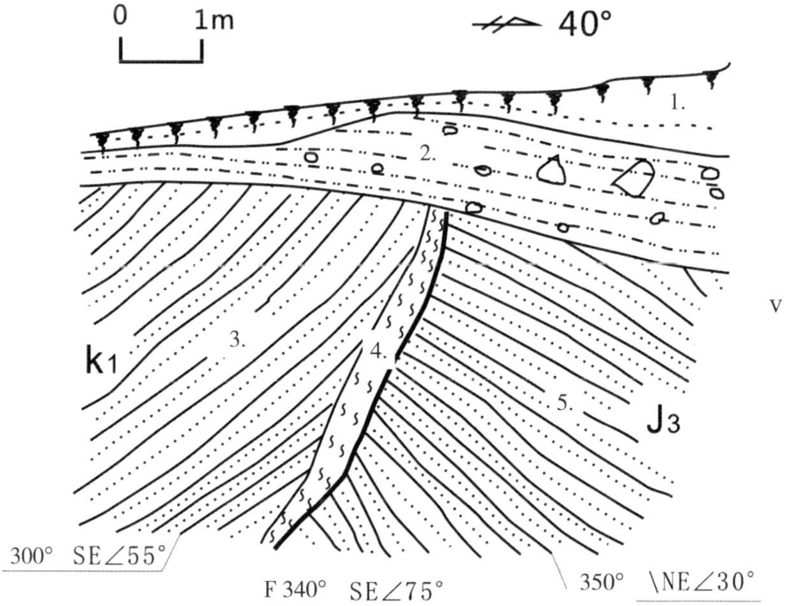

1.腐殖土；2.含砾石黏土；3.紫红色砂岩；4.片理化带；5.浅黄色砂岩

图2-111　南涧县北东5.3km断裂剖面

图2-112 南涧县北东5.3km断层照片（镜向NW）

在龙树村东1.2km可见断裂发育在白垩系与二叠系上统砂岩间（见图2-113，图2-114），断裂破碎带宽约1m，破碎带胶结良好，断层倾角陡，产状310°/SW∠80°，二叠系上统砂岩呈陡立带状。上覆的含砾石坡残积黏土层未见错断。沿断裂方向追踪，断裂经过的三级剥夷面两侧未见有明显的差异，表明断裂自晚更新世以来不再活动。

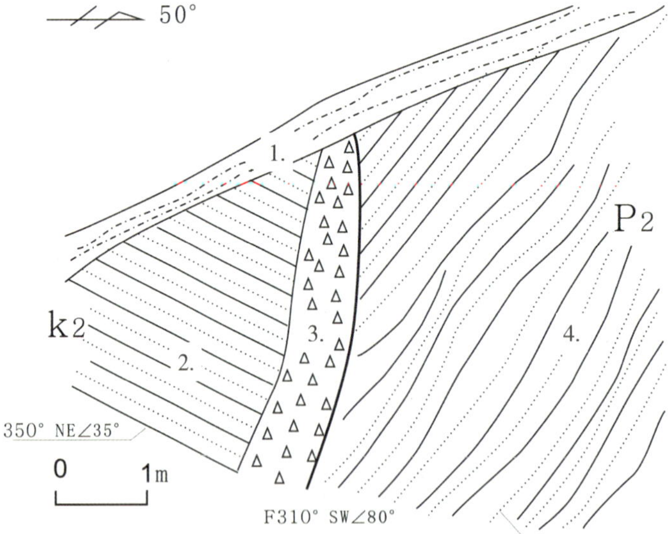

1.黏土夹碎石；2.紫红色砂岩；3.破碎带；4.浅灰色砂岩

图2-113 龙树村东1.2km断裂剖面

图2-114 龙树村东1.2km断层照片（镜向NW）

2.3 活动断裂与地震关系

地震是一种新构造运动的表现形式，空间位置上地震活动与活动断裂构造关系十分密切。新构造运动强烈的地区，地震活动的强度和频次也高，反之亦然。从云南区域尺度上看，强震活动在空间分布上是极不均匀的，具有显著的块体活动特点。其中6、7级强震并非在任何地方都会发生，而是发生在一些具有某种深部介质构造背景的地区，空间分布上是高度非均匀的，具有空间群集的特征（苏有锦等，1999；2001）。强烈地震主要发生在活动块体的边界，反映了活动块体之间差异运动与地震有关，实际上也与断裂的新活动有关。云南地区各级新构造分区的边界多为活动断裂带，沿其两侧是块体之间差异运动强烈的地带，因此活动断裂带既是新构造分区界线，又是强震活动带。如小江断裂带和红河断裂带既是新构造区的分界线，又是历史和现今的强震发生带。而5级及其以下地震的活动无显著的介质构造背景存在，其发生具有很大的随机性。

根据云南地区地震构造环境和发震构造条件研究成果（安晓文等，2018）：一般规模较大的全新世活动断裂具有发生7级以上地震的构造条件；晚更新世活动的断裂具有发生6～6.9级地震的构造条件；规模较大、结构复杂的早第四纪活动的深大断裂带具有发生5.0～5.9级地震的构造条件。根据以上发震构造条件，对大理州境内的断裂开展分析：

苍山山前断裂和凤仪—定西岭断裂为红河断裂带的北段，属于全新世活动，且为块体边界断裂，水平滑动速率5mm/a左右，根据以上发震构造条件认为，具备发生7级以上地震的构造条件。该断裂段，历史上曾发生1925年大理7级地震和1652年弥渡7级地震。

程海—宾川断裂为全新世活动断裂，具备发生7级以上地震的构造条件，历史上曾发生1515年永胜7¾级地震，而且揭露有多次同等震级的古地震事件，具备发生7级以上地震的构造条件。

丽江—小金河断裂、维西—乔后断裂、中甸—龙蟠—乔后断裂、鹤庆—洱源断裂为全新世活动断裂，断裂长度一般在100km以上，这些断裂晚第四纪活动强烈，滑动速率较大。根据以上发震构造条件认为，它们具备发生7级以上地震的构造条件。其他断裂均为早—中更新世断裂，不具发生6级以上地震的构造条件，但不排除发生6级以下的地震可能。

3 区域地震活动性

大理区域内有中甸—大理地震带贯穿全境，并涉及南华—楚雄地震带的西北端，地震活动强烈，历史上发生过2次7级以上地震和多次6级以上地震，其中公元886年大理5½级地震为具有确切史料记载的云南省最早历史地震。本章通过对大理区域内地震数据整理、统计和分析，得出其在时空展布的特征。

3.1 地震记载

3.1.1 $M \geq 4.7$破坏性地震

大理区域内历史地震资料来源主要有《中国历史强震目录（公元前23世纪—公元1911年）》（国家地震局震害防御司，1995）、《中国近代强震目录（公元1912—1990年）》（中国地震局震害防御司，1999）、《云贵地区地震等震线图集》（地震研究编辑部编辑出版社，2000）；1991—2008年的地震主要参考中国地震台网（CSN）地震目录。2009年至今的地震资料则采用全国统一地震编目（正式报）目录，该目录由“十五”及其后建成的云南区域数字测震台网产出。据上述资料检索得到的区域4.0级以上地震目录见附录。

自公元886年有地震史料记载以来，截至2023年，大理区域内共记有$M \geq 4.7$破坏性地震91次，其中4.7～4.9级18次、5.0～5.9级56次、6.0～6.9级15次、7.0～7.9级2次（见表3-1），其中最早的历史地震为公元886年云南大理5½级地震，最大历史地震为1652年7月13日弥渡南7级地震和1925年3月16日云南大理、凤仪间的7级地震。上述$M \geq 4.7$破坏性地震分为两段：即1965年之前为非仪器测量地震，也称历史地震，其目录的完备性、历史地震震中位置和震级大小均有诸多不确定性；而1965年起云南行政区域内陆续建立起了多个地震台站，其后的地震均为仪测地震，这些地震的目录完备性、震中位置和震级大小准确度均大大提高。

图3-1是大理历史破坏性地震震中分布图，从图中可看出区域内破坏性地震大多相对集中于两个条带分布，即主要沿中部的剑川—洱源—大理—弥渡和西侧的洱源—漾濞，其余各县区则呈零星状展布居多。

表3-1　云南大理各历史时期不同震级档强震次数统计（包含余震）

时间＼震级	4.7～4.9	5.0～5.9	6.0～6.9	7.0～7.9	合计
1500年前	1	6	2	0	9
1500—1599年	1	9	1	0	11
1600—1699年	0	5	2	1	8
1700—1799年	0	0	2	0	2
1800—1899年	0	6	4	0	10

续表3-1

时间 \ 震级	4.7～4.9	5.0～5.9	6.0～6.9	7.0～7.9	合计
1900—1999年	11	22	3	1	37
2000—2023年	5	8	1	0	14
共计	18	56	15	2	91

3.1.2 仪测中小地震

如上所述，就云南地区而言，仪测地震主要指1965年1月1日起由测震台站记录并编目的地震。本书仪测中小地震目录取自国家地震科学数据中心及中国地震台网中心。仪测地震按时间及震级的统计结果见表3-2。从表3-2可以看出，大理1965—2023年共记录有M_L2.0～4.6地震6534次，其中2.0～2.4级3703次、2.5～2.9级1813次、3.0～3.4级673次、3.5～3.9级234次、4.0～4.4级91次、4.5～4.6级20次。

图3-2是大理仪测地震震中分布图。从图中可以看出，区域仪测小地震活动频繁，震中展布轮廓与破坏性历史地震活动图像大致相似。沿剑川—洱源—大理—弥渡和云龙—洱源—漾濞—巍山，小震呈条带状密集展布，而在宾川县周围呈簇状分布。

表3-2 区域仪测小地震次数统计（M_L2.0～4.6，1965—2023年）

时间 \ 震级	2.0～2.4	2.5～2.9	3.0～3.4	3.5～3.9	4.0～4.4	4.5～4.6	合计
1965—1969年	139	107	37	23	2	1	309
1970—2023年	3564	1706	636	211	89	19	6225
共计	3703	1813	673	234	91	20	6534

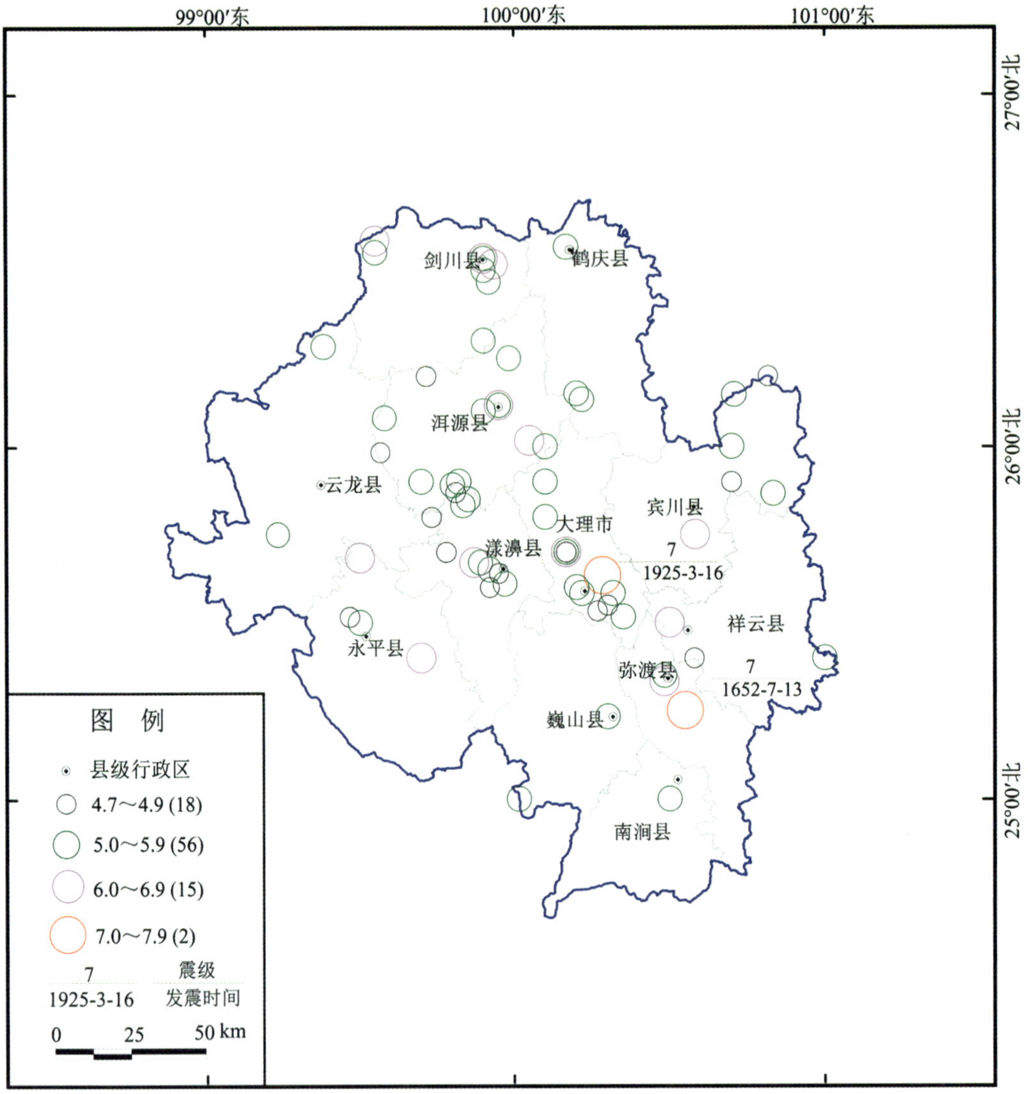

图3-1　云南大理历史破坏性地震震中分布示意图（$M \geqslant 4.7$，公元886—2023年）

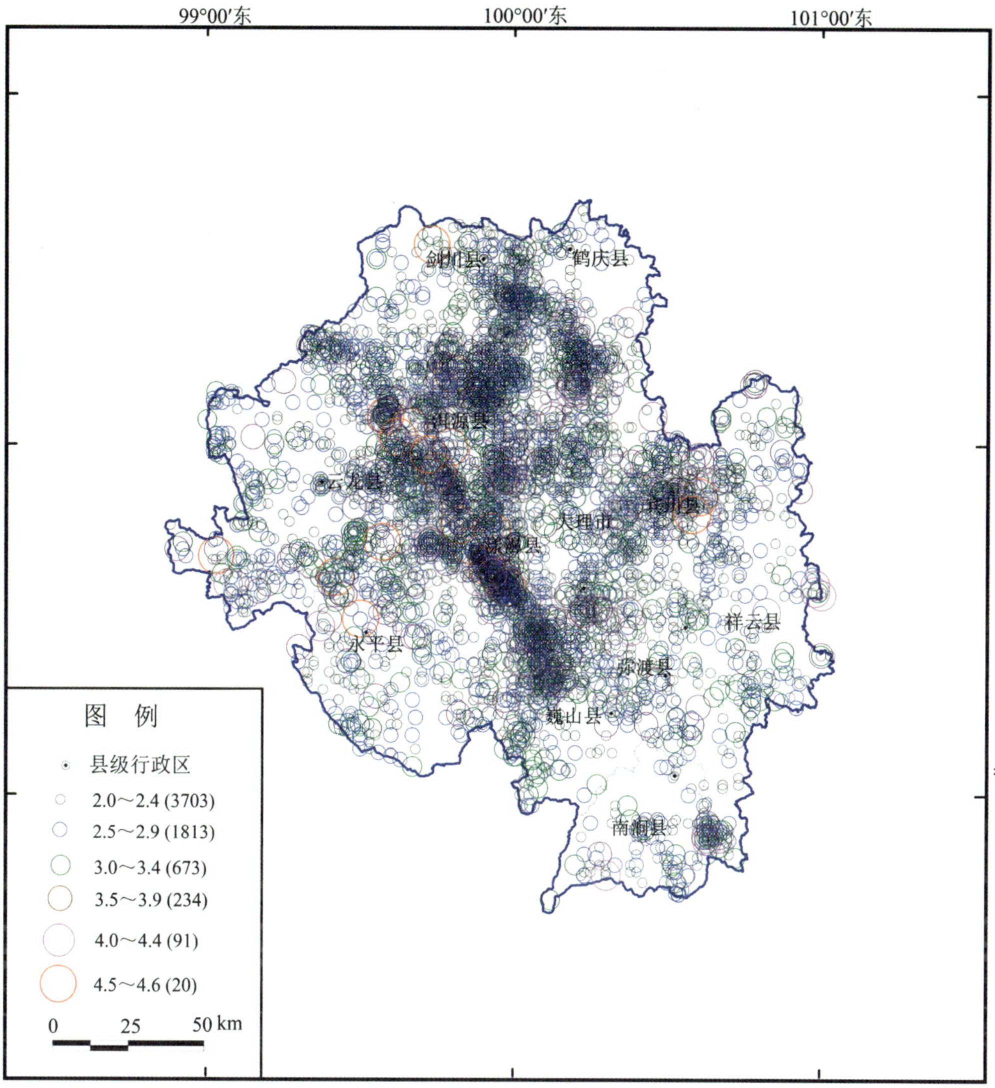

图3-2 云南大理仪测地震震中分布示意图（M_L2.0 ~ 4.6，公元1965—2023年）

3.1.3 地震记录可靠性与完整性

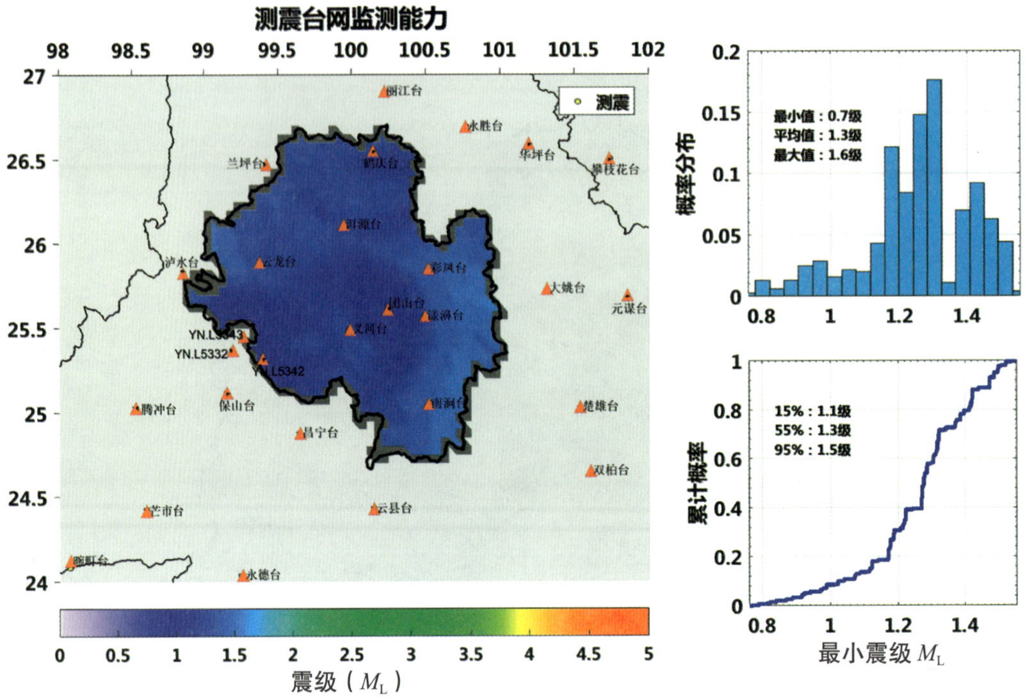

图3-3 云南省区域测震台网（大理）监测能力分布图

历史地震记录受各种因素的限制，不同地区、不同时段所记载的历史地震资料的完整性存在差异。图3-3是云南省区域测震台网在大理地区的监测能力分布图。从图中可见大理区域绝大部分地区地震的监测能力达到1.6以上，从北向南地震监测能力由1.2逐渐向1.6过渡。结合台网建设和监测历史，可以认为大理区域内自1970年以来3.0级以上的地震记录是基本完整的（黄玮琼等，1994；苏有锦等，2003；皇甫岗等，2010）。

3.2 大理地震活动空间分布特征

3.2.1 云南省及大理州地震带空间分布

云南地区涉及10个地震带（区）（见图3-4），分别为马边—大关地震带、小江地震带、通海—石屏地震带、思茅—普洱地震区、澜沧—耿马地震带、腾冲—龙陵地震区、中甸—大理地震带、南华—楚雄地震带、木里—盐源地震区、安宁河—则木河地震带（皇甫岗，2009；皇甫岗等，2010）。

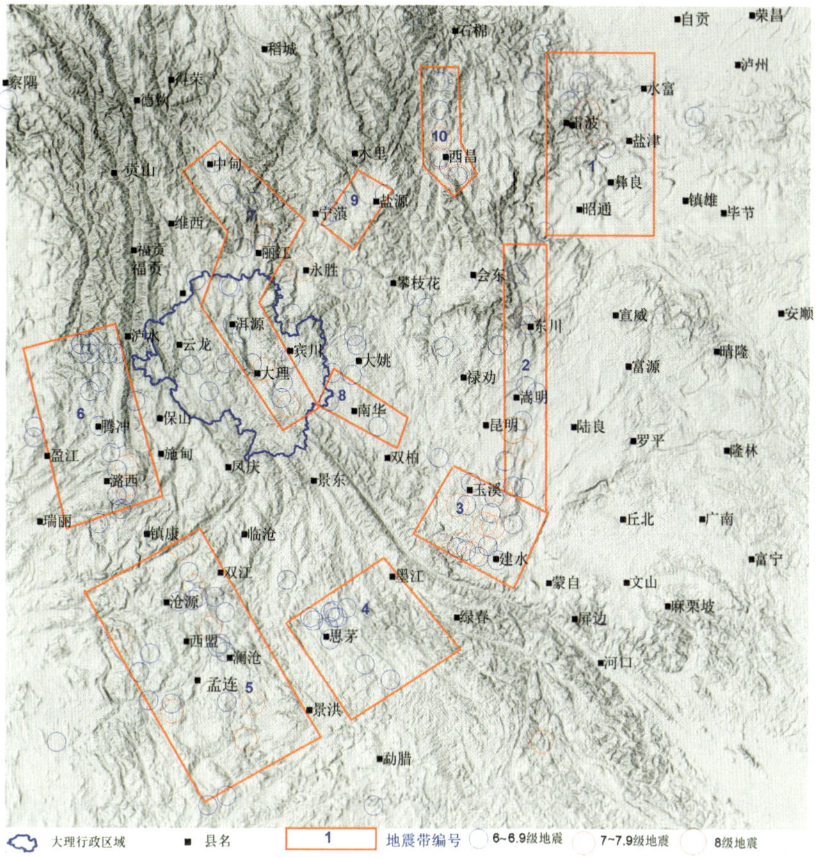

1.马边—大关地震带；2.小江地震带；3.通海—石屏地震带；4.思茅—普洱地震带；5.澜沧—耿马地震带；6.腾冲—龙陵地震带；7.中甸—大理地震带；8.南华—楚雄地震带；9.木里—盐源地震带；10.安宁河—则木河地震带

图3-4 云南省地震带分布示意图

大理州范围内涉及中甸—大理和南华—楚雄两个地震带。

中甸—大理地震带：走向NNW，长约400km，宽50～70km，云南省有确切史料记载的最早地震，即公元886年大理5½级地震就发生在该带内。带内6级以上地震19次，最大地震为7级，分别为1652年弥渡、1925年大理和1996年丽江等3次7级地震。6级以上地震主要沿NW向红河断裂北段、NE向丽江—剑川断裂和NW向中甸—丽江断裂展布，该带中、强地震频发，以前震—主震—余震型或双主震—余震型为主。

南华—楚雄地震带：走向NW，长约130km，宽约50km。1511年始有地震记载，其中6级以上地震3次，最大地震为1680年楚雄6¾级地震。强震震中主要沿NW向南华—楚雄断裂带展布，地震活动水平相对低，以前震—主震—余震型为主。

3.2.2 震源深度分布特征

大理区域范围自1963年以来，有震源深度分析结果的$M \geqslant 3.0$级地震共计404次，其中3.0～3.9级338次、4.0～4.9级55次、5.0～5.9级9次、6.0～6.9级2次。图3–5为地震震源深度分布图，表明区内地震震源深度多分布于3～22km范围内，平均震源深度约10km，震源深度分布主要集中在5～15km内，占比74.76%，其中$5 \leqslant H < 10$ km内占比33.18%，$10 \leqslant H < 15$km内占比41.58%（见表3–3）。总体上看，区域地震属于地壳中上层的浅源构造地震。

表3–3　区域$M \geqslant 3.0$级地震震源深度分布占比

项目	震源深度H（km）			
	$0 < H < 5$	$5 \leqslant H < 10$	$10 \leqslant H < 15$	$15 \leqslant H < 21$
地震个数	14	134	168	88
百分比	3.46%	33.18%	41.58%	21.78%

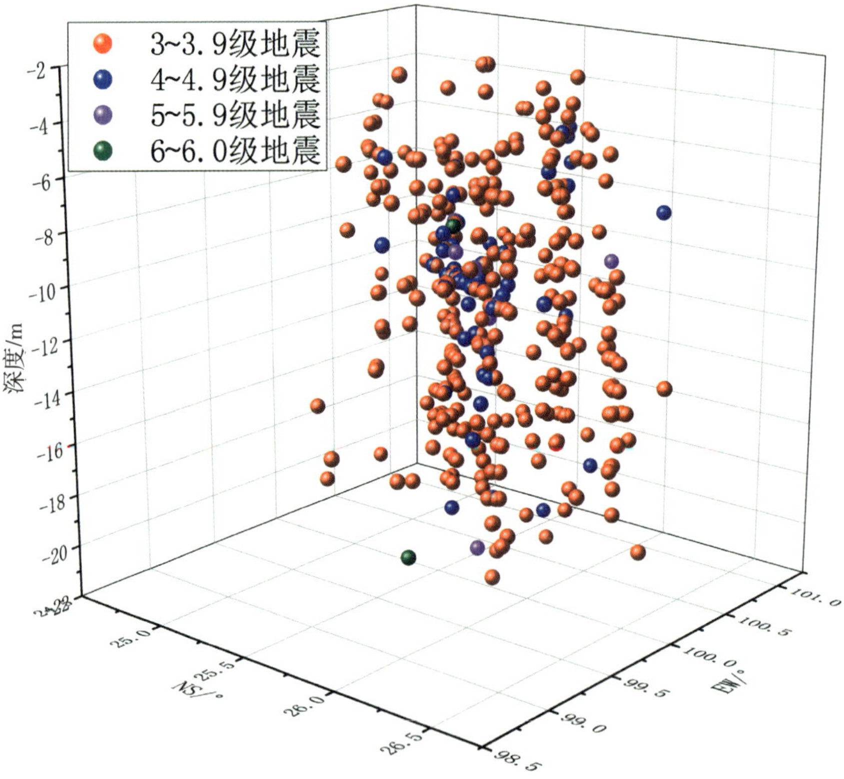

图3–5　区域历史地震震源深度分布图

3.3 大理地震活动时间分布特征

大理区域范围$M \geq 4.7$级地震$M-T$图如图3-6所示，历史地震活跃期相对集中于1474—1520年、1652—1839年、1925年至今3个时期，3个时期地震能量释放主体均主要为中甸—大理地震带。若以1900年以来的地震的活动水平估计，推测区域范围未来百年内仍具有发生7级以上和数次6～6.9级地震的可能。

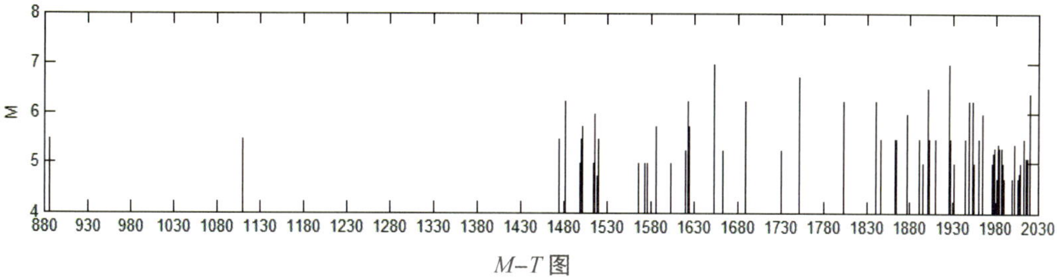

图3-6 大理区域地震活动时间分布特征

4　大理区域破坏性地震震例

大理区域地震活动强烈，频次高，范围广。云南省有确切历史记载的地震，即公元886年5½级地震就发生于此。1925年3月16日大理、凤仪间的7级地震为近代以来云南省乃至全国震害最为严重的地震之一。本章将结合历史资料，并主要参考《云南省地震资料汇编》（云南省地震局，1988）、《云南省志•地震志》（罗荣联，1999）、《云南两千年地震全记录》（王彬，邓瑞生，2021）、《中国历史强震目录（公元前23世纪—公元1911年）》（国家地震局震害防御司，1995）、《中国近代地震目录（公元1912年—1990年，M_S≥4.7）》（中国地震局震害防御司，1999）中有关大理区域历史地震的记录及研究成果，将大理区域内地震按照震级分成7级及以上（2条）、6.0～6.9级（15条）、5.0～5.9级（52条）、4.0～4.9级（201条）共4档叙述，叙述时将同序列的余震（5.0级以上余震4次、4.0～4.9级余震26次）合并到主震的内容里。此外，在邻区发生但对大理州造成影响的地震也一并列出，予以叙述。

4.1 7级及以上地震

4.1.1 1652年7月13日弥渡南7级地震

顺治九年六月初七日辰时，地震有声。次日巳时地复大震。时其下若万马奔驰，上有黄灰遮蔽，鸡犬皆惊，婴孩喊叫，城垛尽坏，民居半颓，压死十余人。日夜之中，震动不可数计，有若簸扬，民惧覆压，俱皆露宿。复雷雨大作，平地水泛，偶有声息，呼喊惶乱，莫能自主。邻郡次之。惟弥渡更甚，官舍民居不存片瓦，压死人民三千有余，客商无名者不知其数，地皆崩裂，涌出臭泥，鳅鳝盘结地上不知何来，山上乱石飞坠，河内流水俱干。自后或日震数次，或间日又震，直至十二年始渐息。（康熙《蒙化府志》卷1）

弥渡：城圮，官舍民居不存片瓦，压死三千余人，客商无名者不知其数。地皆崩裂，涌出臭泥，鳅鳝盘结地上。山上乱石飞坠，河内流水俱干。

巍山：城垛尽坏，民居半颓，压死十余人。地下若万马奔驰，上有黄灰遮蔽。

南涧：有声如雷，山川动摇，土筑城池及寺庙、城舍倾圮，庙学圣殿明伦堂两庑俱倾，压死者无算。西门外裂一孔，洪水涌腾，黑沙鼎沸。寺庙城舍率多倾圮，尘冲云际。大震两月余，人尽登山露宿，土木压死者无算。县东北倚山，西南凭河，原无城廓，成化三年知县祝子昌筑土城为卫，周围二百余丈，高一丈二尺，东西南表以三门，门皆设楼。壬辰年地震倾圮。康熙二年重建土城。（康熙《定边县志》）

楚雄：众山摇撼，声如雷轰，城堞崩陷，砖石乱飞。

凤仪：惊卒一人。

牟定：庙学倾圮。

武定有感。

震前一天辰时地震有声。自后日夜之中震动不可数计，或日震数次，或间日又震，至十二年（1655年）始息。

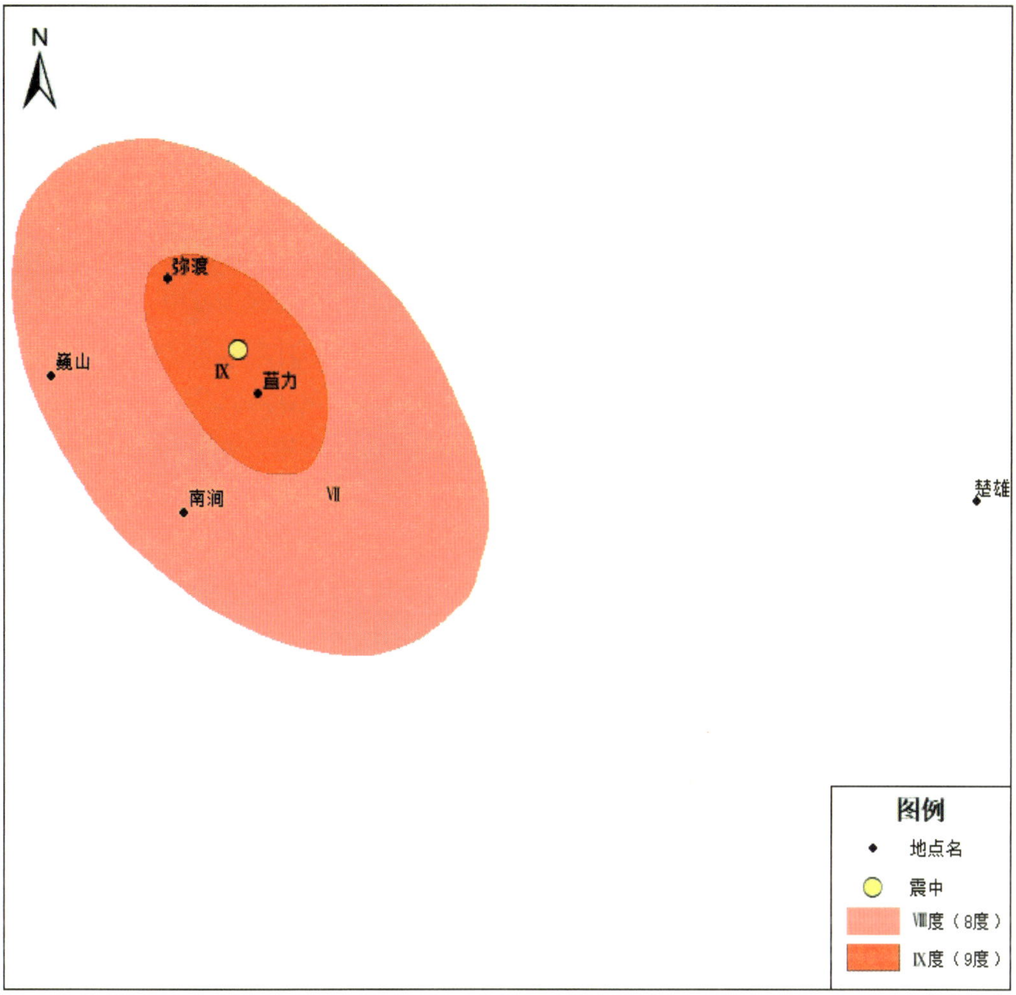

图4-1　1652年7月13日弥渡南7级地震等震线图

4.1.2　1925年3月16日大理凤仪间7级地震

（1）仪测记录及灾害记载

3月16日22点42分06秒，震中25°N、100.5° E。（ISS）

3月16日22点42分12秒，震中25.5°N、100.25° E，7.1级。（B. 古登堡）

3月16日22点42分17秒，震中25.7°N、100.3° E，7.1级。（BSIS）

1925年3月16日22时42分17秒，震中距△19.6°，7.1级。（徐家汇地震记录资料《震级对比目录》1982年修订稿）

1925年3月16日22时42分17秒，震中25.7°N、100.4°E，7级，震中烈度Ⅸ⁺。（国家地震局震害防御司，1995）

民国十四年三月十六日大理地大震，先是十五日午间即微震动，入夜又震，次日自旦至暮迭震四五十次，识者已知必有非常之变矣。甫交九句钟，而大震果徒作，一时屋宇倾毁，墙壁崩颓，尘土弥天，灯火皆灭，屋梁楹柱摧折断如枯莲，即幸而得免抑或口张目瞠，移时始能作语。震稍定，狼狈出门外或庭中园中市中，皆向旷地，不敢近屋壁。被压之人吁之邻舍而邻舍不得闻（震声大、人声小之故），或不能近（门路阻故）。其居楼上者或随楼板坠地，或因梯断折逃生无路，惟向屋壁缺处冒险出。大震后无几又震，旋震旋止，旋止旋震，屋壁有未倒尽者，每震辄颓圮。终夜惟闻砰訇之声，缘大震时其基已疏故耳。此时方救死不暇，而火警又起于城中，自是晚九句钟起至次早九句钟始灭，城内繁盛之区延烧殆尽（房屋铺面计毁三百余间），虽有军警四处营救，然火势猛甚，不可扑灭。旧有沟渠又因地震湮塞，仓卒无从得水，目击火势之熛炀，惟唤奈何而已。次早出视，庐舍邱墟，瓦砾遍地，街衢填塞，有时绕道始能往来，不知其为何街何巷。毁于火者，一片焦土，不能辨其为谁氏之屋址。极目四顾，愁惨荒凉，耳中惟闻哭声、叹息声，鼻中惟觉新土气余烬气。大小街巷，惟见伤残之人断肢裂肤，血痕殷然，不能转动。掘出之尸，横陈地上，以物覆蔽之，三四日后乃始掘尽。统计城乡内外压毙三四千人，伤者亦数千人，伤而获痊者十之八，残废者十之二。牲畜死亡则不可以数计。灾区愈近山则愈轻，愈近洱海则愈重（乡区自城东及沿洱海二十余里以内，受灾颇烈。有入地数尺之石基簸掷地面，居民或全家殒灭。各村间地裂凡二三十处，裂缝尺许或数尺，且有涌现沙水者）。县地雉堞摧毁无遗，城垣亦坍塌多处，城楼则东北倾倒无存，西南及五华楼亦残毁不堪。公署及城乡之庙宇民居，重者夷为平地，轻者墙壁坍塌，完好无损者千不获一。崇圣寺塔顶系范铜为葫芦形，外围铜环数道，俱贴黄金，重约万斤，亦震落。自是震动日仍数次，久之乃渐稀。中秋之夜又大簸荡，幸为时甚短未成灾。今虽阅数年，然每岁犹有三四次或一二次之微震也。大理地震向来有之，惟数年偶一动且甚轻，人或不觉，即数数震动，其势且较重者，也不易成灾。最剧烈者，往昔则有明正德乙亥五月六日之震，是次城廓庐舍尽圮，崇圣寺塔折裂如破竹，旬日复合（见邑人李元阳崇圣寺重器可宝者记），情况似较民国乙丑之震犹且过也。其原因不能臆度。乙丑大震后多日地摇时，其内恒隆隆作声，有时动虽轻而作声甚巨。（《云南省各县赈灾资料》）

民国十四年三月十三日午后二时，大理震约秒余钟。十四日午前七时及八时再震，至九时始大震最烈，是日不下七八十次。大理全县震动，城区最烈，沿海较重，沿山脚较轻，方向由东西而西北。大震时人不能站立，瓦砾飞腾，城堞圮毁，灰尘蔽天，不见光亮约十余分钟。城内铺房十分之三倒塌，死三千四百余人。震动十余次（微震不计），至十四年八月底止。震前闻地壳中有如雷之声。（《云南省政府建设厅档案》全宗77）

民国十四年，云南大理县地震，北门城楼、西门城楼均被震坍塌。（《第二历史档案馆档案》34卷）

凤仪县红岩彩云书院现为小学校，自民国十四年地震成灾，歪斜倾圮，破烂不堪，学校几为倒闭。（《云南省政府民政厅档案》全宗11）

［大理］

大理自唐洎清恒多烈震，至微弱之震则每年夏秋恒发生一二次。民国十四年三月十五日午后三时，城内微震，至八九时续震数次，势颇烈，人民多逃往空地避难。十六日午前四时复弱震，六时又震一次，势较强，墙壁间有崩裂者。嗣后震十余次，然均历两三秒即停止。下午四时后震动加重，至九时三次。九时三十分，城乡各地同时烈震，历十秒。继复忽震忽止，此一夜间约数十次。震时如万鼓齐鸣，自北而南，未几墙崩屋覆，泥瓦乱飞，灰尘迷空，星斗莫辨，满城皆然。同时火起于仓坪街下张定邦宅，厥后四牌方口牛肉馆、仁厚里周范二公馆，长寿里张太史旧第亦起火，尚未蔓延。及北街纸张铺火起，则浮烟连云，烈焰烛天。最奇者地愈震而火愈烈，地之表面发生一种极易燃烧之炭轻化合物助之，强震时如火山浇油，微震时如洒松香末于火炬上，最难扑灭。直至翌日十二时始熄。共延烧三百余家，五华楼亦被烧倒，自四牌坊直至五华楼一带，俱成瓦砾场。其外如县署、学校、监狱全行毁坏。四城女墙城楼、各衙署、公所、庙宇以及居民房舍，未被火灾者亦无不墙倾壁摧，其完好者百无一二。而地震仍时发时息，自十六日至四月二日约震百余次，三日午后五时至七时又复强震三次，十二日午后一时一次，十四日午后二时一次，二十九日午后二时一次，五月一日午前五时一次，八日午后六时一次，九日午后一时一次，十一日午后一时三次，十二日午前一时一次，十四日午后二时一次，二十四日午后十时一次，二十五日午前三时一次，二十六日午后十时一次，二十九日午前十一时一次，六月十一日午前九时一次，二十七日午前二时一次，七月二十日午后四时一次，二十二日午前二时一次，八月五日午前一时二次、八时一次，十一日午后二时一次，二十一日午前十时一次，九月十八日午后二时一次，三十日午前八时一次，十月二日午前七时二次，午后三时二次、八时三次，三日午前二时三次、午后三时三次，十三日午后五时一次，至十一月间，余震仍不时发生。中间以三月十六日午后九时三十分之震度为最烈，是日午前六时及四月二日午后四时、十月二日午后八时之震度为最强。其余各次为微弱。其发动方向多自北而南，或自西北而东南，或由南而北、再由北而南。至震前之远兆，仅十三年县城西山龙泉蜂北干山崩下直长形一块，约三十丈之谱。迨立春后黄雾四塞，久旱不雨，日光惨淡，月色昏黄，晚不生寒，朝不见露。将震之近兆，则每震之先，地内声响似地气鼓荡，如鼎内沸水澎涨。然当震势强烈时，地面往来撞动，凡未倒屋柱左右扭转，甚至器物可自地面掀高尺余。人民惶恐万分，多失感觉，如痴如袭，震势甚烈，故有此现象。各处烧死及压毙，震后已经寻获抬埋者，计九百余人，大理全城约三万人，计合三十分之一……损坏最重之地，则在城内东北方。此县城震灾之概略也。至城外，如城西点苍山低陷数尺，山顶中和峰震有裂缝。城西北三里之崇圣寺塔中塔铜顶震落。城西南一里之宏圣寺塔亦震损。城东六里滨洱海之浩然阁荡然无存。城北上关距城三十里，关旁民居多已震倒。下关距城二十六里，关旁跨洱海泄水河之黑龙桥已断成两截，关墙及天王庙、富滇分银行铁栅均经震坏，各商店亦有倾覆者，附近各村建之房屋墙壁全倒，旧者则摧毁净尽，如系草房全行烧毁，死者甚众。至各乡村落，几乎屋舍全倾，而东北沿海之生久、小邑庄、才村、瓦村、龙凤村、马久邑、白塔邑、下鸡邑、五官庄、磻溪、龙龛、砖窑等村，多为邱墟，震灾最重。惟在山麓一带之中和村、江渡村、庆洞庄、凤鸣邑、上北两阳溪、佛堂村、上下银村、磻（潘）曲、上末、打鱼村为轻减。然各乡二十余铺，一百五十余街村均被震成灾。兹将城乡被震街村列下。至地面因震裂开约有十数处亦附载焉。县城区被震街村：华丰街、大丰街、仁厚街、同文街、乐丰街、米市街、奎阁街、奎阁下街、兵道街、月牙塘、施家菜园、娘娘庙、南朝阳巷、长春街、打铜街、郑公祠街、打铁街、普贤寺、棕树园、城东园、龙井街、颖川巷、李家院、大安街、长寿里、府门口南东西排、府门口下南北排、二甲振武街、万安街、庆苦街、金箔街、小马沟、松鹤街、福康里、南门月城内双鹤街、涂家巷、龙泉巷、苍坪街、察院街、吉祥里、上城脚、城隍庙街、兴文里、昭文街、鼓楼街、华丰街、六牌坊、上街市、上响水关、辕门口、上菜园、西门街、惠康里、武安街、四牌坊北下两街、四牌坊下南北两排、四牌坊南东西两排、塘子口北东西两排、塘子口、上万寿街、石佛寺街、响水关、菜市街、卫市街、城外北甲、南甲、大纸房村、石门村、上下水碓、熟皮巷、中和村、北门大街、风翔村、文华街、洪家村、新桥村、甘家村、车邑村、果子园、月溪乡、玉溪乡、大院子。上乡区被震街村：市坪下市户街、染衣巷、彩云街、市坪上大界、南中下两坡头、小沟尾、城东村、中和邑、金圭寺、寺下村、河涘城、河涘江、江上村、亦土江、旧城南村、新城南村、江渡村、珂里庄、庆洞庄、凤鸣邑、小沙坪、小新村。中乡区被震街村：作邑村、向阳溪、古生南村、古生北村、林邑村、石岭村、南甸、北甸、上甸、中磻溪、南磻溪、北磻溪、南磻、土登城、外庄、新溪邑、上阳溪、北阳溪、向崇村、湾桥、上登，下登、钊邑村、内官村、佛堂村、双鸳村、阳乡村、鹤阳村、上银村、下银村、磻曲村、西城村、龙凤村、才村、北登、瓦村、凤仪庄、南登、北登、上阳波、下阳波、上波磻邑、下波溯邑、五官庄、保和村、古南北村、西城尾、大邑村、北江心庄、木易村、上鸡邑、下鸡邑、沙栗木庄、南江心庄、白塔邑、凤阳邑、上中西南北五登、德和村、际登、江北五里桥、小岑村、禄桃村。下乡区被震街村：上生久、北生久、南生久、上龙龛、中龙龛、上登、下登、南五里桥、上阳和、下阳和、三家村、上兑、下兑、星庄、阳和庄、鹿角庄、唐家庄、光庄、龙竹村、南经庄、北经庄、神通庄、大温庄、打铁村、观音塘、葭蓬村、下末大庄、罗久邑、北登星庄、丰呈庄、上下登、大锦盘、重久村、太一登、太二登、太三登、太四登、阳平村、阳南村、南登、北登、荷花村、刘官厂、砖窑村、大关邑、大长屯、大三军城、洱滨村、清平村、苏武街、小关邑、水碓、甲营、中甲、刘家营、打鱼村、推登村。地面开裂之处：南蟠溪、上下两登村中及四面均有鸡足裂，涌黑水及黑灰细沙。石岭村东洱海滨地裂七八处，宽约二三寸，长约丈余，震时涌黑水，现仅留灰黑细砂数堆。甸中村西南田中震裂，前有红水流出，现尚留红细砂一堆。五官庄东北秧田中震裂十二处，长一二尺、三四尺等，前流黑水，今存灰黑细砂数堆。古土主村东南角震裂数处，宽一二寸，长四五尺不等。下鸡邑村东地裂七八处。本主庙前亦裂三四处，宽四五寸，长七八丈，深不知若干尺，三月十七日涌黑水并灰黑细砂。白塔邑村东照壁前地裂四五处，宽二三寸，长七八丈，村内亦震裂四五处，宽一二寸，长二三丈，其深不知若干尺，十七日涌黑水并灰黑细砂，现水干砂存。果子园村东北十七日地裂，宽三四寸，长七八尺，涌黑水，现水干，仅留白细砂一层。沙村西北地裂数处，长短不一，深宽亦无几。小沟尾村北园地内震裂数处，曾流黑水，今仅存黑砂数小堆。城北村南田内亦有多数之鸡足裂。庆洞庄观音寺寺外南五十步园内地裂，长三丈余，宽六七寸……

［凤仪］

凤仪每年在冬季常弱震一次或二次，至多不过三次，震后必有大雨，农家以为征验。民国十四年三月十五日午前十一时起，接连微震，午后七时、九时各震一次。十六日午前二时，七时各震一次，九时十三次，十时三次，十一时、十二时各二次。十七日一时二次，二时、七时各一次。至四月二十九日，每日夜三四次或五六次不等。自是日以后至六月十四日，日夜数次或十余次不等。由六月十四日至八月二十日，每日夜犹二三次、四五次不等。如天气晴明，震势轻微，一遇大雨则震动之次数多而且强。其发动之方向，有时自北而南，有时自西而东。震源则系在大理。惟三月十五日（当十六日误）九时震势陡烈，天崩地坼，瓦飞柱折，约历三十余分钟。震势稍息，未几又烈震七次。所有县署、监狱、瓦房全行倒塌，铺面仅存正西街两路，然内部均有伤损。城垣倒平在四分之三以上，十字街火起，延烧各处，绣衣街一带完全烧毁。全城共九百余户，其中男女压毙共七十七人，受伤者百余人。其灾情东北最重，西南较轻。至三月二十四日又烈震，房屋柱脚颠起尺余之高，嗣后不时微震。五月二十六日夜间二时许忽又强震，全城鼎沸，又复大雨倾盆，计是夜连震六次，声势之猛为近四十日来所未有，幸旋动旋止，时间短促。人民已属惊弓之鸟，咸知趋避，仅受惊吓，未遭伤毙。此县城地震之情形也。至四乡房屋倒塌不计其数，压毙人民千余，受伤者亦在四五百之间。中以东北两区为最重，西南两区较轻。而城东红岩，房屋震倒十分之八，打伤者约四十余人，所剩者亦东倒西歪，不堪栖息，人民皆移住郊野。四月二日午后十一时微震，起时宛如风响或火车将临，群犬惊吠，房屋摇动势将欲倒，约历一小时始止。震后人民发生闭口风症，患者身黑一半，手足收缩，一两点钟即死。又东区如华营、清乐、长发三村，屋宇几全倒平，存者不及十一，甚至于柱脚朝天，墙根砖石翻出数丈。华营一村约六十余户，房屋全毁，就中二十余户之人民全行压毙，该村共压毙一百五十二人。清乐一村压毙一百一十余人。长发一村压毙九十九人。余如溯（棚）曲、麻地、汉邑、许长、庄科、河西、永乐、云浪、母猪箐等九村受灾亦重，压毙共一百五十八人。北区灾情与东区相若，该区如斑庄一村，房屋鳞接，一经震动，相率倒平，压毙至二百一十七人，独较各村为多。上苍甸一村仅二十余户，压毙十五人。高苍一村亦二十余户，压毙十余人。下苍甸、千户营两村最小，压毙二十六人。小湖西一村不过数户，压毙五人，加以震后洱海之水暴涨，该村豆麦全行淹没。城南区乐和村、倒影碑两处，平地涌出洪水二股，冲坏田庐，居民迁徙殆尽。沿洱海各地水淹砂埋，受祸甚惨。其余各村，如上锡（锦）场及富乐等村，灾情亦重，普照村之居民有全家埋没者。合计该区共压毙九十五人。西区虽较东、北、南区为轻，然全区房塌时，亦共压毙二十五人。各区地面，如路堤及田中多行裂缝，宽三四寸、七八寸至尺余，长四五尺，七八尺至数丈不等。缝中恒有黑水细沙涌出，一二日即止。而东区龙王庙上山，距城二十余里，业已崩倒高达三百余尺，长达百余尺。迨至十五年十一月二十五日，县境复微震，午后八时烈震，房塌墙崩，人民伤毙者又甚多。兹将十四年城乡受震最重之地列下：城中区：东街上中下甲、西街、北街、南山曲、北山曲。东区：科村、永乐村、清乐村、长发村、河西营、溯（棚）曲村、云浪村、母猪箐、麻地村、许长村、华营、汉邑村。北区：班庄、千户营、石壁头、飞来寺、四家、高仓、小湖西、新村、红山、黄瓜营、下苍甸、上苍甸、下洱阳、上洱阳、下庄、满红邑。南区：东山、富乐村、慈航村、米总村、敬天厂、本长村、乐和村、乐和冲、阜城村、富城村、上马台、乐和箐、上锦场、下锦场。西区：南汤天、北汤天、吉祥村、新铺、上迎凤、下迎凤、上迎凤箐、丰乐村、大营、芝华村、金产箐、秧田箐、大红西村、芝兰村、白塔中村、白塔迤村、白塔新村、凤仪村、隆兴村、大麦地、小麦地、白桥、狮岗村、小北营、小江西、小亦佛、大赤佛、小哨、中哨、大哨、后山、定西岭、大草地、新桥、羊凹子、大哨后、白马庙、凹马五、石老人、北营箐、五者博、阿白腊、小哨箐、万宝林、己子凹。红岩区：红岩街、鸡鸣村、瓦窑庄、潘家河、大堡地、古城、小二湾、王五村、王宫营、化城、木瓜园、白沙地、王新村、小王寺、麻荄窝、郭家地、团山、马军厂、小瓦窑、禹门村、羊鸣厂、吉祥庄、苏家庄、柳树村、马厂阱、果园、富长村、道人寺、北邑村、班局村、关水口、烂泥箐、竹园村、送圣桥、单桥河、上双桥、下庄子、韩家庄、白坟、小山头、上庄子、袁户庄、上东复村、下东复村、汪洱厂、巴冲、朝阳村、东厂、下双桥、后所营、中双桥、沙沟、赤水江、小董家营、大东村、安乐村、小荒田、森家庄、石虾、加买铺、红土仓、郑家营、小板桥、曾家营、小地营、大罗家营、白马庙、石佛村、青土坡、佛堂村、西大理卫、格者、清水沟、龙须寺、麦地口、郭家营、上北山、清水沟、上大营、中大营、下大营、核头哨、前琐营、新邑村、观音村、张总旗营、新街、周新营、彭家庄、次邑村、蔡家小河、杨甫村、陈洱村、犁头村、咸泥庄、后所营、西双庄、龚家营、西丁家营、大徐家营、李家营、江官厂、张家小村、小梨园、桐树庄、枧槽口、杨家营、小寥家营、大官庄、陶家营。八村区：下关街、地石曲、登龙村、波罗甸、文献村、山西、七五村、沙锅村、旧铺、西窑、金星村、象阳村、深长村、东窑。（《云南地震考·近年烈震状况》）

［大理县灾况］大理自三月十五日午后三时地震起至十月间，犹时有震动，其中最烈者三月十五日（当十六日误）午后九时。是时烈震约历十秒钟，四墙崩栋折、屋瓦皆飞、灰尘迷空、星斗莫辨、满城皆然……城外各乡如下关及德和村、上下羊波院、北甸头、铺上、下阳和、人和村、清平村、砖窑等处震灾极重，几乎屋舍全倾；而江上村、白塔邑、马久邑、下鸡邑、龙王庙等处，较下关等处尤重，惟点苍山麓一带，如双鸢、钊邑等村稍轻。兹将该属烧塌房屋、伤毙人口牲畜情形列后：（一）城乡火烧铺房三百零二间，住房一百二十八间，灾户三百三十四户，灾民一千五百零七丁口，共烧毙男女十九丁口。（二）城乡震倒房屋共七万五千九百六十三间，墙九万六千六百二十九堵。（三）城内各机关压毙员役共二十七人，内有推事、书记官长各一人，学生二人，兵十一人。（四）城乡二十六铺共一百六十五街村，计压毙男一千六百五十七丁、女一千九百七十九口，共三千六百三十六丁口。（五）受重伤者，城乡二十七铺共一百零四街村，男三百八十八丁，女三百三十八口，一共七百二十六丁口。（六）死绝户数，计城乡七铺十八街村，共绝四十七户，压毙男女一百六十一丁口。（七）城乡压毙牲畜一万零一百一十三头。

［凤仪县灾况］凤仪自三月十五日午前十一时地震起，至八月间震犹未止，其中以三月十六日之震为最烈。震时声如迅雷，天崩地拆，屋覆堵塌，历三十余秒钟始稍息。城中十字街火起，延烧各处，四周城墙倒平者约合全城四分之三以上，灾情最重者为城中及城北两区。城北如班庄一村，房屋存者仅数院，余悉倒平，压毙至二百一十七命之多；上苍甸、高苍、下苍、小西湖等均系小村落，共压毙五十余人，其灾情之重，已可想而见。而东区华营、清乐，长发三村，屋宇几全倒平，存者不及十分之一。兹将该属倒塌房屋，伤毙人口之情形列后：（一）寺庙、公所、民房各处均倒塌不堪，器具、牲畜压毁损失约合八百万余元。（二）城乡压毙男女共一千二百一十五丁口。（三）城乡压伤男女共五百五十二丁口。（四）红岩等处震后发生闭口风（病疾）……（五）被灾之人民，合城乡计之共六千五百三十二户。（《云南大理凤仪等属震灾报告》）

云南大理地震（一）震动区域：全县震动就中以第一区（城区）为最烈，第三四两区以沿海各村为较重。第二区及第三四两区沿山脚一带较轻。（二）震前预兆：民国十四年三月十三日午后二时忽地震，约秒余钟，至九时复震。十四日午前七时及午后八时再震，至九时始大震，震前闻地壳中有拚撞如雷之声，恰如大石从空中坠落，识者皆虑其地层陷落。此次以后，每三分钟或五分或十余分一震，其震虽轻，统计是日不下七八十次，且日光照地略见赤色，而热度较烈，迨至午后九时，遂有此最烈之震动。（三）震动起止时间：自三月十三日上午七时起至十八日下午三时十五分止。（四）最烈时间：十四年三月十四日（当十六日误）下午九时为地震最烈时间。（五）震动次数：三月十三日午后二时一次，下午九时一次，十四日午前七时一次，午后八时一次至九时始大震。以后十二时震一次，十五日上午十一时震一次，午后四时三十分震一次，十六日上午五时五分震一次，午后一时四十五分震一次，十七日正午十二时震一次，午后七时十五分震一次，十八日上午五时三十分震一次，午后三时十五分震一次，先后共震十余次。共震动甚微时间最短之次数尚未计算在内。（六）震动方向：三月十四日午后（当十六日误）九时大震时，其原动力以大理城为中心，由东南而西北。其余各次震动方向均同上。（七）最后余震：延至十四年八月底止。（八）震动速度：大震时人不能站立，瓦砾飞腾，城堞圮毁，灰尘蔽天，不见光亮者约十余分钟。睡者惊醒，未睡者到处惊走。人皆恐慌，案上器物多坠地。住房均坍塌，人畜多死伤，三塔塔顶即因此震而坠。第一区及沿海各村房多倾倒，被墙垣压毙者到处皆有。城内铺房毁去十分之三，死者三千四百余人。沿海地裂长约二三丈余不等，深不知几何，冲出黄沙黑水者一二月。（《云南省政府建设厅档案》全宗77）

［弥渡］

呈为呈报事窃本月十六日午前六时职县发生地震数次，间时一震，动荡均甚轻微，人屋无甚损伤。午后十时又复大震，簸动非常剧烈，县城各街市铺面房屋纷纷倒塌，人民被房屋墙壁倒压伤毙者约共数百，时约数分钟始克平定。此夜知事正与警察区长宋振南、副议长罗集义、副团长张恩分、团首李春俊等会商公务，突然警觉，由花厅相率奔出。一霎时间则花厅上房大堂、二堂以及厢房漏角、法庭、监狱、收发处、庶务处、三科办事厅、法警室等均各崩颓，倒塌不堪入目。斯时震天驾响之声耳为之闭，灰尘蔽天对面不见人。署中自知事以次员书等均幸无一损伤。震定以后，亲往各街市查看。全城之中铺房相连贯处，则已颓垣断壁，瓦梁崩落，歪斜欲倾。无倚房舍及素稍腐朽之屋宇尽成荒丘，不成景象。人民移街心空地住宿，以防复震。县属尚无城廓，爰集绅等议修筑碉城，而四角碉楼业已落成，东西两门工程亦已过半，其余大南门、小北门以及衙署之头门，均已次第竖柱。经此一震，不惟四角修好之碉楼损坏大半，而东西城亦复有破裂，其余警察、团队、学校、各公所、寺庙，各公仓均无一完好者。惟公仓破坏太甚，谷已流出，此仅就县城言之。此外，附近各保之姚旗营受灾尤重，全村房屋无一存者，人民压毙四十余人，村口著名之永渡石桥亦已震倒。该村附近地而震裂数丈，宽亦数尺。县属被灾村落除姚旗营外，尚不可以指屈……谨呈云南省长唐弥渡县知事王家修民国十四年三月二十二日。（《云南大理等属震灾报告》）

弥渡在明清两代时有烈震。民国十四年三月十三日午前八时地震，嗣后随时发动不计其数。至十六日午前六时地震数次，均自西北而东南，震源亦出于大理。过此间时一震，甚轻微。迨至午后十时，城乡同时大震，簸动非常剧烈，摧毁房屋，约经数分钟始稍平定。微震至十七日午前八时仍未停止。震时多发闷雷声，未震一月以前，每逢拂晓，平原内发见似雾非雾之气，约高五六尺。又每于将震之前，随时流出硝磺臭气，空中则发见火光自北而南。三十日午后六时，四月十六日午前一时，共震五次，虽未成灾，震动颇烈。惟四月十六日午前大震与三月十六日午后十时之震相同，亦摧坏房屋。震后检查城内外铺户房屋共二千四百余间，全毁者计六百余间，约合全数十分之三，半毁者一千四百余间，约合全数十分之六；幸得保全者不过十分之一。城内居民压毙男女共四十三人，负伤之男女共三十人，统计死伤九十三人。十七、十八、十九等日仍震动不休。五月间余震仍未息，或一日一次，或每日子午时各震一次，或一日三次，或三数日一次。若论四乡震况，则城中乡损坏最重，城南一乡、二乡、三乡及城东乡损坏最轻。城中乡如治城内外、姚旗营、皂角营、卜贤村、永丰村、天波桥、舒宇营、李官营、王彦厂、陈家营、熊家营、乐家营及滨毗雄江两岸村落损坏为最重，东西山脚各村落次之。而姚旗营在城西南三里，阖村共五十余户，房屋震毁十分之九，其所有十分之一亦倾侧不能居住，人民死亡四十余，村外著名之永渡石桥，业已震毁，其灾情甚重。震后地面改变之情形：县城西门外半里许之城隍庙中层内涌出红沙，约历半日始涸，大殿檐坎至中殿院心地裂，宽五六寸，长七八十尺，城西南一里许之皂角营井内满涌黑沙；二里许之姚旗营西侧，顺大路及沿河岸地裂，宽二尺余，长五里余；城南十五里之王车营涌出红水一股；城北十余里之仙女庄（今咸宜庄）涌出清水一股，此两股水至十一月间尚涌而未止，仙女庄涌出之水，附近田畴颇资灌溉。城西二十余里之北沟阱，山崩约数百尺，又毗雄江原流入赤水江，前落雨始有水，现水量甚大，其流域各田中亦多有裂缝出水。事后查明各乡人口共死一百人，伤八十二人。十五年十一月二十一日午后七时复震动一次，约历一分钟即止，十一时又震一次，二十二日正午十二时又震一次，均不甚重，兹将十四年受震各街村列下。县城：大北门、卖糖处、后街、小街、前街、横街、大南街。各乡：城隍庙、姚旗营、皂角营、卜贤村、永丰村、天渡桥、舒家营、李官营、王彦厂、陈家营、熊家营、乐家营、仙谷营、王车营、仙女庄。以上各街村震灾最重。县城：崇文街、东街、关街、后街、西街、卖鸡处。毗雄江东各村：刘家嘴子、加买铺、马官庄、高家庄、小东村、王家庄，海坝庄、丁家营、史近厂、五磨盘、东马房、牛宗邑、宋家营、小庄子、石排村、里下营、汪家营、祈家营、张官营、新街、倚河尾、熊家营、小罗旦、海湾、兴隆村、王安厂、大陈家营、张千营、小麦庄、杨家营、度营、化营、太平山、安景村、葵园、上海子、下海子、阿古里、罗平村、长坡岭、总府庄、大三村、太知山、花园、羊弦巷、六家营、柱官营、苏家营、菸园村、上瓦仓、中瓦仓、下瓦仓、石嘴、大窝铺、马房、下五邑、小邑村、巧邑。毗雄江西各村：章甘厂、官厂、杨家营、大董家营、小刁家营、大竹园、小竹园、大荒地、新白村、马军厂、沙沟庄、廖家营、沙河、蒙化厂、上高仓、官家营、白家营、老龙厂、高仓、上坝厂、小官厂、李家小村、刘家庄、洱海厂、五旗厂、马尼村、大庄子、大沙地、下曹旗营、下坝庄、候家营、鲁家庄、张总旗营、小罗家营、刘安厂、黄旗厂、史官厂、周里士营、柳邑四村、马官厂、蔡总旗营、龙门邑、中邑村、孙家营、长茂邑、李保什营、双树、林家窑、上时旗营、下时旗营、倪家营、果子营、王家沙地、却家营、杨家小营、谢家营、吴家营、萧家营、谷旗营、殷家营、高茂营、周伏营、高旗营、新近村、高营、刘家营、大庄街、朱家小营、大庄营、小河口、三甲营、毓秀村、大村、鹿坞、大纪罗、小纪罗、阿克营、后海子、沟讲、要会邑、道甚寺、山田、弓官营、头一村、五邑村、新地村、新野村、寅街、大地。以上各街村均罹震灾。（《云南地震考·近年烈震状况》）

［弥渡县灾况］弥渡自三月十六日午前六时地震起，至五月间犹不时震动。其中惟三月十六日午后九时之震动非常剧烈，约经数分钟始稍平定。县治之土城已全震坏，公私房屋多倾倒。而乡各保之震灾亦重。兹将该属倒塌房屋、伤毙人口之情形列后：（一）城乡震倒房屋共一万零二百七十六间。（二）城乡共压毙男女一百四十三丁口。（三）城乡共压伤男女一百三十二丁口。（四）城乡被灾者，共计三千四百六十户，二万一千五百二十四人。（《云南大理凤仪等属震灾纪略》）

［宾川］

宾川当明代恒多烈震，清代则烈震甚少。民国十四年三月十六日午后九时大震，系自西而东，其源发于大理县，城垛震倒数丈，四城楼均崩塌，城内外衙署、房屋震倒十分之二。至四乡震灾以近洱海之青山、八城曲、挖色街、名庄、向阳街、塔村、南村、下和村、普和、洞壁等处为重。名庄、南村、玉龙村等处并发生火灾。而乌龙镇、白土坡、龙口营、和尚庄、甸头村、玉龙村、南七场、茹头村、白石村、康廊村、牛井街、石榴村、上河村等处之房屋，亦多梁栋崩折，压死及击伤居民甚夥。每村压毙之多者亦有数人至十数人不等。如青山压毙男女四十三丁口，八城曲压毙男女九十丁口，挖色街压毙男女四十丁口，名庄压毙男女五十丁口，向阳街压毙七十六丁口，塔村压毙男女三十四丁口，南村压毙男女四十五丁口，下和（河）村压毙男女四十八丁口，普和压毙一百二十八丁口，洞壁压毙男女三十六丁口，均为压毙人口较多之处。至地震烈处，往往智井泥沙翻腾于田、石洞出水尽皆混浊。而城西一百六十里之石头村，城西南七十里之乌龙坝，岩石崩落，打毁房屋，阻塞道路。兹将四乡烈震各地列下。中区：乌龙坝、白土坡、河沙坝、龙口营、杨官营、石马坪、李英村、沙嘴哨、和尚庄。南区：甸头村、小瓦溪、下杨柳村、普和村、洞壁村、凤山村、玉龙村、武曲村、文曲村、江上村、波浒村、向阳村、佛头村、塔村、文笔甲、南七场、北村、南村、下和村、石头村、火竹园、水井、等庄、上登、下登。西区：和头村、和中村、挖色街、白石曲、官邑村、小城曲、康廊村、青山村、小井街、河绕村、定光村、石榴村、江干村、上河村。（《云南地震考·近年烈震状况》）

【注】上述南区、西区之近洱海各村今属大理；八城曲或今大成村。普和、洞壁村位于凤仪盆地北缘，处于此震极震区内。

［宾川县灾况］宾川自三月十六日午后九时地震起，至四月间尚有余震，中以三月十六日午后九时之震为最烈，城垛、城楼及官厅、民房多已倒塌，惟人民尚未压毙。至四乡以海东玉龙村、海南南村等处为最重，并发生火灾。兹将该属倒塌房屋及毙伤人口之情形列后：（一）城乡房墙全倒者共二千四百六十五户，半倒及歪斜者共一千三百三十四户，内被火焚烧者六十户。（二）四乡各村压毙男女八百三十一丁口，击伤男女共二千二百九十一丁口，负伤成疾者男女共四百零四丁口。（三）被灾极贫之男女共一千三百七十四丁口，次贫者共五千余丁口。（《云南省大理凤仪等属震灾纪略》）

［海东］前于民国十四年夏历二月二十二日早上八时地震，到半夜时再震尤猛，平地分裂，房屋倾地，并时尘雾遮天，火光满地。到次日李文浓不顾身家前往调查。计海东男妇大小压毙者二百三十余人，茅屋、瓦屋摇倒者四百余方，其余受伤者不计其数。当即调查清白，详报县府，转详上峰分发巨款救济。（民国《宾川耆老采访篇》）

【注】海东包括今大理所属名庄、江上、和曲、水井等22村。

民国十三年（当十四年误）春，大理、宾川、凤仪等县地震屋圮，伤毙人畜，灾情惨重。宾川濒海一带，地形较软，震动尤烈。普和、洞壁二村，男妇老幼压毙者至二百余人。（民国《宾川县志稿》卷1）

［城垣］光绪十八年大加修缮，卒复旧观。民国十三年（当十四年误）地震，东南二隅各倒数十丈。（民国《宾川县志稿》卷1）

民国十四年二月二十二日午后九时宾川地大震。地中有声如雷，房屋倒塌，人畜压毙甚多，灾情之重，为从古所未有。就中以海东、海南及普和、洞壁、大红稍等处损失最大。兹列如下：南区甸头死4人，小瓦溪死1人，下杨柳死3人，普和死128人，洞壁死32人，凤山死1人，玉龙死19人，武曲死6人，名庄死50人，文曲死11人，江上死21人，波许场死9人，向阳死76人，佛头甲死5人，塔村死34人，文笔甲死14人，南七场死13人，北村死22人，南村死45人，下河死48人，上河死5人，石头村死4人，大竹园死2人，水井死13人，尊庄死2人，上下登死5人：西区和头死2人，和中死2人，挖色街死41人，白石曲死13人，官邑死22人，八城曲死30人，康廓死18人，青山死42人，中区乌龙坝死4人，河沙坝死2人，白土坡死2人，龙口营死5人，杨官营死3人，石马坪死3人，李英村死2人，沙沟哨死2人，和尚庄死2人；北区十井街死14人，河绕死6人，定光死3人，石榴村死1人，江干村死3人。以上各村共压毙男三百六十四丁、女三百七十六口，此外因房屋倾倒被砸成伤者共二百八十余人。又房屋全行倾倒者共一千一百三十余户，半倒及歪斜者一千三百三十四户。（《云南省各县赈灾资料》）

民国十四年宾川各处遽遭地震。共计压毙人民八百三十一丁口，倒塌房屋二千四百六十五户，其负伤残废与极贫难民数达一千七百八十八丁口，次贫尤不在内，共呈准赈给银四千元。（《云南省各县赈灾资料》）

［祥云］

祥云当明清两代间有烈震。民国十四年三月十六日午后九时，地面烈震约历十余秒钟，系自西而东。至四月末，每日夜约震一二次不等，均历一二秒钟。及至五、六、七、八月间，或越三四日，或越五六日，即行震动，但均轻微。当三月十六日烈震时，宛如地中滚石，轰然簸荡，城内外旧破房屋均倒。截至四月十八日以前，共倒一千七百二十八间。其新建坚固者，墙壁亦皆开裂。计已裂之墙有一百二十四堵。迨至八月杪，继续震倒四百余间。人民死伤共四十人，被灾难民共九百零六户、一千八百六十六人。西南乡接近凤仪、弥渡一带村落，稍旧房屋亦崩坏无存，压毙者约四五十人，受伤之数尚未查明。兹将受震最重各村列下：青海营、石磬村、东邑村、青龙村，大乘村。（《云南地震考·近年烈震状况》）

［祥云县灾况］祥云自三月十六日午后九时地震起，至八月杪余震方止。兹将该属倒塌房屋、伤毙人口牲畜之情形列后：（一）城乡倒塌房屋共二千一百二十八间、墙一百二十四堵。（二）城乡压毙男女共二十一丁口，受伤男女共十九丁口。（三）城乡灾民共九百零六户，男女共一千八百六十六丁口。（四）城乡压毙牲畜共二百八十七头。（《云南大理凤仪等属震灾纪略》）

民国十四年祥云三区地震，震倒人民房屋及击毙人畜极多。祥云县知事杨国珍呈请省政府，发给账款四千元，留省同乡会请领在案。（《云南省各县赈灾资料》）

［洱源县邓川］

邓川历年均有震动，每年约一二次，然极轻微。民国十四年三月十六日午前六时，地震一次稍强，由东南转向西北。午后九时十五分，又震一次甚烈。嗣后如十八、十九等日均震，每日每夜震三四次，五六次不等。而南区滨洱海之江尾、海潮河、马厂一带，东区寅塘里一带，因上年被水成灾，房屋墙尽受淹过甚，此次遇剧烈地震，遂倒塌七八十所，损伤牲畜器物无算。其余各区虽有震动，尚未成灾。兹将各乡被灾村落列下：西南近洱海各村：上海潮河、中海潮河、下海潮河、东马厂、中马厂、西马厂、赵家登、白马登、段家登、张家登、杜家登、杨家登、王家登、旧河口、大河尼、大排、小排、孝元村、戴家登、苏家登、东沙坪、上沙坪、下沙坪。东区近永北各村：大平子、黄坪街、上档、下档（均滨上寅塘里河）、外档（滨下寅塘里河）。（《云南地震考·近年烈震状况》）

［邓川县灾况］自三月十六日上午六时地震起，至十九日稍止，其中最烈者，为三月十六日午后九时三十分之震。县城及南区江尾里、东沙子、张宗登，东区之寅塘卫一带，房屋、人口均有损伤。而江尾里之村落，逼近洱海，因上年受水灾之影响，墙基欠稳固，倒塌更多。兹将该属倒塌房屋、伤毙人口之情形列后：（一）各乡击伤男女共二十三丁口，压毙幼女一口。（二）城乡破坏之房屋共一百七十五间。（《云南大理凤仪等属震大纪略》）

邓川县属震灾以前清光绪庚子年为重，民国十四年榆城震灾，邓地稍轻。（《云南省各县赈灾资料》）

【注】光绪庚子（1900年）；辛丑（1901年）邓川曾地震成灾。

本月十六日晚九时，邓川县亦与大理受同样之震动，西大街有数家完全陷没。洱海陡沸，声洪如吼。（《时报》1925年3月26日）

【注】《顺天时报》（1925年3月25日）与《新闻报》（1925年3月26日）同载。

［巍山］

蒙化自入民国后未发生地震。惟十四年三月十五日午后十时，地微震动，自西南起走向东北，约历一分钟。十六日午前七时又弱震，约历三分钟，午后九时强震，屋宇摇播，约历十分钟之久，同时又继震两次，每次只数秒钟。十七日午前五时，又弱震一次，约历两分钟，均系自南而北。十八日至四月十五日，每日一次或二次微震。十六日午前一时弱震，约历二分钟，午后一时强震，约历三分钟。又自十七日起至三十日止，每日微震一二次不等。在未震之前，均系天阴欲雨之象，将震之际，平地有巨大风声呜呜怒吼。震后查勘，城内县署、文庙照壁、西城古楼各脊皆震损，又西面城堞、民房墙壁亦间有坍塌者。其大街两旁较高房屋之墙壁亦间震裂。居民于初震时即逃避空旷之地，故未伤亡。震时声响甚巨。城外各乡则巡检、大仓、三腾、甸中、添泽、南庄、盟石、盈字、东外等约、蒙新、安远三乡、澜沧江五里、南涧五里均震。马米厂、白土坡两村，震倒旧屋墙壁数处，亦无伤毙人口情事。（《云南地震考·近年烈震状况》）

［蒙化县灾况］蒙化三月十五日午后十时地震起，至四月三十日止，其中惟三月十六日九时之震动为烈，约历十分钟。县城城垛、民房及县署、文庙照壁多已震毁，人口尚未击伤。四乡惟北区马米厂等村，民间旧屋间有震倒之处。（《云南大理凤仪等属震灾纪略》）

【大理凤仪等七县震灾统计】

［大理］全县均震成灾者计城乡26铺共165街村，压毙男1657人、女1979人，烧毙19人，击伤726人，震倒房屋75963间、墙96629堵，火烧房屋430间，受灾39731户，压毙牲畜10113头。

［凤仪］全县均震成灾者计219街村，压毙1215人，击伤552人，受灾6523户。

［弥渡］全县均震成灾者计175街村，压毙159人，击伤136人，房屋全毁1490间、半毁9132间，受灾3460户，压毙牲畜500头。

［祥云］被震地面甚广，其中受灾最重者为县城及青海营等5村，压毙20人，击伤19人，震倒房屋2128间、墙124堵，受灾906户，压毙牲畜287头。

［宾川］被震地面较广，其中成灾者计12耆共47街村，压毙男364人、女376人，击伤2291人，房屋全倒2465户、半倒1334户，火烧房屋60户，受灾2465户。

［邓川］被震地面为南区东区，其中成灾者计28街村，压毙1人，烧毙23人，破坏房屋175间。

［蒙化］被震地面为九约及蒙新安远三乡、本城文笔约、澜沧江五里、南涧五里。城内县署、文庙照壁震毁，北区马米厂等村民房间有震倒之处。

［附记］民国十四年大理凤仪等七县地震，计压毙男女5807人，烧毙男女42人，击伤男女3724人，击伤成疾之男女404人，毁坏房屋共88879间、又3799户，毁墙96753堵，火烧房屋430间、又60户，被震灾者49310户，灾民已查明者共8240人，其中未查明者为数尚少，兼被火灾者共3944户，灾民共23031人，压毙牲畜共10900头。（《云南地震考·近年烈震状况》）

大理、凤仪、宾川、弥渡、祥云、邓川、蒙化七县同时地震。统计此震灾，以大理、凤仪两县为最重，宾川次之，弥渡次之，祥云最轻，邓川、蒙化未成灾。据滇西镇守使和各县知事之报告统计如下：大理受灾39731户，死3736人，伤726人，倒塌房屋75963间、墙96629堵，死牲畜10113头，死绝47户。凤仪受灾6421户，死1215人，伤552人，倒塌房屋18967间、墙19659堵，死牲畜2316头。宾川受灾1465户，死745人，伤286人，倒塌房屋9306间、墙7850堵，死牲畜1245头。弥渡受灾3460户，死129人，伤163人，倒塌房屋10276间，死牲畜2315头。祥云受灾906户，死21人，伤19人，倒塌房屋475间、墙678堵，死牲畜890头。邓川受灾48户，死1人，伤23人，倒塌房屋175间，死牲畜196头。本年大理等属震灾遍六属之广，震数在百次以上，震时绵延三十余日，死5847人，伤8303人，受灾数达53031户，损伤房屋、器具、田园、牲畜等项难计，而大理、凤仪两属同时发生火灾、水灾。全城菁华半化焦土，海滨田庐多变沙丘……（《云南大理等属赈灾报告》《云南通志续修长篇》卷8）

【注】此统计原为表格式。《云南地震考·近年烈震状况》大理地震死亡人数为5908人。

【赈灾记述】

［大理镇守使李选廷三月十八日电呈报地震灾、火灾等情并请求赈济］“全城官署民房庙宇同时倾圮，机关人员及人民被压毙者甚多，移时火起多处，职使立即督率官兵出署引导人民寻避安全地点，分头竭力救火……被压死者正在挖寻，未悉确数，乡间受灾亦重。又闻邓川、凤仪同时被灾，详情尚未据报。地心时动时止，刻尚未

已。人民露宿旷地，无衣乏食……现正赶筹赈恤，挖埋尸骸，欲图秩序恢复，恐非旦夕所能……”

［三月二十日省长唐继尧电令］“大理李镇守使喻知事各法团并转宾川、漾濞、弥渡、邓川、凤仪及邻近大理各知事、前盐运使赵毓卫先生均览，李使巧电悉大理一带地震成灾，阅之震悼，亟应赶办急赈督资救济，除电下关分银行速拨三万元以济急需外，所有灾区各地方公款积谷均准一律提用，即请毓卫先生会商李使督同各知事法团，迅速筹办震恤，并仰邻近灾区各县地方官，迅购粮米运往救济，务使灾民暂得栖息，无任流亡，是为切要。仍将办理情形随时报核”；“……兹闻灾情甚大，区域复广，应再由该分行加拨三万元，以资接济，除分电外合行仰该总行即便遵照此令。”

［三月二十日省务会议就大理、凤仪、邓川等处地震成灾议案议决］（一）由政府饬令下关分银行先行拨款叁万元办理赈务；（二）电令大理镇守使县知事及各法团共同筹办赈恤事宜，地方公款公谷均准提用，并由政府特派前盐运使赵钟奇就近会同李使认真办理；（三）电饬宾川、漾濞、弥渡及邻近各县运米前往救济；（四）通电各省请予赈济。

［三月二十五日云南省议会拟定赈济大理等县赈灾办法五条］一、请政府由下关分银行于前拨三万元之外再加拨十万元速发赈济；二、被灾各县所征田赋应一律提出办赈，其未征者全数豁免；三、请政府通电中央各省及各友邦广为募捐；四、通电镇守使及各县知事将被灾情形，照相绘图分别寄交本会以便汇印广为劝捐；五、由本会通知各法团、各名流，开公民大会公举职员设立筹赈事务所。除四五两条由本会进行办理外，其一二三各条应请政府俯念灾情奇重，特沛恩施，迅予分别办理。

［社会组织赈灾］大理同乡会召集旅省各同乡，组建“云南大理等属震灾筹赈事务所”，积极参与震灾救助。该所以调查落实灾情、筹集分配赈资、救助赈济灾民为宗旨，并制定《云南大理等属震灾筹赈事务所章程》二十四条。摘录于下：第二条本所就大理、凤仪、弥渡、宾川、蒙化（今巍山）、祥云受灾各属，分别灾情轻重，配量筹赈。将来他属报有地震灾情时，同量筹赈之；第三条筹赈事务分为下列之数种：1.请政府速拨巨款急赈；2.请政府准提受灾各县积谷、公款及已征之钱粮税课、禁烟罚金办赈，未征者豁免；3.请政府通电中央、各省及国外募捐；4.请政府向旅滇各友邦人士募捐；5.敦请省会各机关、各法团、各学校、各慈善团体及各名流代为募捐；6.敦请省议会议员分别向各属募捐；7.请政府通饬各县知事、各法团在各属募捐；8.举行震灾游艺会募捐……第八条本所分下列各股，每股设主任干事一人，干事若干人，由职员会公推之。1.宣传股；2.调查股；3.劝捐股；4.文牍股；5.会计股；6.庶务股。

［大理筹赈会赈灾］大理成立筹赈会，镇守使任会长，大理县知事任副会长，外设议会及劝捐、清理、卫生、粮秣、编查、会计等九处，公推评议及各主任助理若干，分头派遣夫役清除道路，疏通沟渠，掩埋压毙尸骸，城南、北设粥厂救济饥民。

地震压毙者每丁口给掩埋费2元，压伤每人给调养费1元，受灾每户赈款9角，赈恤合计大理43791.9元、凤仪8760.9元、宾川3999.5元、弥渡3532元、祥云876.4元、邓川66.2元。为恢复社会秩序与重建，大理县设“工赈局”，镇守使任督办，大理县知事任主办，就地方绅士中委任坐办一员，助办二员，主任助理若干员，分股任事又延聘地方绅士十余人为评议员。“克期六个月内将被烧铺面一律修复完竣，由镇守署拨借赈款典洋壹万五仟元为建筑基金。”修建“借用各款陆续由收入铺面盖价内还清”。“城内卫市口南北向称繁盛，惟街面窄狭，平时行人拥挤，一有火警辄四面波及，由工赈局议决修复铺面时东西各推后数尺，一则利交通，一则免意外之虞”，恢复修建考虑到城市发展与防灾。

［大理同乡会复李镇守使电］大理李镇守使分送喻县长鉴，榆城震灾，旷古未闻，蒙我公维持，同人等感激零泣。刻已面谒省长，许拨巨款救济，惟缓不济，急拟请我公提拔县署存款及各机关公款，并饬未被灾各邻县接济粮食，先行赈恤。更请饬各乡各局存谷不分域，切实散放，已弥灾氛，乞示覆。大理旅省同乡会长李伯庚王巨卿暨旅省各界同乡全体公叩。

［赈灾款项］大理等属地大震赈款数目开列于后：1.提拨仓谷六十石；2.提拨罚金一千六百元；3.提拨学款一千二百元；4.提拨实业款八百元；5.赵运使钟奇发来三千五百三十二元五角；6.李指挥秉阳发来一千三百一十一元六角；7.旅缅侨胞捐来七百七十五元零四仙；8.省府汇交下关分银行转发一千三百零四元四角二仙；9.腾越商界捐送一千六百七十元零九仙；10.顺宁捐送一百元；11.省赈务处汇发一万六千七百八十九元九角九仙六厘；12.旅京同乡捐送一千一百九十一元二角七仙八厘。（《云南省各县赈灾资料》）

民国十四年大理地震成灾，潞西全属曾捐过大洋赈济。（《云南省各县赈灾资料》）

［华洋义赈救灾总会云南分会新修云南迤东汽车路碑记］滇省东出川黔，向为驰驿赴北京之大路……先是甲子之岁，滇西惨遭震灾霜灾。旅京津滇人士王人文等闻耗吁请北京华洋义赈总会拨款救济，领国币二十九万五千元。（《云南省各县赈灾资料》）

【注】赈灾款汇计：省政府所6万元；省赈务处汇发1678.99元（据蔡世剑《1925年云南大理地震赈务研究》思想战线，2010年第36卷）；社会募捐9748.52元。

民国十四年三月十五、十六等日，云南迤西大理等县，先后发生地震。后一月内，编具《云南大理凤仪等属地震区域图说》，将地震区域绘制详图，并将地震概况分县记载，印制五百本分送海内外，俾可周知。兹再据所报之灾况，摘要分别于下……（此略，参见上述各县之灾况——编者）。每间重建之价平均以五十元计算，共合四十八万六千一百元，又破坏者修理费计四千四百元，又歪斜者修复计十八万九千九百五十元，又被烧者每户平均以一百元计合六千元，又震倒及歪斜之墙每堵平均以二十元计合十九万三千五百六十元，以上五栏总合银八十八万零一十元。灾户每户平均即赈济十元，共合十一万二千二百三十元，灾民每人平均赈济三元，共合九万三千八百一十三元，两共应合银二十万零六千零四十三元。压毙者抬埋费平均以十元计算，共合五万八千七百三十元，受伤者每丁口养伤费平均以五元计合一万八千五百八十五元，压伤成疾者每丁口平均治疗费以十元计合四千零四十元，三共合银八万一千三百五十五元。以上总共银一百一十六万七千四百零八元，此系急赈所需之数。至损伤之牲畜，损失之资本、器具籽种，破坏之田地，估计不下五千万元，如赈给百分之五，约合二百五十万元。若就上列各项通盘计算，非筹有赈款三百六十余万元不敷支配。现计本省政府发给急赈之款及募捐急赈之款不足二十万元，倘需一百万元以供急赈。（《云南大理凤仪等属震灾纪略》）

大理镇守使李选廷及前盐运使赵钟奇呈准就急赈款内分配赈款标准：（一）压毙丁口每人给殓埋费二元。（二）压伤丁口每人给调养费一元。（三）灾户每户赈款九角。合计大理领款四万三千七百九十一元九角；凤仪领款八千七百六十元九角；宾川领款三千九百九十九元五角；弥渡领款三千五百三十二元；祥云领款八百七十六元四角；邓川领款六十六元二角。以领款六万元分配不敷，有李镇守使捐银一千元助赈。除各县自行筹集及募获者单独办赈不在此例外，其余由赈务处筹赈事务所募获分得之统捐赈款，均依此标准结账。（《云南大理等属赈灾报告》《云南通志续修长篇》卷8）

（2）社会反应及媒体报道

［云南发生剧烈之地震］《文汇报》云：顷接云南大理府教友于十九日拍来之电报中述，大理府已毁于地震，大火已发生，急待赈济，外人均平安。（本报按）据最近《邮务公报》载称：大理府之人民在一九二二年为七万九千六百五十人。（《时报》1925年3月21日）

［云南地震颇烈］云南旅京某君私人电报，此次云南地震，发生于本月十六日晚九时，其震点似起于惠江旁之花甸山与石门山之间。邓川县亦与大理受同样之震动，西大街有数家完全陷没。洱海陡腾，声洪如吼，又时在夜间，城乡居民皆恐慌哭泣，无处逃避。同时大火纷起，人畜死亡，失踪者不计其数。当道当即派遣多人携带米粮衣具，分途营救，并有该地士绅孙仲山等分组急救会以济灾民。死亡人数及损失数目，目前无计考查。最著名之点翠山亦受崩裂，究系断层地震抑陷落地震，尚难判别。（《盛京时报》1925年3月25日）

【注】《时报》1925年3月26日同载。《顺天时报》1925年3月26日、《字林西报》1925年3月27日及《益世主日报》1925年3月29日有类似报导。

［云南大理大地震］云南通信：昆明市昨十六号夜十时，突觉地震。不意十九

号突得距省十三站之大理电报，该地城乡及上下两关房屋，均被震倒多数。灾期为十四、十五、十六等日，至十七日震尚未止。每日震动约数十次，城内大街因逃难者失慎，致酿火灾，死伤无算，地成焦土。电局亦被毁，往来电报均由距城四十里之下关局代发。兹得某外人讯死伤甚多，幸侨居之欧人无恙，请速募款赈济等语。今据电称：灾区遍及上、下关，约计面积当在百数十方里，不惟人民受祸，古迹亦恐荡然无存，诚浩劫也。详情容再续报（三月十九日）。（《申报》1925年4月7日）

[云南大理地震之巨灾，死人毁屋甚多，震后又复大火]云南通迅：云南大理地震，灾情惨状旷古未闻。兹将关于震灾文电汇录如下。一、大理李镇守使电云：删日下午，大理城乡地震，约二三分钟。铣日（16日）晨、午，时有微动，犹以时当春令，往年恒有，无甚惊异。至下午九时，忽起剧烈震动，如天崩地坼，经数十分钟。全城官署、民房、庙宇，同时倾圮，机关人员、住户人民被压毙者甚多。移时火起多处。职使立即督率官兵出署，引导人民寻觅安全地点，分头竭力救火。而地动未息，狂风继起，火势愈烈，延至篠（17日）晨始熄。被毁铺房数百家，被震屋宇几乎全城倒平，被压死者正在挖寻，未悉确数。乡间被灾亦重。又闻邓川、凤仪同时被灾，详情尚未据报。地震时动时止，刻尚未已。人民露宿旷地，无衣乏食。现在赶筹恤赈，挖埋尸骸，收拾瓦砾，欲图秩序恢复，恐非旦夕所能。二、大理县知事来电云：铣夜县治地震剧烈，继复大火，房舍倾毁，人民伤亡尚难确计。县署、庙宇及监狱全倒，人役监犯压毙及乘时逃脱者甚多。三、大理电局局长电云：榆城寒、删、铣三日，不时地震。铣晚亥刻忽而大震，城乡及上下两关房屋均震倒多数，并榆大街因逃难者失慎，全数烧毁。死伤者不计其数。现震尚未止，职局亦倒多烧少，幸人口均吉。四、大理同乡会复李镇守使电云：榆城震灾，刻已专谒省长许拨巨款救济，唯缓不济急，拟请提拨县署存款及各机关公款，并饬未被灾各邻县接济粮食，先行赈恤。更请饬各乡各局存谷，不分畛域，切实散放，以弥灾氛。五、省署通电云：大理一带地震成灾，阅之震悼，亟应赶办急赈，暂资救济。除电下关分银行速拨款三万元以济急需外，所有灾区各地方公款、积谷，均准一律提用，并仰邻近灾区各县地方，迅购粮米，运往接济，务使灾民暂得栖息，无任流离，是为切要。将办理情形，随时核报（3月20日）。（《时报》1925年4月8日）

【注】《申报》报导雷同。此一、二电文亦见于《第二历史档案馆档案》卷439。

[云南大理地震详情，起火延烧甚广，损失确数不详]云南通信：云南省城内外，于三月十六日晚九点钟时，曾发生地震，约两分钟许，极其轻微，并无损伤。滇西之大理县地方，则极为剧烈。兹将该地电报分局致电报总局原文录下（此略，其内容与上述《时报》和《申报》报导之部分相同）。兹便将各乡被灾情形于次再分别录出。

[省城]此略，见下此震[昆明]之载。

[大理]自阳历三月十四日起，该处即常常发生地震，十五亦如是，然旋震旋

止，无大关系。不料至十六日亥刻，忽而大震，迄今尚未停止。全城房屋不倒于震，即毁于火，人民死者伤者，现尚不知其详数。各衙署、各公所及城外之营房，均已震倒。电报局亦震倒，不能通电。其凄惨情形，实难言状。

［下关］下关距大理三十余里，为滇西巨埠，商业极盛，人烟甚稠。关内归大理县管辖，关外属凤仪县治理。自三月十四日起该关外常发生地震事，然旋动旋止，尚无大伤。至十六日夜十一时，地忽大震，现尚未止。房屋因此震倒者甚多，灾情极巨。

［凤仪］凤仪县不料三月十四日起，因大理地震，常被波及。至十六日夜半，地大震动不止，于是房屋倒者极多，灾情甚重（三月二十一日）。（《益世报》1925.4.11）

【注】《新闻报》（1925年4月7日）同报导。

［滇西大震灾情形续志］滇西大理等处大震灾已迭志前报。兹续据昆明消息：此次震灾，发动于洱海附近，其震波所及，虽距海千余里之各地亦及焉，受害最巨者为邻海之各县。大理被灾后继以大火……凤仪被害亦不下大理……邓川，洱源两处其详虽未得知，然据电讯所述，邓川沉陷二十余小村，洱源沉陷六十余小村。惟洱源城中略感震动，幸未成灾。又洱海源发邓川，因震后地形移变，城郊之乐和村遵君碑两处，各突出新水两股，水与地平，无从宣泄，致灾区人民又罹于水……据大理韩教士来省所述灾况云，当巨灾初起时，为前月阳历十四、五日，地已波动，人立地上如在波涛汹涌之船中……至十六，七日地果大震，地心狮吼雷鸣，于是房屋倒塌声，灾民惊呼声相随而至。予出屋暂避已不能安步，因此时地面震动甚烈，人立地上如行器械操之浪桥，纵无他项危险，亦必颠仆于地。俄顷狂风大起，继以大火……镇守使署为前清提督衙门，建筑雄伟，甚属坚固，其大堂木柱，粗可合抱，亦被震波折为两截。迨火熄风平，地心尚时作微动。今城中已成一片焦土，往日之灿烂栉比，今已瓦砾广场……予过下关则横锁苍江之黑龙桥已断为二。至凤仪触目景况亦不下于大理，房屋夷为平地，极目四望只余之残缺城垣，然多未有高至丈许者，因被震倒仅存基址而已。弥渡警察事务所函旅省同乡会云，旧历二月二十二日午后十时，城乡内外同时地震。计县城铺户全毁者三百零二间，半毁者一千六百四十一间，幸得保全者不过三十分之一。城内居民压毙者男二十三丁、女二十口，负伤者男二十五丁，女二十五口。一时哭声震动，惨痛莫名。是后陆续震动不止，人民露宿风餐不敢入室。新建各碉楼已全数倒塌，县属团局等处俱各倒塌不堪。四乡灾情尚未得确信。近城村落如姚旗营一邑，合村房屋毁坏罄尽，居民死亡至四十余名之多。永渡桥亦因震倒塌圮。（《时报》1925年4月21日）

【注】“据大理传教韩救士来省所述……”亦见于《新闻》（1925年5月9日），《顺天时报》（1925年5月24日）、《益世报》（1925年4月20日）；“弥渡警察事务所函旅省同乡会云……”亦见于《新闻报》（1925年4月12日）。

前（三）月十五日午后三点钟，大理城内觉地面稍有震动。余初不介意，以为此种地震亦是常事。至晚间八九点钟继续震动数次，此时震动颇觉剧烈，人民即不得安枕，多半逃往空地避难。至次日早六点钟时又震一次，是日下午四时后震动加重，至九点三十分地乃大震。斯时余将灯火灭熄，走出药房外，见各地火大起，墙屋已多倒塌，人民呼救之声有如雷旋，又见东南角（约凤仪方向）黑云大起，余不知其故。稍时北门外天现红色，北门之火大起，同时南门之火亦起，由大街烧过北门，其火势先向北后又转南。北门灾民呼号而起。斯时闻有地雷之声，轰轰而鸣。北门之火因有多人往救，不久即熄。至于南门之火，直至次日十二点钟始熄。五华楼亦被烧倒。计所焚烧之地，北至四牌坊，南至钟鼓楼，烧死尸身如石堆然。街巷各地，将死未死之呼吟哀声，惨不忍闻，或则焦头烂额，或则折足断臂。行路之人皆由尸身上或倒塌之房屋上往来，处处无路可觅。当火起时，余趋往空地放眼一观，但见火烟有一里余长，盐税局之柱子，一向左扭，一向右扭。当地人民咸应惊惶失其感觉，如痴如聋如梦然。估计大理死者有二三千人左右，尤可惨者。正当地震火起人民救死不暇之际，忽闻东西两方股匪将至，实则未有其事。因此人民于火警之外又加以匪警，两患交逼，惨状尤觉不堪。余观此次大理之受此巨灾，其垣墙易于毁坏者，因该地之垣墙多为石墙，板墙甚少，石墙易于崩裂倒塌，故此次火起垣墙先倒者较多，是皆于建筑未有经验之故。过数日余至下关，彼方灾情尚轻，城墙虽倒，贸易行人，犹往来如常。至凤仪则城亦倒塌。弥渡北边向日原为干地，则今已变成海子矣。凤仪城亦倒塌三分之二。计此次灾区有六七县之多。余至下关时即拍电往上海各地请各方速为募捐拯救，美国余亦拍电去矣，惟各方尚无复电，想不日当有大宗拯款到来也。以上各情系余目所亲见，并无捏造之词，故今日乘贵同乡开会，特意来报告真相焉。（《云南大理等属震灾报告》附编）

［云南通信］三月十五日午后三点钟，大理城内觉地面稍有震动。余初不介意，以为此种地震亦是常事。至晚间八九点钟继续震动数次，此时震动颇觉剧烈，人民即不得安枕，多半逃往空地避难。至次日早六点钟时又震一次，是日下午四时后震动加重，至九点三十分地乃大震。于时余将灯火灭熄，走出药房外，见各地火大起，同时南门之火亦起，由大街烧过北门，其火势先向北，后又转南。北门灾民，呼号而起。斯时闻有地雷之声，轰轰而鸣。北门之火因有多人往救，不久即熄。至于南门之火，直至次日十二点钟始熄。五华楼亦被烧倒。计所焚烧之地，北至四牌坊，南至钟鼓楼，烧死尸身如石堆然。街巷各地，处处无路可觅。当火起时，余趋往空地，放眼一观，但见火烟有一里余长，盐税局之柱子，一向左扭，一向右扭。当地人民咸应惊惶失其感觉，如痴如聋如梦然。估计大理死者有二三千人左右，尤可惨者。过数日余至下关，彼方灾情尚轻，城墙虽倒，贸易行人犹往来如常。至凤仪则城亦倒塌。弥渡北边向日原为干地，则今已变成海子矣。凤仪城亦倒塌三分之二。计此次灾区有六七县

之多。凤仪自旧历二月十九日起地即震动，每昼夜不下二三十次，至二十二晚九时突然大动，城内官舍民房无一幸免，重者倾圮殆尽，轻者或前或后倒塌不一，人民死者伤者不少，尚未调查清楚。劝学所长庄某已压死，实业所长苏某，实业员某亦受重伤，因三人同在苏宅聚谈故也。现在犹不时震动，人民尽居野外，栗栗危惧，残喘苟延，尚不知命在何时也。（《益世主日报》1925年4与月26日）

［滇西大地震近闻］大理来函：此次大理地震后连日复遭大雨大雪。凤仪来函：凤仪自三月十五日起地震连续不止，约计二三十次。四周城墙及衙署民房倒塌无余，城内以东北街最重，四乡以东北两区最重，同时更遭大火，铺面烧毁已尽，全家埋没者数十户，惨死在千人以上，财产损失不下千余万。查凤仪上年霪雨为灾，秋收大欠。（《申报》1925年5月1日）

［云南天灾人祸］大理来函云：大理等处于阳历三月十五六七日，忽然发起从来未有之飓风，飞沙走石，日月无光，以前未经倒塌之房屋，又吹倒无数。宾川被灾尤甚。现在地仍时动时止。十七晚七时，复大震三次，颓垣败壁陆续倾陷。所有灾民依然露宿，大有朝不保夕之势。（《时报》1925年5月14日）

［滇省大理县地震惨状］沪讯云：三月十六日晚九点三十分许，地始震动，二震后继以极猛烈之第三震，历五六秒钟之久。房屋忽裂为二，墙壁俱倾，各教士均奔避门首广庭中，庭周有极坚固之石墙，堪为屏障。此外房屋大半用木造，多已坍塌。若辈在庭中检点人数，则少一十龄童，已压在屋内矣。时地犹连震不已，房屋皆塌成瓦砾巨堆，木石遍地。据萨尔伐神甫函称：当时天空啸声不止，房屋已尽倾圮，人民呼号求救，到处哭泣不止。未几大街中数处火起，烈焰上腾，天半尽赤。余辈立花园中，木材着火折裂声、墙壁倾圮声，历历可闻，恍如身在火山畔。上午一时，教会房屋近旁已着火，幸未几西北风起，将火焰吹回市镇中心，教会始得保全。天明消息四布，有全家尽亡者，有一家亡数者，大理全城完全毁去，所保存者仅城垣一段及城外房屋数所，商业菁华之区不留寸椽，死亡人中约计在五千左右。所奇者点苍山麓有数屋未遭破坏。地震路线显以沿大理山谷，西北至浪穹，西南至赵州，两处俱罹重灾。三月二十日作书时地震犹未全止，余写此信亦时作辍。（《盛京时报》1925年5月26日）

【注】大理地震概述亦见于《国画时报》（1925年4月26日）、《顺天时报》（1926年1月6日）、《东方杂志》（22卷）、《我国的火山与地震》及《中国救荒史》（2）等。

大理发生大地震成灾，曾志前次通信。现省署得滇西镇守使李选廷电报……至下午九时，忽起剧烈震动，如天崩地坼，经数十分钟，全城官署、房屋、庙宇同时倾圮，机关人员、住户人民、被压毙者甚多，移时火起多处，职使立即督率官兵出署，引道人民觅安全地点，分头竭力救火，而地震未息，狂风继起，火势愈烈，延至筱（十七）晨始熄。被毁铺房数百家，被震屋宇几乎全城倒平，被压死者正在挖寻，未悉确数。乡间被灾亦重，又闻邓川、凤仪同时被灾，详情尚未据报。地震时动时止，现尚未已，人民露宿旷地，无衣乏食，老弱悲号，妇孺饮泣，目睹心伤，难为图状。现正赶筹恤赈，挖埋尸骸，收拾瓦砾，欲图秩序恢复，恐非旦夕所能……现旅省各该县同乡会，正分头筹赈，并派专足星夜至各该县实地调查，省政府方面得讯后，即发电李镇使暨大理喻知事，与回籍之前盐运使赵钟奇，会上赈济办法。①由省政府急电下关富滇分银行，速拨款三万元济急；②灾区各地方公款积谷，均准一律提用；③邻近灾区各县地方官，迅购粮米运往接济，俾灾区人民暂得栖息，不致流亡。善后办法矣与该地绅商会商后，再行核夺办理。记者按大理一区……今兹复遭巨劫，死者已矣，复与之期，未知何日，吾人聆之，能不一掬同情之泪乎。（《申报》1925年4月8日）

［云南大理地震之巨灾，死人毁屋甚多，震后又复大火］云南通迅……大理同乡会复李镇守使电云：榆城震灾，刻已专谒省长许拨巨款救济，唯缓不济急，拟请提拨县署存款及各机关公款，并饬未被灾各邻县接济粮食，先行赈恤。更请饬各乡各局存谷，不分畛域，切实散放，以弥灾氛。省署通电云：大理一带地震成灾，阅之震悼，亟应赶办急赈，暂资救济。除电下关分银行速拨款三万元以济急需外，所有灾区各地方公款、积谷，均准一律提用，并仰邻近灾区各县地方，迅购粮米，运往接济，务使灾民暂得栖息，无任流离，是为切要。将办理情形，随时核报（3月20日）。（《时报》1925年4月8日）

［追记大理地震成灾之惨状］大理此次地震，剧烈异常，所波及之区域颇广，闻玉溪方面亦于十七日晚间地震，但不甚剧烈，与省城大致相同。大理同乡会为此召集旅省各同乡开会，讨论救济方法，其结果如下；一、确实调查死伤人数及损失财物若干。二、请省长及各机关捐款救济。三、由省城各商号募捐。四、由省外募捐。现已分头进行矣。（《时报》1925年4月14日）

［云南大理震灾之惨状，大理震灾会之哀鸣，灾情不亚去年之日本东京］云南大理地震，灾情奇重，已载各报。兹据大理震灾会致云南震灾协会一函，兹将受灾情形及善后办法诸公陈之：夏历二月二十日大理城乡地震，至二十二日午后九时愈加剧烈，势若天崩地拆……同时凤仪，弥波、祥云、宾川、蒙化，永平、赵州并罹浩劫。灾情之重不亚于日本东京，有过于甘肃之固原……自震变至今二月，余震仍时作时止，致难民惊魂不定，迄无宁息……据上述情形，灾情之惨可以想见，海内外仁人君子，尚赐赈款可交宣场（武）头条云南赈灾协济会或交本京金城银行代收亦妥。（《顺天时报》1925年5月24日）

［云南震灾振款汇出］团际通信社云：云南自地震以后，该地绅董及教会人士发起云南震灾救济会，曾托本埠全国基督教协进会代向全国教会广募捐款，截至昨日止，闻该会代收入大洋四千七百三十九元四角九分，已悉数汇去。（《时报》1925年11月28日）

【波及影响】

［剑川］民国十四年三月十六日地震，房稍毁伤。（《中国地震目录》1960年）

［永胜］民国十四年三月十六日地震，一日三次，墙有开裂，瓦有掉落。（《中国地震目录》1960年）

［大姚］民国十四年三月十六日大姚地震。（《中国地震目录》1960年）

民国十四年三月十六日盐丰地震，房屋有倒。（《中国地震目录》1960年）

［姚安］民国十四年二月二十一日、二十二日，地震二次；三月十六，二十四日均震，四月又震（震源在大理）。（民国《姚安县志》卷5）

［维西］大理震动时，县城一日数震，旋震旋止，房屋、石塔轧轧有声。（民国《维西县志》卷1）

［腾冲］民国十四年三月十六日地震。（《云南省地质厅20地质队调查资料》）

［临沧］民国十四年农历二月二十三日地震。（《缅宁县征集通志资料》卷1）

［凤庆］民国十二年大理鉅震，波动虽剧，但未成灾，年来间有发生，震动甚微。（民国《顺宁县志》卷2）

【注】记年当误。

凤庆近四十年来两次地震为烈。第一次是1925年大理地震之波及，第二次是1941年耿马地震之影响。前一次最烈。（《1941年5月16日耿马地震考察报告》1972年）

［禄丰］地震惟民国二年与十四年为重，房屋亦无损。（《云南省各县赈灾资料》）

民国十四年大理地震波及禄丰。震时人感摇晃，房屋剧烈摇响、尘土震落。旧朽房屋震歪，间有房屋山墙倒塌或屋架脱榫。（《滇东地震调查资料年表》卷4）

［新平］民国十四年二月二十二日戌刻地震。（民国《新平县志》卷2）

［武定］民国十四年大理地震波及武定，震时人感摇晃，房屋摇响。（《滇东地震调查资料年表》卷4）

［禄劝］民国十四年大理地震波及禄劝，震时人感摇晃，房屋摇响。（《滇东地震调查资料年表》卷4）

［富民］民国十四年大理地震波及富民，地震轻微。（《滇东地震调查资料年表》卷4）

［昆明］

民国十四年三月十六日，昆明地面波动一次。（《云南地震考·震史》）

昆明市昨十六号夜十时，突觉地震，房屋陈设暨街面市招等均互相激荡，约数分钟。论者以震波推测，即知西南方面必有较烈之震动。（《申报》1925年4月7日）

三月十六日下午九时前后，地忽震动，墙壁、梁柱、窗框、楼板俱格格作响，始

知地震，所幸为时甚短，毫无损伤。不过城中西南角电灯因震动波及熄灭。（《益世报》1925年4月11日）

民国十四年大理地震，昆明市属大板桥、黑土凹等处，震时睡者惊醒，房屋摇响，房瓦震落，倒土墙一堵。（《滇东地震调查资料年表》卷4）

[呈贡] 民国十四年大理地震波及呈贡县。（《滇东地震调查资料年表》卷4）

[昆阳] 民国十四年二月二十二日午后九时大震。（民国《昆阳县志》卷4）

[晋宁] 民国十四年大理地震波及晋宁，震时卧者惊醒，屋瓦震落。（《滇东地震调查资料年表》卷4）

[澄江] 民国十四年大理地震波及澄江，人感摇晃。（《滇东地震调查资料年表》卷4）

[宜良] 民国十四年大理地震波及宜良，县属徐家渡，海螺田等处人感摇晃，碗摇响。（《滇东地震调查资料年表》卷3）

[江川] 民国十四年大理地震波及江川及县属江城。（《滇东地震调查资料年表》卷2）

[寻甸] 民国十四年大理地震波及寻甸，县属小蔡所微震，知震者甚少。（《滇东地震调查资料年表》卷4）

[通海] 民国十四年大理地震波及通海。七街一房屋封火墙震裂二寸许，一房屋山墙尖垮塌，白阁村、小街等处震时房屋摇响，屋瓦震落。（《滇东地震调查资料年表》卷2）

[建水] 民国十四年大理地震波及建水，县属普雄墙壁间有倒塌者。（《滇东地震调查资料年表》卷2）

[开远] 民国十四年大理地震波及开远。（《滇东地震调查资料年表》卷3）

[个旧] 民国十四年大理地震波及个旧，房屋山墙尖有倒塌者，通宝门附近屋瓦有震落。（《滇东地震调查资料年表》卷2）

[昭通] 民国十一年大理地大震损失甚鉅，时昭通亦间微动，并无大害。（民国《昭通县志稿》卷2）

（3）图件影像

1925年3月16日大理凤仪7级地震的震害图件、历史影像资料搜集、呈现于后文。

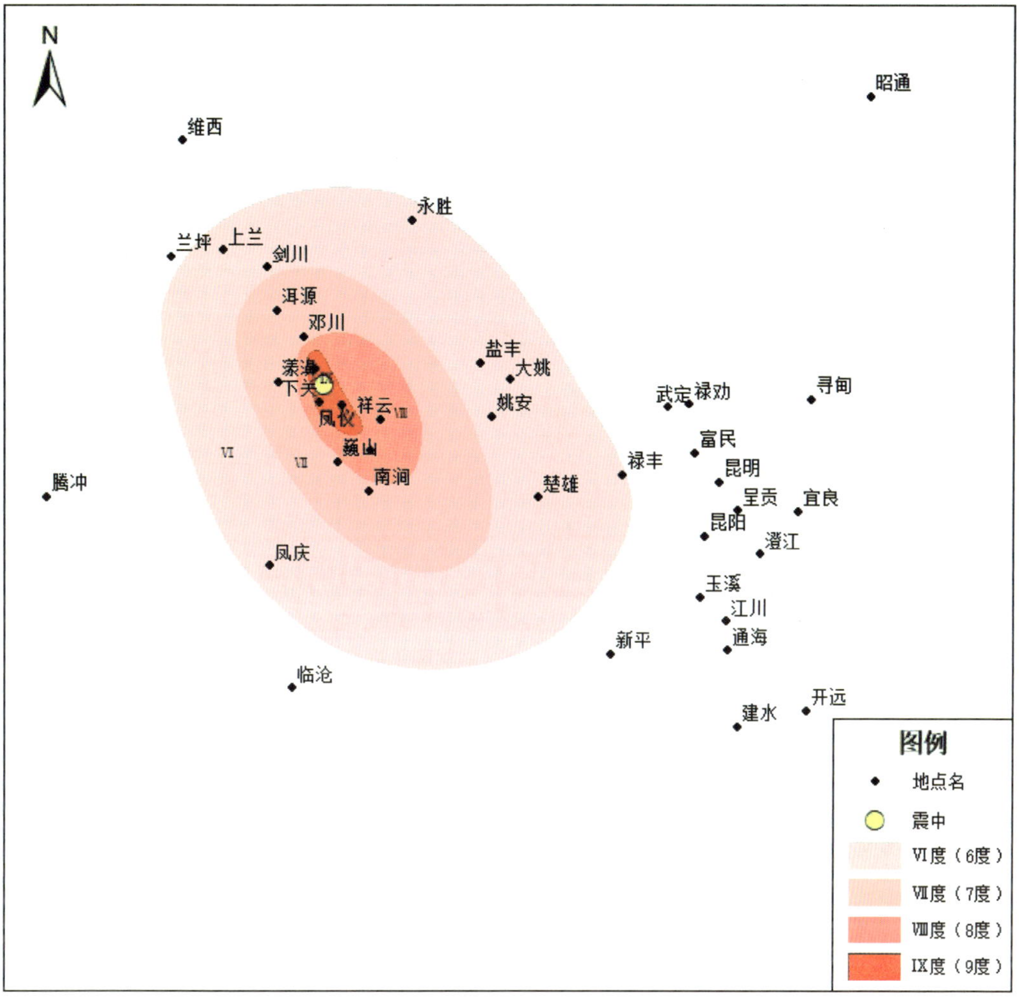

图4-2　1925年3月16日大理凤仪7级地震等震线图

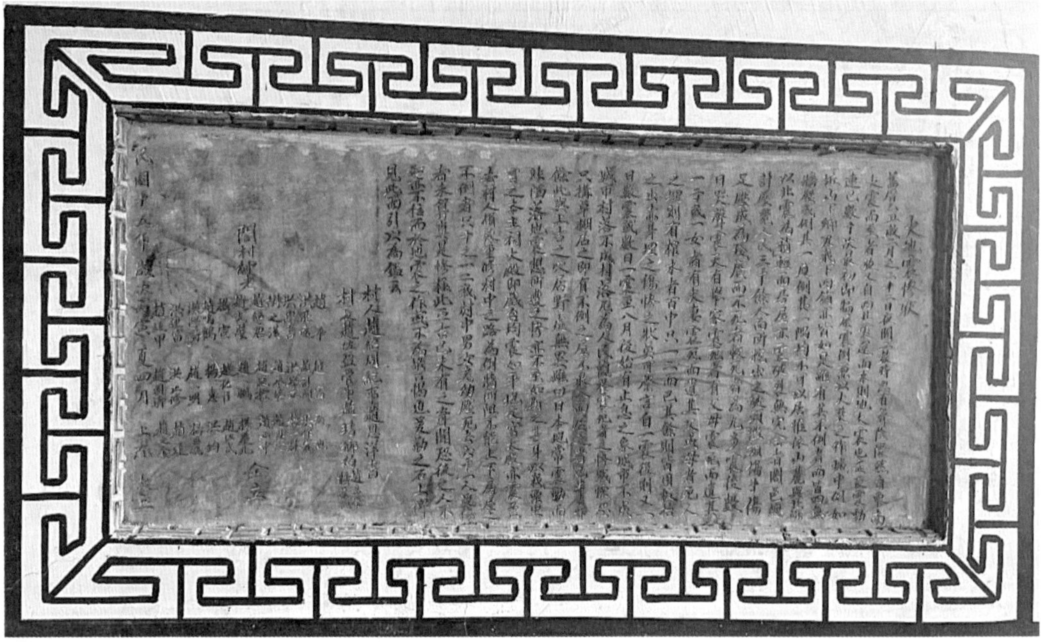

图4-3　1925年3月16日大理7级大地震惨状碑（现存于银桥镇沙栗木村）

大地震惨状碑：旧历乙丑岁二月之二十二日夜间二鼓时，忽有声隆隆然，自东南大震而至者，旋又自西北震还而来，则地大震也。尽夜震动连已数十次，最初即墙屋震倒，兼以火灾之作，城中倒如垃山，下乡及我下四铺亦皆如是。虽有其不倒者，而皆四无墙壁、或倒其一厦，倒其一隅，均不可以居。惟依山麓与北磻以北，震为稍轻而房屋亦震破裂无完全者。合邑总计压死人民三千余人，而所挖出之破头烂额、伤手伤足，压成为残废而不死者较死者为尤多。震后数日，哭声震天，有举家震死者，有父母震死而遗其一子或一女者，有夫妻震死而遗其父或母者，死人之埋，则有棺木者百中只一二而已，其馀则皆用板抬之出，赤身埋之，伤惨之状，莫可罄言。自一震后则又一日数震或数日一震，至八月后始有止息之象。城市不成城市，村落不成村落，凡为人民观于震死者之惨，战栗恐。只构草棚居之，即有不倒之屋，不敢入而居之者已半年馀。此与上古之穴居野处无异。虽曰日本地常震动而非陷落地震，想所遭之惨亦不至如斯之甚耳。以我栗里言之，本主祠大殿即戏台均震如平地，文宫大殿亦震歪去，村人捐款重修。村中之路为倒墙所阻，不能上下。房屋之不倒者只十之一二，我村中男女老幼压死去六十一人，受伤者未算，真是惨极，此亘古已未有之奇闻，恐后之人不知亦不信，而於地震之作或不为警惕也。爰勒之石上，俾见此而引以为鉴云，村人赵绍周、纪事赵恩洋书、村长赵佐盈、管事赵绣、乡约赵恩荣、杨景观、赵华、赵富池、洪亮远、赵计开、洪作霖、洪学书、洪学正、赵一林、洪之汉、赵永庆、赵恩隆、赵纪唐、赵廷标、赵绍中。合村绅老：赵光壁、赵一鹏、杨庆兆、杨宣、赵佐臣、赵佐武、赵鸣鹤、杨惠、洪钧、洪学舒、赵一鸣、杨恩漉、洪连富、洪正修、赵廷、赵廷甲、赵国清、赵文奎、仝立。

民国十五年岁次丙寅夏四月 上浣 谷旦

图4-4 1925年大理地震后的景象（一）

图4-5 1925年大理地震后的景象（二）

图4-6 1925年大理地震后的景象（三）

图4-7 县政府受灾倒塌

图4-8　镇守使署受灾倒塌（一）

图4-9　镇守使署受灾倒塌（二）

图4-10　地震后的盐务稽核支所

图4-11　地震后的女子师范学校

图4-12　地震后的文庙

图4-13　地震后的警察局

图4-14　地震后的崇文街北部

图4-15　地震后的钟鼓楼正街（一）

图4-16　地震后的钟鼓楼正街（二）

图4-17　地震后的四牌坊

图4-18　地震后的东门正街

图4-19　地震后城内灾民棚居的惨况之一

图4-20　地震后城内灾民棚居的惨况之二

图4-21　地震后的饷械局

图4-22　地震后的东门鼓楼正街

图4-23　地震后的西门城楼

图4-24　地震后的北门城楼

图4-25　地震后的北门月城

图4-26　地震后的北门大街

图4-27　地震震塌的城墙

图4-28　大理城内灾民露宿于农事试验坊

图4-29　地震发生后灾民争购粮食的惨状

图4-30　地震发生后灾民在南校场煮粥充饥

图4-31　地震发生后灾民在北校场煮粥充饥

图4-32　地震发生后苍坪街灾民惨状

图4-33　大理地震后小邑庄全村房屋震塌

图4-34 大理地震后才村震塌的丰乐亭

图4-35 大理地震后下鸡邑全村房屋震塌

图4-36 大理地震后上鸡邑全村房屋震塌

图4-37 大理地震后马久邑震塌的团保分局

图4-38 大理地震后马久邑全村房屋震塌

图4-39 大理白塔邑地震后的小学校

图4-40　大理白塔邑震塌的房屋

图4-41　大理白子坡全村震塌的惨状

图4-42　凤仪震后的西门城楼

图4-43　凤仪震后的北门城楼

图4-44　凤仪震后倒塌的东城墙

图4-45　凤仪城内震塌的民房

图4-46　凤仪南区红崖街地震后倒塌的房屋（一）

图4-47　凤仪南区红崖街地震后倒塌的房屋（二）

图4-48　凤仪震塌的小学校

图4-49　凤仪长发村震塌的民房

图4-50　凤仪震塌的小学校

图4-51　凤仪汪庄震塌的民房

图4-52　凤仪射当村地震后灾民露宿的惨状

图4-53　凤仪华营灾民露宿的惨状

图4-54　大理海东向阳街地震后倒塌的房屋

图4-55　大理海东康廊街地震后倒塌的房屋

图4–56　大理海东江上村地震后倒塌的民房

图4–57　大理海东挖色街地震后倒塌的房屋

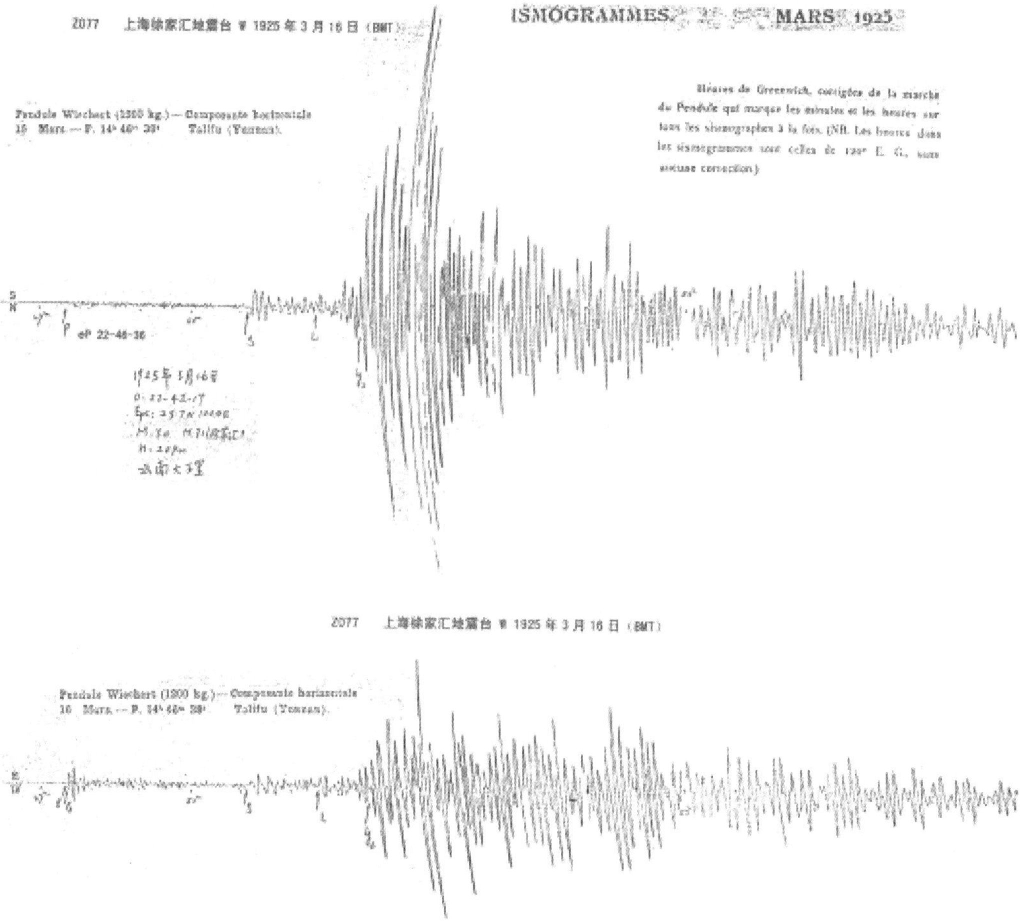

图4–58　1925年大理地震上海徐家汇仪测记录图

注：（上图SN向；下图EW向）

图4-59 大理城震火两灾图

注：（以艺术形式记载本次地震的历史资料1，由大理州档案馆提供）

图4-60 大理震灾图说

注：（以艺术形式记载本次地震的历史资料2，由大理州档案馆提供）

图4-61 大理震后安置图

注：（以艺术形式记载本次地震的历史资料3，由大理州档案馆提供）

图4-62 大理震后施粥图

注：（以艺术形式记载本次地震的历史资料4，由大理州档案馆提供）

4.2 6.0~6.9级地震

4.2.1 1481年7月24日剑川6¼地震

明成化十七年六月十九日（1481年7月24日）剑川6¼地震。

剑川：廨舍墙垣俱倒，压死军民、囚犯、差役20余人，伤者甚重；乡村民房倒塌一半，压死男妇不知其数。自亥时至天明震100余次，次日午时方止。

丽江：墙垣多倾。

大理：地震有声，民物摇动，二次而止。

4.2.2 1515年10月大理6级地震

明正德十年九月（1515年10月）大理6级地震，屋墙尽仆，压死数百人。日每小震，逾月始宁。

4.2.3 1623年5月4日祥云西北6¼级地震

明天启三年四月六日（1623年5月4日）祥云地震。

祥云：倾城楼雉堞，坏民居500余所及城署。

大理：地震声如吼，地裂五区。

六至七日震76次，八日震6次。

4.2.4 1688年6月16日剑川6¼级地震

清康熙二十七年五月十九日（1688年6月16日）剑川地震。

剑川、鹤庆两处震倒城楼、官署、仓廒及兵民房屋共6940间，压死兵民193口，压伤兵马143匹，打坏军器67副。

剑川：城廓官民房屋倒塌无数，压毙190余人，受伤陆续死者数百人。城墙并三处樵楼倾圮，惟西樵楼不倒，州署圮坏，学宫倾欹。承流坊、宣化坊、武进士坊、孝行坊等共33座叠因地震，俱皆倾圮，存者寥寥。

鹤庆：坏城垣楼阁官舍民居。

震前，剑川二月狂风拔木，飞尘蔽天。三月西山鸣，剑湖溢，鱼鳖多死。四月大雪，菽麦尽伤。五月十七日发生有感地震。

五月二十日发生强余震，自后每日震10余次，半年乃止，庐舍尽成瓦砾。

压毙者每名给银一两，压伤者每名给银五钱。倒坏房屋每间给银二两；被灾无栖止者，每名给谷一石，幼者给谷五斗，动支常平积谷。

4.2.5 1751年5月25日剑川6¾级地震

清乾隆十六年五月初一（1751年5月25日）未时剑川地震。

剑川：城垣、衙署、仓库、塘讯、兵民房屋尽皆倾倒，儒学、书院及金龙桥倾圮，州署大照壁及灵宝塔倒，城内坏官署民房300余间，城乡共倒塌瓦房15566间、草房146间。压死940余人，伤重继亡者2000余人，共计死3000余人，牲畜损伤甚多。城内外井悉涸，无点滴，而釜灶皿物全损，断火食者数朝。西湖水簸入东湖，东北太平地面下沉一丈五尺，自海尾坟起，邑头、桑岭等70余村为剑湖水所没，淹没田地1000亩（亩为非法定单位，1亩=666.7m^2，全文特此说明。）。

鹤庆：砖筑州城倾圮，衙署、仓廒及一切庙宇震倒过半，城垣城楼亦有震毁，学宫圮坏。共倒兵民房屋2130余间，损坏、歪斜者1970余间，压死60余人，压伤100余人。

洱源：桥梁倒塌，衙署、仓库间有脱椽瓦及震裂墙壁之处，坟墓亦倾。县属寸木关、大庄、海口等十余处村寨共倒塌房屋460余间、草房50余间，半倒者500～600间，墙壁倒者甚多，压死30余人、伤40余人。

丽江：城垣及兵民房屋墙壁多有倾圮倒裂，城乡共计倒塌房屋242间，压毙18人。

邓川：衙署、仓库、民居有脱椽瓦和坍塌墙壁之处。

五月初一丑至辰时连震六次，未刻地大震。至是年仲冬地犹时震动。

先后酌动司库铜息项下银二万两，并动受灾各处常平仓粮，银谷兼发，赈济灾民；被灾兵丁，予放一月饷银，酌齐米石。灾民虽得抚恤，但元气未能骤变，著将剑川、鹤庆、洱源、丽江等四州县被灾较重之户，所有本年应征地丁银米，缓作两年带征，以苏民困；对被灾兵丁，再借给饷银一月。

自辛未年（1751年）冬至癸酉年（1753年）春，动夫十余万，筑坝开挖海尾河，以泄剑川东北被水田地之水。放坝后，剑湖水花喷起，高出水面约尺许，如轮如盖，广数亩，此海心原有暗泉，地震泉圻。

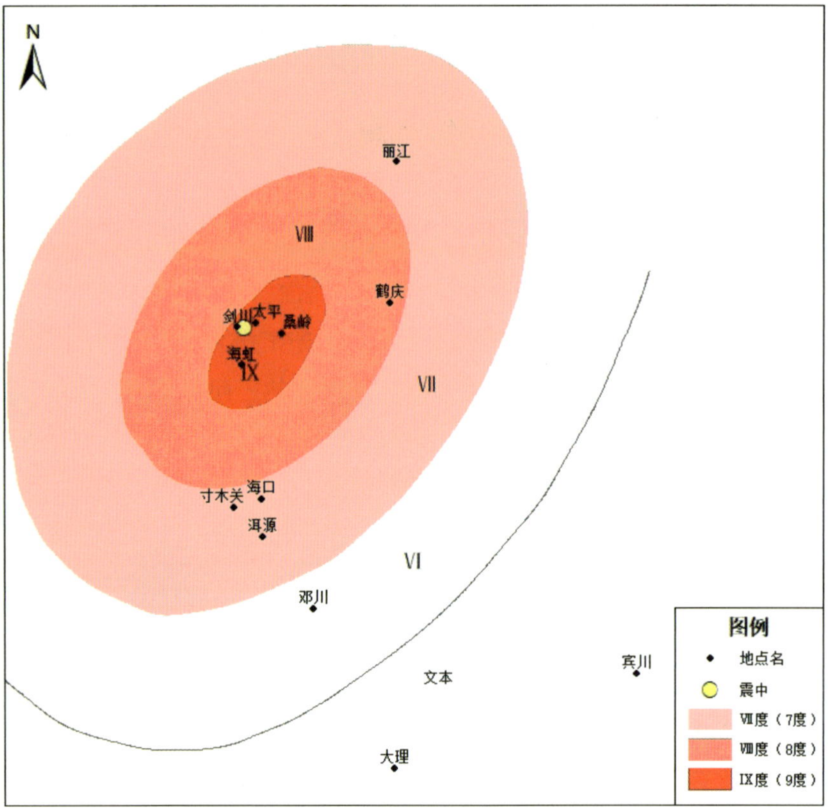

图4-63　1751年5月25日剑川6¾级地震等震线图

4.2.6　1803年2月2日宾川州城附近6¼级地震

清嘉庆八年正月十一日（1803年2月2日）丑时宾川、祥云间地震。

云南县（今祥云）、宾川州（治今宾川东南州城）猝遭地震，城垣、房屋多有倒塌，两处压毙200余人。

宾川：砖筑城垣坍塌，门楼倾圮；育英书院震坍，关圣庙倾，庙学棂星坊圮（误作十八年）。震延10余日。

大姚：屋宇坏，砖筑城垣尽倾。（误作七年）

盐丰：墙垣多有倾圮。

姚安：东门外桥圮。（误作九年正月）

洱源：地大震两次，坏城垣。（记作初十夜）

楚雄、新平、昆明、凤庆、邓川、牟定（以上二县记作九年正月）有感。正月至六月南华地屡震。

免祥云、宾川二州县灾民本年应征民屯税秋麦米。

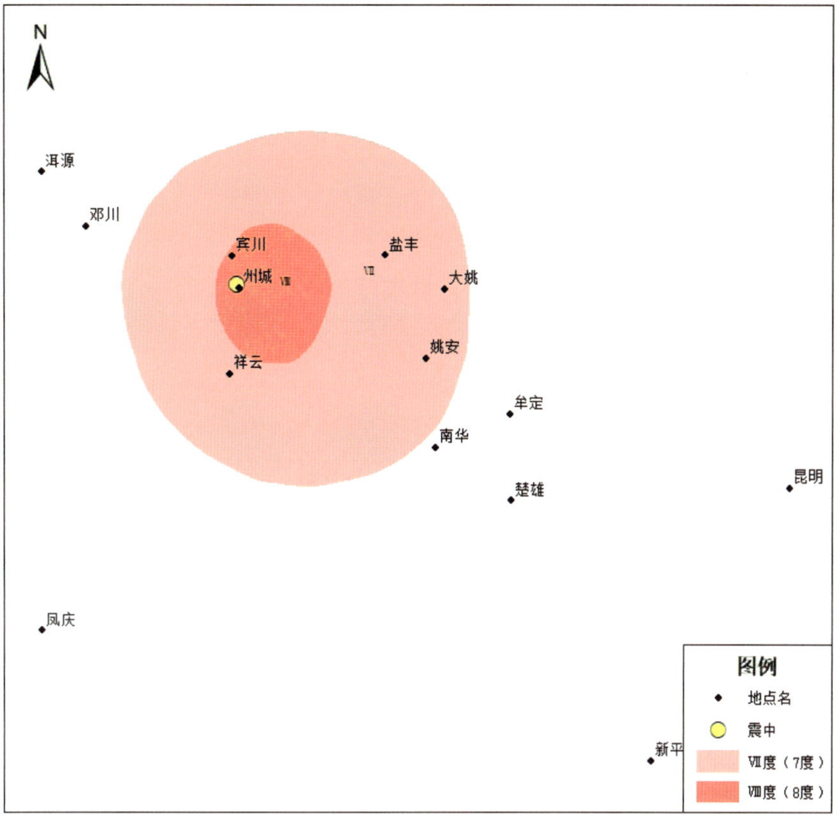

图4-64 1803年2月2日宾川6¼级地震等震线图

4.2.7 1839年2月7日洱源6¼级地震

清道光十八年十二月二十四日（1839年2月7日）辰时洱源地震。

洱源：阖境民居倾倒五六百间，压毙100余口。知县署、学宫、城隍庙倾圮，天马山镇蝗宝塔崩圮，炼成塔、青龙塔圮，县西南3km之金龟山崩。高阜处皆涌黑水。连日震不止，次年正月初十复大震。

邓川：地大震自辰至夜不止，坏庐舍，压毙人畜，县西北5km之罗旃山地裂数十丈，民咸露处。（误作十二月二十五日）

4.2.8 1839年2月23日洱源6¼级地震

清道光十九年正月初十（1839年2月23日）巳时洱源地震。

洱源：仓监、衙署、民房均多倒塌，共倒瓦房1607间、草房60间，压毙129人、伤18人。经两次大震，天马山镇蝗宝塔遂尽崩圮，青龙塔圮。

邓川：共倒瓦房305间、草房79间，压毙24人。

大理、赵州（今大理市凤仪）、宾川、云龙、祥云有感。

赈被灾二州县灾民，并免本年额赋。

4.2.9 1876年8月5日永平6级地震

清光绪二年六月十六日（1876年8月5日）永平地震。

永平：损民房无数；易子么寨山崩，陷民居20余户，伤60余人。（记作十五日）

保山：猛波罗山脚震陷一处。（未记日）

云龙：祠庙屋宇有损坏者，县城东北五井有感。

4.2.10 1901年2月15日邓川东、西湖6½级地震

清光绪二十六年十二月二十七日（1901年2月15日）邓川东西两湖地震。

邓川：东川尤甚，屋壁倒塌，人畜压死不可胜计。东西两湖附近房屋倒塌几尽，田埂开裂，地裂喷黑水。县城石牌坊倒塌，文庙屋顶落下，房屋土墙普遍开裂，倒塌者30%，间有房屋木架倒塌或脱榫。震至六月乃止。

洱源：民居倾塌百余户，有压毙者。

鹤庆：北衙玉皇阁后山崩。是夜有白光见于南方，延长至北可30余丈。次夜复然。

剑川：少数房屋土墙倒塌。

大理：有感。

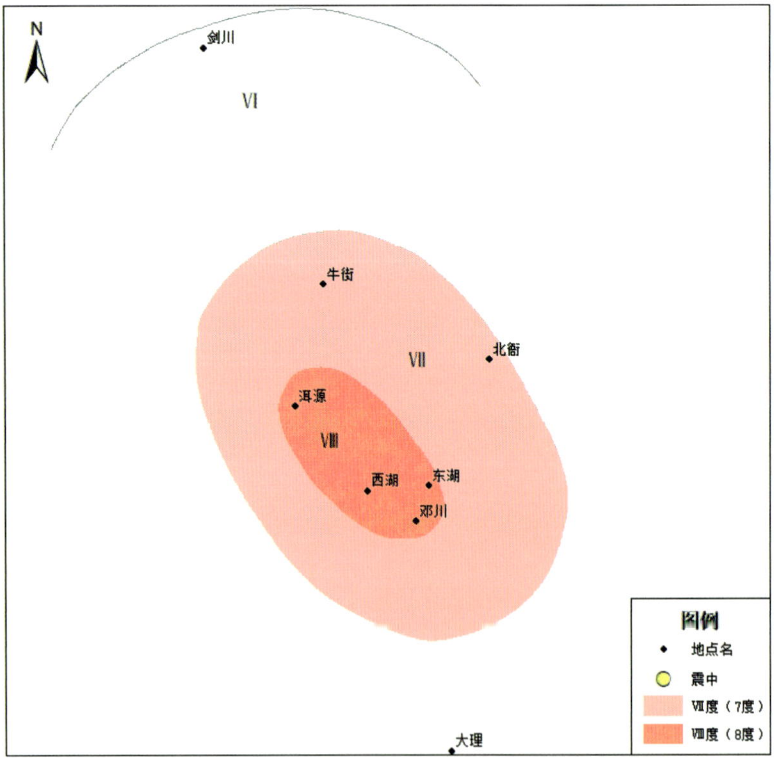

图4-65 1901年2月15日邓川6½级地震等震线图

4.2.11 1925年3月17日弥渡南$6\frac{1}{4}$级地震

发震时刻07时50分26秒，震中位置25.0°N、100.5°E。姚旗营等地，16日震时未倒房大部分倒塌；至县城一带路面开裂，冒黑砂。

4.2.12 1948年6月27日剑川上兰$6\frac{1}{4}$级地震

发震时刻08时08分23秒，震中位置26.4°N、99.7°E。

剑川：兰州镇（今马登）公所房屋完全倒塌，全镇二十四村三四千户倒毁十之八九，家俱什物损坏无遗，十室九空，死亡200余人，压毙牲畜不计其数。向善、后甸、太平、新民等村受灾最重。震时山崩地裂，河水倒流，地面陷落数十处，地内喷出黑白臭水，山中洞穴震塌。

兰坪：以上兰乡（现为剑川老君山镇）、通甸镇为惨，所有民房、公所、学校、寺庙、桥梁均被震倒，破裂倾敧，一切器物残缺无遗，人畜压毙。震时山崩地裂，流出黑水、黄水臭不可闻。余震持续十多日，震数十次。

震后连日大雨，兼余震不绝，被埋人畜无法挖掘，臭气冲天。粮食混以砂土，发芽发霉，不能食用，灾民无家可归，避居郊野席地幕天雨淋。兰州镇绝粮者400余家，村寨炊烟停熄。上兰、通甸均为极贫之乡，帐棚缺乏，夜深复受豺狼侵扰，百姓悲凄万状，亟待救援。兰坪县府及议会筹款29亿元左右赈济，但杯水车薪无济于事，呈请政府准由三十七年（1948年）度积谷息内，先行拨济400公石，以资救济。

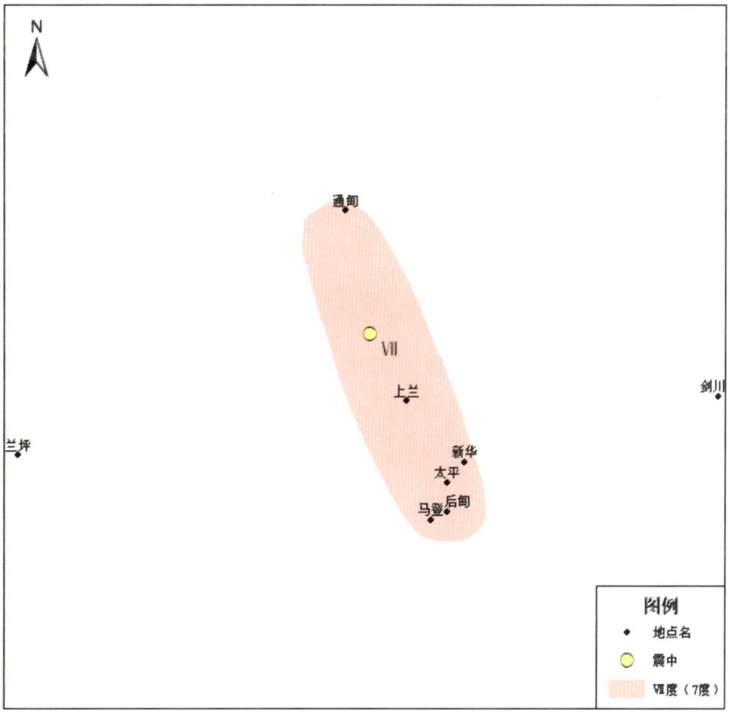

图4-66 1948年6月27日剑川上兰$6\frac{1}{4}$级地震等震线图

4.2.13　1951年12月21日剑川太平6¼级地震

1951年12月21日剑川东6¼级地震，发震时刻16时37分29秒，震中位置26.7°N、100.0°E。

剑川、鹤庆、丽江三县9个区125个村、乡成灾，受灾人口12万；倒塌瓦、草房9400多间，半倒及损坏瓦、草房3万间左右，死423人，重伤666人，轻伤1733人，压毙牲畜1186头（鹤庆缺统计数）。极震区：包括剑湖周围地区及丽江九河、鹤庆螳螂坝等地，烈度达Ⅸ度；Ⅷ度区：东到鹤庆，西至石莱江以西，东北抵丽江县城，西南达甸尾附近，包括吉子、辛屯、汝南哨、大马厂、高寨、白汉场等地；Ⅶ度区：东到鹤庆以东、倒流阱以西，西达剑川桃树村以西，南到剑川上官甸一带，北抵丽江城北文化等村；Ⅵ度区：东到鹤庆六合、中江一带，西达剑川马登等地，北至丽江大具，南抵洱源县城。

剑川：城内倒毁房屋10%～20%，其余墙裂缝或坍塌，城南郊震倒石牌坊3座，西门附近房屋基本无损。城外重灾12村三分之二以上房屋毁坏，次重灾13村约二分之一房屋毁坏，轻灾8村三分之一房屋倒坏。盆地中柳营、新仁里、前登舍、邑头、太平、木邑、右营、朱卷场，盆地东北东营、东西凤、化龙、营头、喜乐、水鼓楼、白沙毕等村房屋多数震坏，三分之一木结构房屋墙倒架歪，东营后山一塔震倒。金龙河尾剑湖岸边柳营村房屋全遭破坏，木结构瓦房倾倒148间、严重破坏204间，草房倾倒62间、严重破坏47间；村内外地表地裂甚多，长二三百米，裂宽者达一米。白沙毕、桑岭等村山崖崩塌，金龙河堤震裂塌坏57处。剑湖水浪高四五尺，涌上岸达1 km，湖啸冲毁湖滨村落田园。全县共倒瓦房5334间、草房1993间，半倒瓦房12122间、草房1589间，损坏瓦房9786间、草房2171间，死300人，重伤324人，轻伤888人，损失粮食10余万斤，压毙牲畜964头。

鹤庆：城内大多数房墙倒塌，五街、六街、北门街、西门街破坏较重，城墙震裂。城外阿六巴、汝南哨、大马厂、辛屯等村土墙半倒，屋架震歪，地裂涌水。全县4744户受灾，倒房1874间，塌墙11049堵，死58人，重伤185人，轻伤358人。

丽江：城内房屋檐瓦普遍震落，少数土墙倒塌或震裂，间有屋架脱榫。城外受灾村落中，以开文、中济、九河、中海等村为重。九河全倒房屋577间，半倒247间，死15人，伤185人。中海共有106户，近三分之一的房屋倾倒，其余屋顶坍塌或土墙倾倒，压死24人，重伤38人，轻伤108人。汝南河石拱桥毁坏，沿河南北方向地裂长1km余、宽70～80cm。全县264间房屋倒塌，923间受到破坏，1665间遭损坏，死65人，重伤157人，轻伤487人，压毙牲畜222头。

洱源：城内屋瓦坠落。城外大同、牛街、太平、三营等村墙壁震裂，朽旧墙倒塌，屋架震歪。邓川中学石墙震倒。

大理、兰坪、维西、永胜、云龙、漾濞、巍山、宾川、弥渡、中甸、华坪、姚安、大姚、永仁、元谋、武定、禄丰、安宁等地有感。

震前20天左右发生微震，平均五六日一次，接近主震时逐渐增多，大震前几小时微震数次。余震延续月余。次年 6 月又微震五六次，其中一次余震使剑川江口村一户厨房塌顶，引起火灾。

震后剑川东营村和喜乐村龙潭水干涸，水鼓楼、白沙毕等10余处泉水流量倍增；丽江城北象山脚黑龙潭水量减少，城内狮子山脚白龙潭水量增大，有的井泉干涸。

灾后，军政各部门立即组织抗震救灾，赈济灾区，帮助重建家园、恢复生产。中央人民政府拨款人民币30亿元（旧币）赈灾，派专机送药救治灾民。

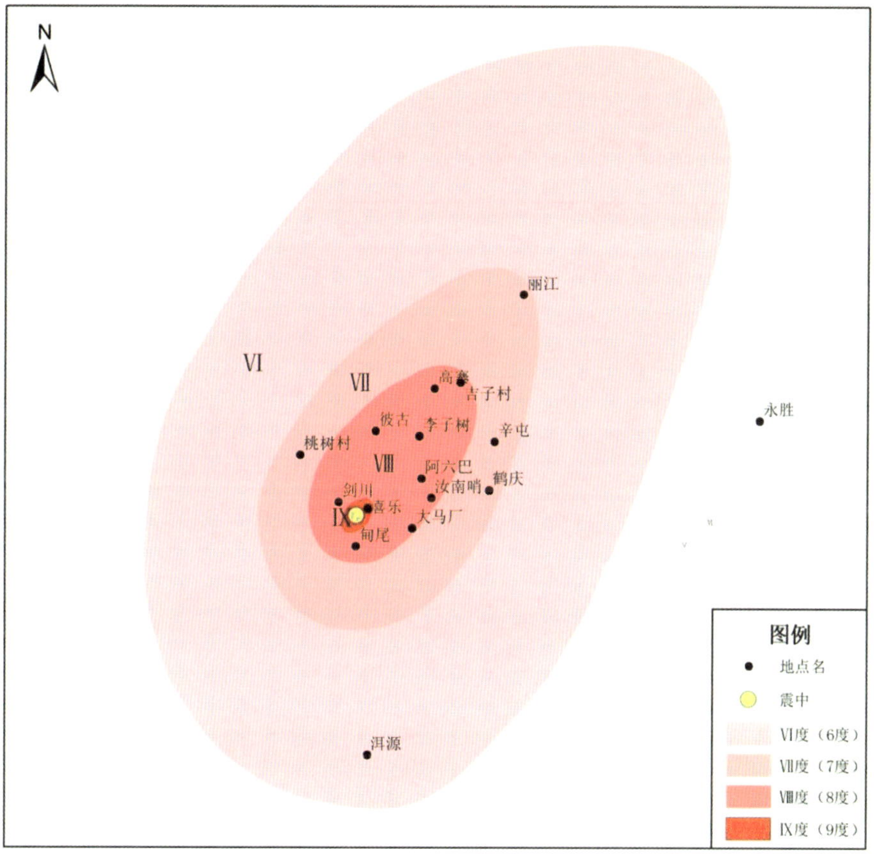

图4-67 1951年12月21日剑川6¼级地震等震线图

4.2.14 1963年4月23日永平双河6级地震

发震时刻17时55分07秒，震中位置25.8°N、99.5°E，震源深度20km。

极震区：永平县双河、栗树坪一带，木垛房脱榫、倾斜，土墙倒塌，少数树木震倒，山坡地表普遍裂缝、涌水，南板河水变浑、水量增大。双河：7间土房3间墙塌、3

间墙裂、1间倾倒，20间木垛房倾斜。栗树坪：小学、合作社等处土墙倒塌，木垛房均歪斜。烈度Ⅷ度。

Ⅶ度区：永平县关上、李子坪和云龙县火里坪、清水河等地，多数土墙震裂，少数木架房、木垛房脱榫，个别土墙、树木震倒。关上：多数土墙裂缝，屋瓦脱落，酒厂倒土墙1堵、砖烟囱裂。李子坪：少数木垛房榫头移动，小学校房瓦滑落、土墙裂缝。火里坪：塌房1间，墙裂数间，倒大树1棵。清水河：震声隆隆，木垛房剧烈摇响，人惊逃户外。

Ⅵ度区：南到永平县城南，北至云龙县城北，包括永平大平坦、北斗、羊街、大龙午、云龙宝丰、火烧、天耳井等地，个别土墙裂缝或局部倒塌，房瓦滑落。

Ⅴ度区：永平曲洞、云龙汤邓、天池、功果等地，房屋作响，墙土和旧朽房檐瓦震落，人感头晕。

Ⅳ度区：东至漾濞，西到保山，器物碰响，室内多数人有感。

东至洱源、大理，西到腾冲、龙陵等地，有轻微震感。

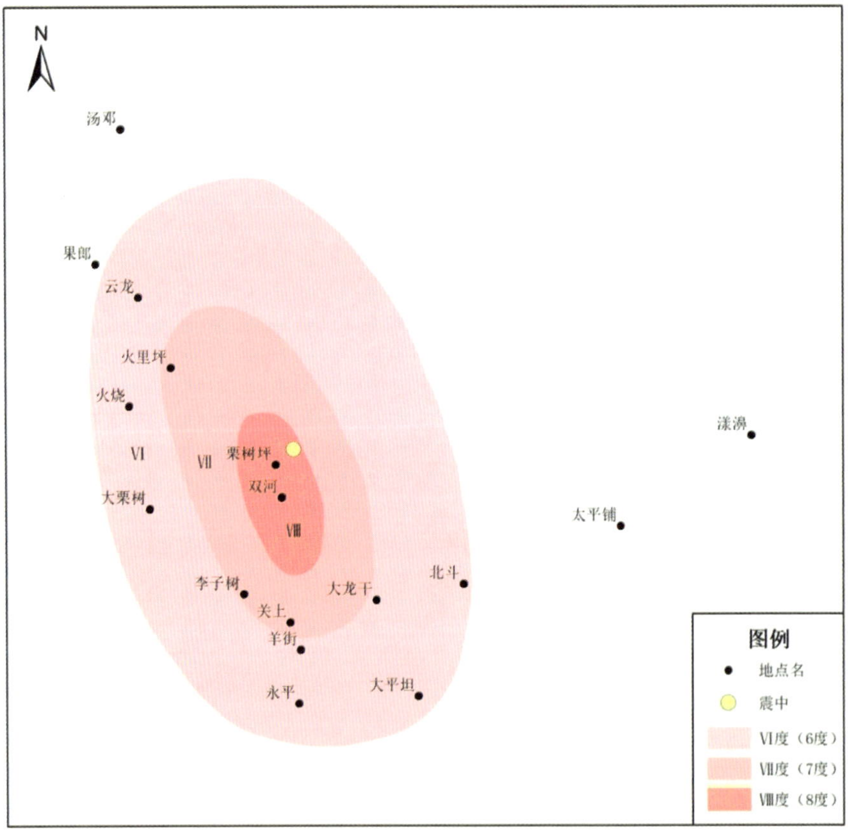

图4-68　1963年4月23日永平6级地震等震线图

4.2.15 2021年5月21日漾濞6.4级地震

2021年5月21日21时48分34秒，漾濞县（25.67°N，99.87°E）发生*M*6.4级地震。地震造成大理州漾濞县、大理市、洱源县、巍山县、云龙县、永平县等6个县（市）42个乡镇、2个街道不同程度受灾，3人死亡，34人受伤，直接经济总损失约327110万元。

据云南省地震台网测定，截至2021年5月29日12时00分共记录到*M*3.0级以上地震46次，其中6.0～6.9级地震1次，5.0～5.9级地震3次，4.0～4.9级地震13次，3.0～3.9级地震29次。（注：*M*为国家标准震级）

此次地震最高烈度为Ⅷ度（8度），Ⅵ度（6度）区及以上面积约6600km²（含洱海），共涉及大理州6县（市）。

Ⅷ度（8度）区面积约170km²，主要涉及漾濞县苍山西镇、漾江镇、太平乡3个乡镇。东起漾濞县苍山西镇河西村，西至苍山西镇大烂坝，南自苍山西镇沙河村，北达漾江镇弯坡村—桑不老村一带。

Ⅶ度（7度）区面积约930km²，主要涉及漾濞县苍山西镇、漾江镇、富恒乡、太平镇、顺濞镇、平坡镇，云龙县团结乡，洱源县西山乡、炼铁乡，巍山县紫金乡，大理市太邑乡，共11个乡镇。东起大理市太邑乡外红岩小组，西至云龙县团结乡门神小组，南自漾濞县顺濞镇哈蜡左村—大理市太邑乡恩祖场小组，北达漾濞县漾江镇抱荷岭。

Ⅵ度（6度）区面积约5500km²，主要涉及漾濞县、洱源县、云龙县、永平县、巍山县、大理市，共42个乡镇和2个街道办事处。东起大理市凤仪镇江西村，西至云龙县关坪乡大甸子，南自漾濞县鸡街乡政府所在地，北达洱源县乔后镇花坪—乔后村一带。

此外，位于Ⅵ度（6度）区之外的部分地区也受到波及，个别老旧房屋出现破坏受损现象。

主要前震、余震见表4-1：

表4-1 2021年5月21日漾濞6.4级地震前震、余震明细表

序号	发震时间	发震时刻	北纬（°）	东经（°）	地点	震级*M*	震源深度/km
1	2021-05-18	21:39:37	25.64	99.92	漾濞	4.2	10
2	2021-05-19	20:05:57	25.65	99.91	漾濞	4.6	10
3	2021-05-21	20:56:03	25.61	99.91	漾濞	4.3	10
4	2021-05-21	21:21:26	25.65	99.92	漾濞	5.6	10
5	2021-05-21	21:21:57	25.63	99.96	漾濞	4.2	10
6	2021-05-21	21:55:29	25.67	99.89	漾濞	5	9
7	2021-05-21	21:56:37	25.64	99.95	漾濞	4.9	8

续表4-1

序号	发震时间	发震时刻	北纬（°）	东经（°）	地点	震级M	震源深度/km
8	2021-05-21	21:56:38	25.62	99.95	漾濞	4.6	7
9	2021-05-21	22:31:12	25.61	99.97	漾濞	5.2	8
10	2021-05-21	23:23:35	25.59	99.98	漾濞	4.5	9
11	2021-05-22	05:01:41	25.61	99.88	漾濞	4.2	9
12	2021-05-22	20:14:36	25.6	99.92	漾濞	4.7	10
13	2021-05-22	22:08:44	25.632	99.919	漾濞	4.2	19
14	2021-05-22	09:48:02	25.7	99.89	漾濞	4.2	10
15	2021-05-27	19:52:48	25.76	99.92	漾濞	4	12

2021年5月21日漾濞6.4级地震，最大强震记录出现在漾濞台（53YBX），加速度记录峰值719.6 Gal（SN）。

图件及影像：

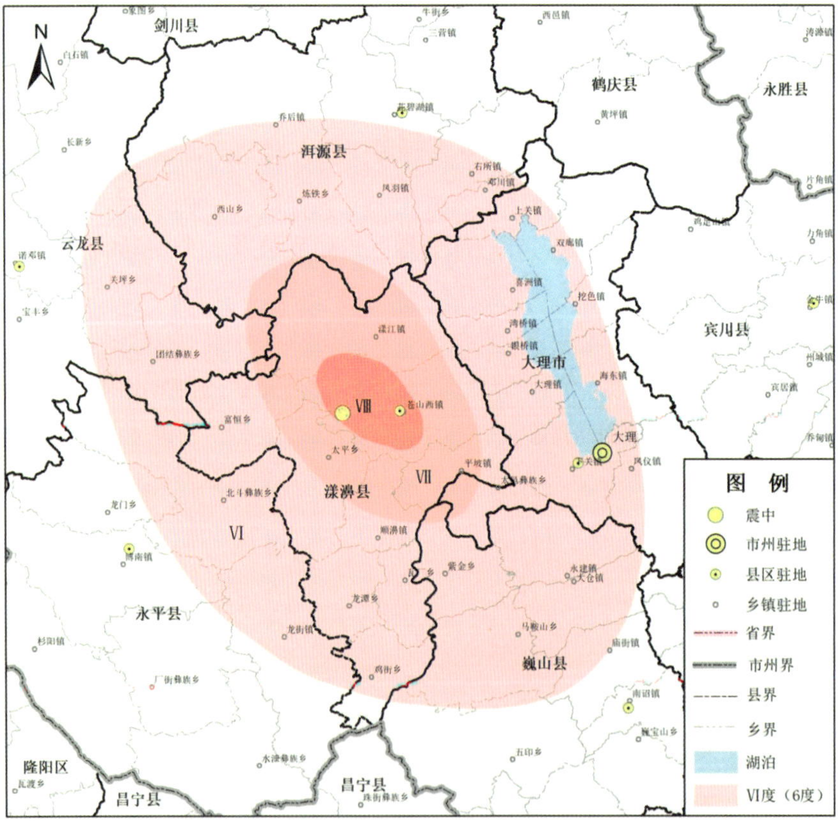

图4-69　2021年5月21日漾濞6.4级地震等震线示意图

图4-70 2021年5月21日漾濞6.4级地震中漾濞县苍山西镇淮安村民宅外墙倒塌

图4-71 2021年5月21日漾濞6.4级地震中漾濞县白章村村尾小组墙体坍塌

图4-72 2021年5月21日漾濞6.4级地震中漾濞县河西村（上村）土木结构房屋毁坏

图4-73 2021年5月21日漾濞6.4级地震中漾濞县花椒园（大烂坝）土木房屋墙体倒塌

图4-74　2021年5月21日漾濞6.4级地震中漾濞县县城高老庄酒店墙体开裂

图4-75　2021年5月21日漾濞6.4级地震中漾濞县城土木结构墙体局部坍塌

图4-76　2021年5月21日漾濞6.4级地震中漾濞县城土木结构墙体局部坍塌

图4-77　2021年5月21日漾濞6.4级地震中漾濞县平坡镇罗贺么村土木房屋墙体毁坏

图4-78 2021年5月21日漾濞6.4级地震中漾濞县平坡镇罗贺么村土木房屋墙体毁坏

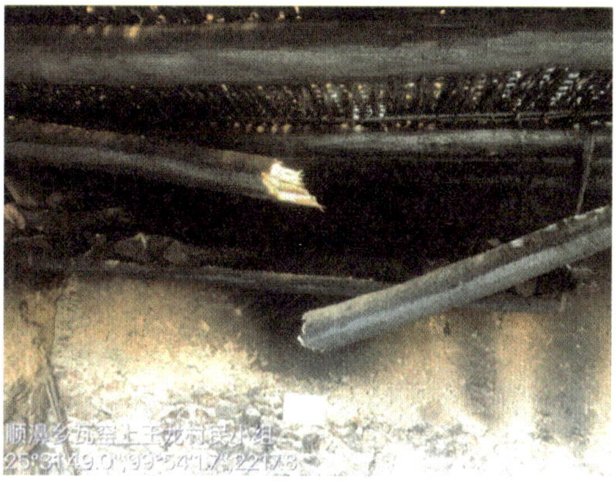

图4-79 2021年5月21日漾濞6.4级地震中漾濞县顺濞镇瓦窑村上玉龙村民小组土木结构房屋受损

图4-80 2021年5月21日漾濞6.4级地震中漾濞县下街村框架房屋墙体倒塌

图4-81 2021年5月21日漾濞6.4级地震中漾濞县苍山西镇马厂村砖混结构开裂

图4-82　2021年5月21日漾濞6.4级地震中漾濞县苍山西镇沙河村土木结构局部倒塌

图4-83　2021年5月21日漾濞6.4级地震中巍山县大仓镇永福村土木房屋损坏

图4-84　2021年5月21日漾濞6.4级地震巍山县大仓镇永福村土木房屋损坏

图4-85　2021年5月21日漾濞6.4级地震漾濞县仁民街受损的房屋（一）

图4-86　2021年5月21日漾濞6.4级地震漾濞县仁民街受损的房屋（二）

图4-87　2021年5月21日漾濞6.4级地震漾濞县仁民街受损的房屋（三）

图4-88 漾濞县苍山西镇下街村民房墙体垮塌

图4-89 漾濞县龙潭乡下腊午么村组墙体开裂

图4-90 2021年5月21日漾濞6.4级地震中漾濞县民房土墙倒塌

图4-91 漾濞县滇缅公路纪念馆外墙体坍塌

图4-92 漾濞县十九街观音寺城隍殿墙体损坏梭瓦、掉瓦

图4-93 漾濞县竹林寺天王殿开天窗、梭瓦、掉瓦

图4-94　漾濞县福国寺山门屋顶梭瓦、掉瓦

图4-95　漾濞县普光寺十帅殿屋顶受损、墙体损坏

图4-96　漾濞县雪山清酒厂货物受损

图4-97　漾濞县雪山清酒厂屋顶垮塌

图4-98　漾濞县道路滚石、滑坡

图4-99　大漾云高速公路在建高速K3+930—K4+100过坡下部剪出，坡顶开裂

图4-100 国省干线G215线K3416+500塌方

图4-101 宾川县XU38532924花莉线K0+000—K19+942段路面开裂塌陷

图4-102 永平县Y035532928牛狮线K3+000—K38+350段被堵

图4-103 漾濞县石门关景区落石

图4-104 永平县北斗乡水管连接处拉脱

图4-105 漾濞县苍山西镇大浪坝水塘坝顶表面裂缝

图4-106　漾濞县小春箐水库库区边破坍塌

地震波形记录：

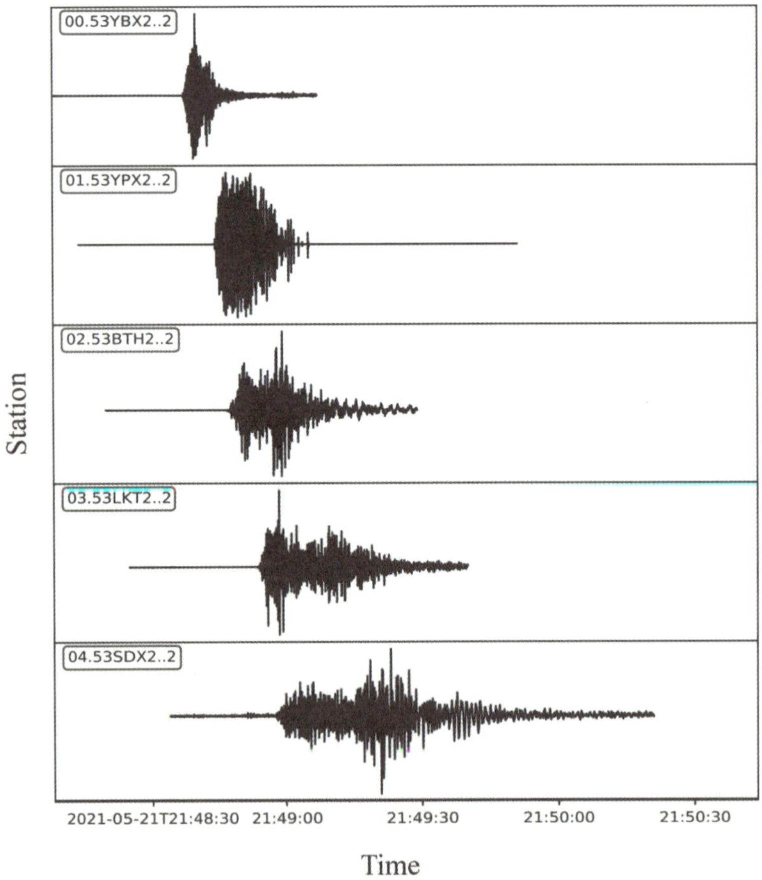

图4-107　漾濞*M*6.4地震100km范围内所有台站垂直向强震记录（加速度）

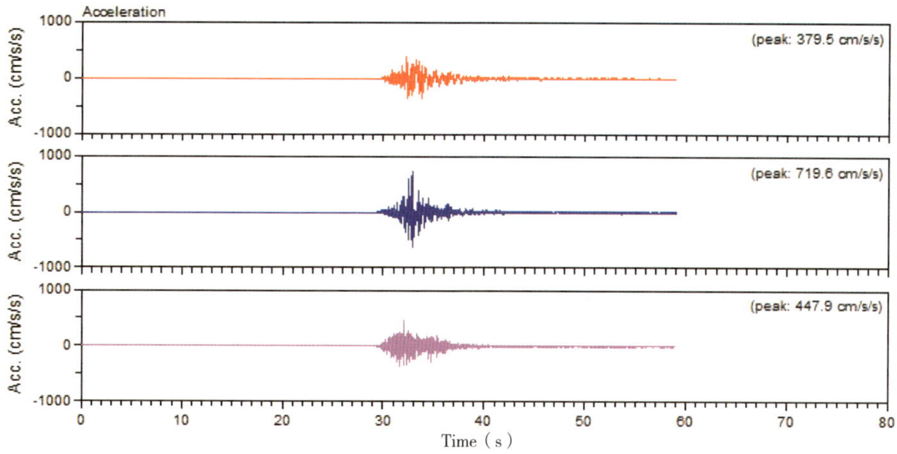

图4-108　漾濞强震台（53YBX）强震记录（加速度）

注：东西：379.5cm/s²，南北：719.6cm/s²，垂直：447.9cm/s²。

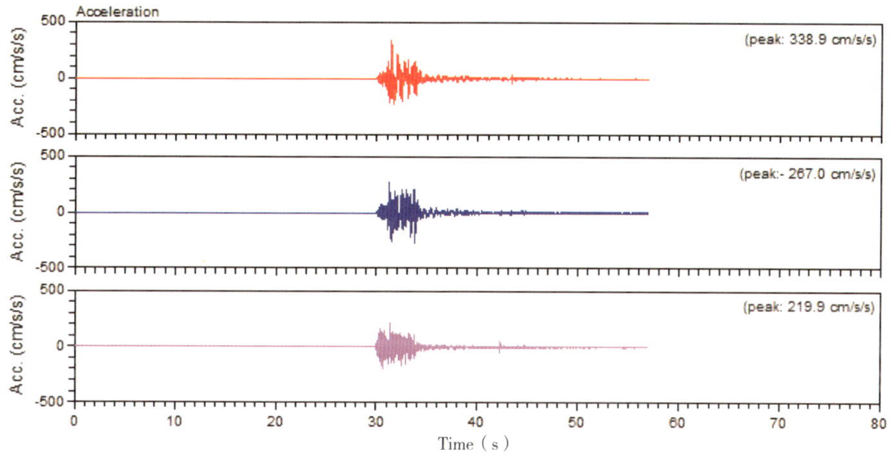

图4-109　永平强震台（53YPX）漾濞6.4级地震强震记录（加速度）

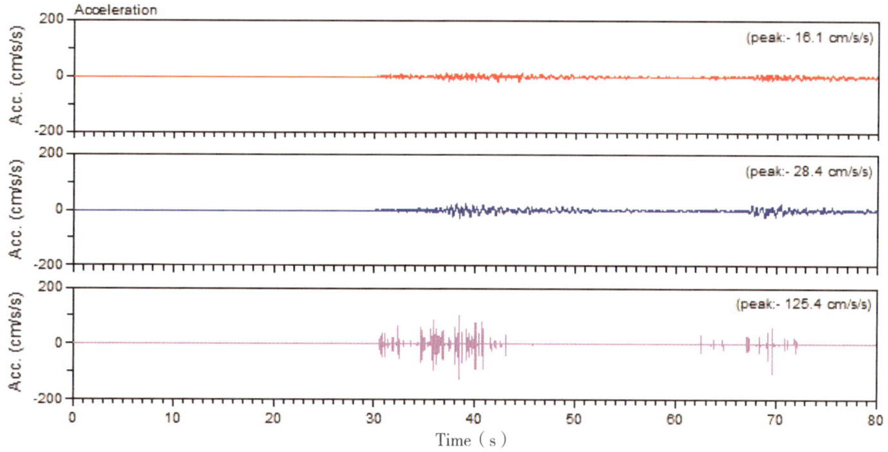

图4-110　大理月溪井强震台（53DLY）漾濞6.4级地震强震记录（加速度）

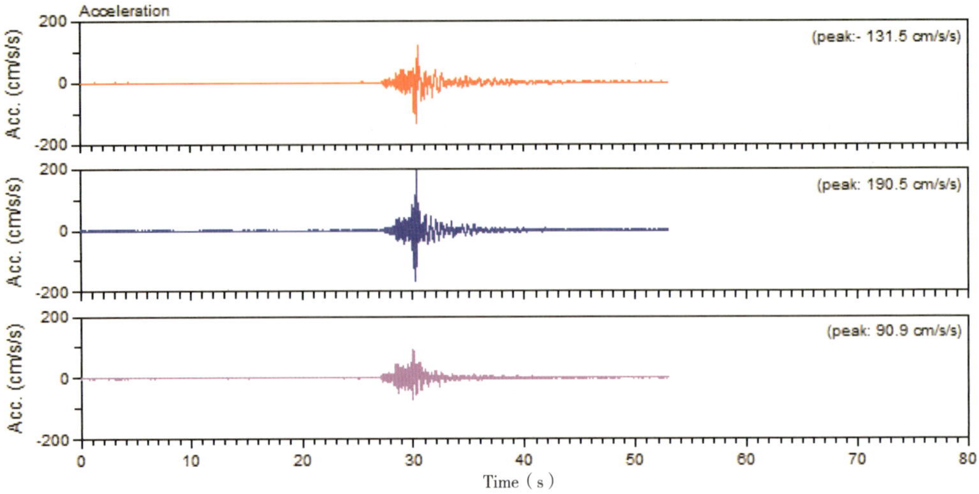

图4-111　漾濞强震台（53YBX）漾濞5.6级地震强震记录（加速度）

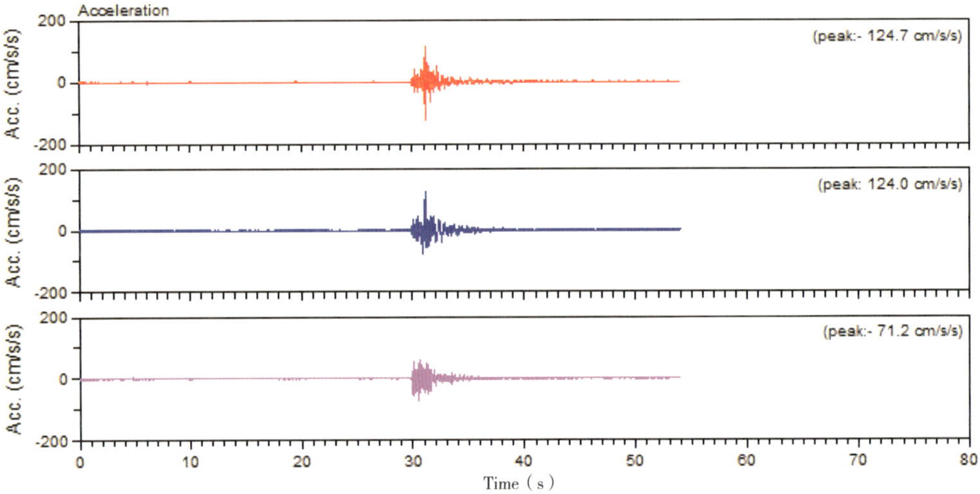

图4-112　大理月溪井强震台（53DLY）漾濞5.2级地震强震记录（加速度）

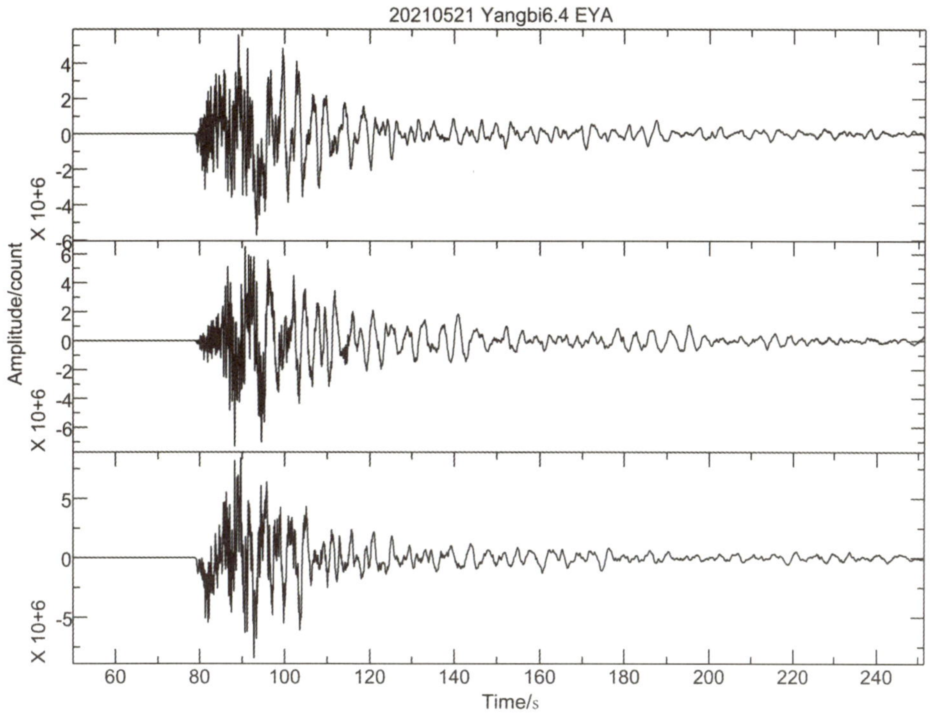

图4-113 洱源地震台（EYA）强震记录（速度）

4.3 5.0～5.9级地震

4.3.1 886年大理5½级地震

唐僖宗光启二年地震，龙首龙尾二关（今上关、下关）三阳城皆崩。（《南诏野史》上卷）

4.3.2 1111年大理5½级地震

宋政和元年（1111年）大理地震，损十六寺。

根据《南诏野史》地震篇记载：政和初，段和誉四年春吉旦，叶榆蟒蛇早出，向南山迁徙，历半月络绎不断，八十四泉水浊，御井水有奇味，洱海水浑，鱼浮水面，东山夜鸣，鼠以群逃荒郊。三月，东山夜现奇观，天热蒸人，人心烦躁。清明日，有云浅淡如双飘带，贯南北不散。入夜，地微震，崇圣寺僧光明报国君曰："曾于西天竺遇如遇境而地大动，望戒之。"誉从而吹角号告军民："眼前将地震，戒匆入屋。”是夜，地微动十馀次，凌晨忽多处现地火，群避阔地。忽有怪声低吟于地，地震大作，地声惶恐，先上下簸动，渐次筛米状，灰尘漫天，难辨南北西东。时震时停，有强有弱，房屋倒塌，哭声四起。稍时，火发二十馀处，皆因未灭火故引起，延续半月而渐平。事平观睹，叶榆、羊苴咩城屋倒八百余，死牲畜无数，死人八十馀，伤数百。老少死者众，多为中风。崇圣寺大雄宝殿坍，毁禅院六院，僧死三人，寺塔有裂痕。罗荃寺、寂照庵夷平，荡山报恩寺、光明寺墙倒瓦落，无为寺毁三殿堂，白云塔倾，朝珠寺全毁，皇宫八景朝议楼墙外倾瓦落，二宫女为墙压足，三百馀朝官尽皆平安。誉问宝林高僧：“地震为何鸡犬无声，人行不前，跑而足重如钉定。”宝林曰：“地之力无量巨大，威慑一切。力本无形，能牵制一地，万物众生为地力牵动，无抗拒，摆脱不能，及为其制。故而惟听天由命。”地震稍平，大雨如注，半月始平。是年，叶榆各地虫蛇少，皆先知而逃于他地。禽、兽、水族能早觉地震将临，而人犹未知，事后方明，明则迟也。是知而未知，能防而不防，盖人性多疑而灾祸降临又毁之。余观家藏大理国清平官高天智《五华盛衰录》，见段氏三百馀年记事，国事烦人，家事难断，是非相间，几多仇怨几多情。政和地震本段氏衰落、蒙古将兴之兆。从古至今，恒定一理，盛即衰之始，生即死之根。

4.3.3　1474年11月5日鹤庆5½级地震

明成化十年九月十七日（1474年11月5日）鹤庆地震，坏廨舍民居，伤人畜。

4.3.4　1498年11月23日洱源5级地震

明弘治十一年十一月初一（1498年11月23日）子时洱源地震，民居倾倒。

4.3.5　1499年7月26日巍山5½级地震

明弘治十二年六月初十（1499年7月26日）夜巍山地震，民屋多圮。天明见白毛丛生，长寸许。景东、祥云有感。

4.3.6　1501年6月11日剑川5¾级地震

明弘治十四年五月十六日（1501年6月11日）剑川地震，土城官民庐舍多圮，儒学倾圮。

注：清康熙《剑川州志》载：“土城官民房屋倾圮殆尽，人民遭压无数。”

4.3.7　1511年11月27日鹤庆、剑川5¾级地震

明正德六年十月二十七日（1511年11月27日）鹤庆、剑川间地震，鹤庆、剑川崩毁城垣房廨，人有压死者。邓川、祥云、大理有感。

4.3.8 1514年云龙顺荡井5级地震

明正德九年（1514年）云龙顺荡井5级地震，卤源崩裂，免盐课1170余两。

4.3.9 1517年1月14日巍山—景东一带5½级地震

明正德十一年十二月十三日（1517年1月14日）云南楚雄大理二府，蒙化、景东二卫俱地震。

4.3.10 1520年4月巍山5½级地震

明正德十五年三月初八（1520年4月5日）巍山地震，仆城垣庐舍，民有压死者。连震二日。宾川、姚安、鹤庆、大理、安宁有感。

4.3.11 1566年云龙雒马井5级地震

世宗嘉靖中石门关地震，雒马井地屡震，井俱崩，卤闭。（雍正《云龙州志》卷11；光绪《云龙州志》卷2）。

4.3.12 1572年云龙旧州5级地震

明隆庆年间（1567—1572年）云龙地震，城北松牧村古塔中裂。

4.3.13 1576年云龙5级地震

明万历四年（1576年）云龙5级地震，城北松牧村古塔明隆庆年间地震中裂之裂缝复合如故。

4.3.14 1586年4月2日巍山5¾级地震

明万历十四年二月十四日（1586年4月2日）巍山地震，城堞、官舍、民居皆仆，死伤20余人。

4.3.15 1602年10月23日洱源5级地震

明万历三十年九月初九（1602年10月23日）寅时洱源地震，声自西北来，连震三次，墙屋有震仆者。

4.3.16 1620年云龙旧州5¼级地震

明万历四十六至四十八年（1618—1620年）云龙地震，三年中地屡震，屋舍皆颓。

4.3.17 1624年3月26日剑川5¾级地震

明天启四年二月八日（1624年3月26日）巳时剑川地震，自东来，声若轰雷，海虹桥倒，寺庙垣墙倾圮甚多，居民露处，震摇数日始定。

4.3.18 1663年4月洱源5¼级地震

清康熙二年三月（1663年4月）洱源地震，民居多倾倒。连震月余。

4.3.19 1729年8月10日凤仪、大理间5¼级地震

清雍正七年七月十六日（1729年8月10日）凤仪、大理间地震，大理及赵州（今大理市凤仪）共倒房31间，坍墙29堵，伤2人。赵州城南门楼圮。七月十四日至十七日连次地动。动支备公银两赈恤。

4.3.20 1845年11月邓川5½级地震

清道光二十五年十月（1845年11月）邓川地震，坏衙署民居。州署大堂内厅舍半圮，城隍庙半坍塌，州北二里许三道桥尽圮。

4.3.21 1862年2月大理上关附近5½级地震

清同治元年正月（1862年2月）大理地震，西南城崩塌数丈，上关城塌30余丈（1丈≈3.33m）。

4.3.22 1863年6月邓川南5½级地震

清同治二年五月（1863年6月）邓川地震，邓川城庐坏，压杀人。震经年乃止。

大理上关城墙及民居庐舍大半倾坏，压毙者无算（未记月）。

姚安（未记月，又记作三月）、大姚县盐丰（记作三月）、大理市凤仪（未记月）有感。

4.3.23 1876年大理下关附近5级地震

清光绪二年（1876年）秋大理地震，黑龙桥圮，人皆病涉。

4.3.24 1890年4月22日剑川5½级地震

清光绪十六年三月初四（1890年4月22日）未时剑川地震。

城牙倒三分之二，垛口、女墙、衬墙多半崩塌。南乡房屋俱有倾圮（误作初五）。

是日夜间，过三四十分钟或一两点钟即震，如是者五六日。后七八日或十余日一数震，至五月乃止。

4.3.25 1895年7月11日巍山5级地震

清光绪二十一年闰五月十九日（1895年7月11日）巍山地震。

广善寺、方家寺、宝善寺（以上三寺均在北门外）、万寿亭、西寺屋瓦皆脱。震前，自闰五月初十连日地震。

4.3.26 1902年5月剑川5级地震

清光绪二十八年四月（1902年5月）剑川地震，南乡尤重，房屋多倒。每日一两次，延至七八月。

4.3.27 1902年8月剑川、洱源间5½级地震

清光绪二十八年七至八月（1902年8—9月）剑川、洱源间地震。

剑川：七月二十一日（8月24日）、二十七日（8月30日）、八月初五（9月6日）计三次地震，倾倒房屋，压毙人命俱在南乡，城南15km海虹桥倾圮。后两次各死6人、4人。

洱源：士登村较重成灾。

鹤庆、大理有感。

日震数次，10余日乃止。委员查勘赈恤。

4.3.28 1909年7月剑川5½级地震

清宣统元年六月（1909年7月）剑川地震，城内墙有坍塌。

城南8km及第村房屋倒塌，伤亡20余人。

4.3.29 1925年4月3日大理凤仪5½级地震

大理、凤仪两地，在3月16日地震中未倒的房屋震毁。

4.3.30 1925年4月16日弥渡5级地震

摧坏房屋。巍山强烈有感。

4.3.31 1926年11月21日凤仪5½级地震

民国十五年（1926年）11月21日凤仪地震，凤仪房倒墙崩，死伤甚多；震前两天，发生有感小震。大理墙倾数处。弥渡有感。

4.3.32 1930年12月9日弥渡南5级地震

民国十九年（1930年）12月9日弥渡南5级地震，发展时刻08时27分30秒，震中位置25.0°N、100.5°E。

4.3.33　1930年12月12日弥渡南5级地震

民国十九年（1930年）12月12日弥渡南5级地震，发震时刻10时53分12秒，震中位置25.0°N、100.5°E。

4.3.34　1943年3月31日大理5½级地震

民国三十二年（1943年）3月31日大理地震，不甚剧烈，房屋倒塌，死伤数十人。（1943年4月4日《申报》等载“历时颇久，房屋倒塌颇多，死伤数千人”）

4.3.35　1948年7月11日剑川上兰5¼级地震

上兰（现老君山镇）、通甸一带，上次（1948年6月27日6¼级地震）地震未倒之房几全数震倒。

4.3.36　1953年5月21日剑川5级地震

1953年5月21日剑川沙溪乡地震，倒塌一些茅草房，伤亡 3 人。（取自1960年版《中国地震目录》）

4.3.37　1953年6月8日巍山5级地震

发震时刻05时38分48秒，震中位置25.0°N、100.0°E。

4.3.38　1959年3月30日宾川东北5½级地震

发震时刻20时41分09秒，震中位置26.0°N、100.7°E。

4.3.39　1959年4月26日宾川北5¾级地震

发震时刻20时35分00秒，震中位置26.2°N、100.7°E。鸡足山寺庙有破坏。

4.3.40　1964年2月13日宾川5.4级地震

发震时刻18时03分53秒，震中位置26.1°N、101.0°E。

极震区：宾川东北拉乌、阱门口、来凤溪、新兴、大厂、碧鸡庄等地，土墙普遍裂缝，30余间房屋土墙震倒，230间土墙局部倒塌，少数木架房脱榫，个别房石砌台基坍塌，伤6人。山坡多处塌方和地裂。震后泉水有增、减变化。烈度Ⅶ度。

Ⅵ度区：南至祥云县米甸，北达宾川县中和村以北，东北到大姚县三台、盐丰，西南抵宾川县城及州城。民房土墙多裂，房瓦滑落，偶有墙塌与屋架脱榫。

Ⅴ度区：东到大姚县新街，西达宾川县炼洞，南至祥云县城北与禾甸街，北抵大姚博厚和铁锁街一带，房屋作响尘土震落，个别老朽土墙震裂。

大理、弥渡、姚安、永仁、永胜、洱源、剑川、丽江、华坪、楚雄等地有感。

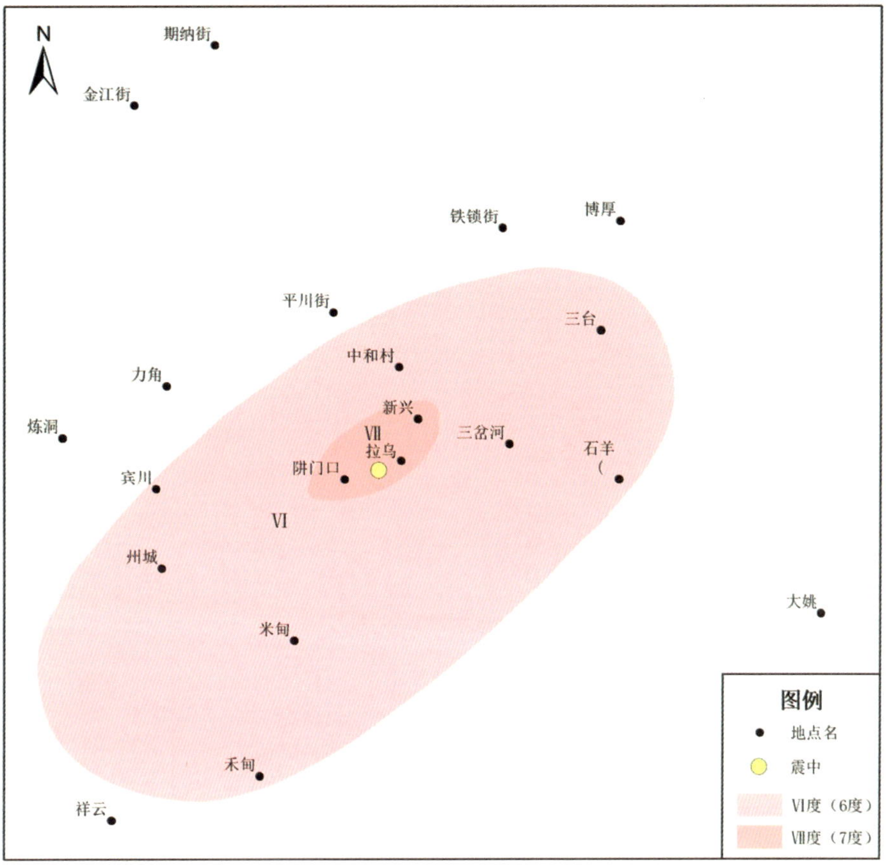

图4-114　1964年2月13日宾川5.4级地震等震线图

4.3.41　1975年9月4日漾濞5级地震

发震时刻05时50分30秒，震中位置25.78°N、99.85°E，震源深度20km。

极震区位于漾濞县脉地与洱源县炼铁之间，包括德村、沙坝、脉地、唐塔作、茎麻箐、浩木库、恩龙、建岗、普坪、田心、翠屏、长邑等村，少数土墙裂缝，偶有房墙倾斜或局部坍塌，烈度Ⅵ度。

漾濞县城和洱源县炼铁街、凤羽等地有感。

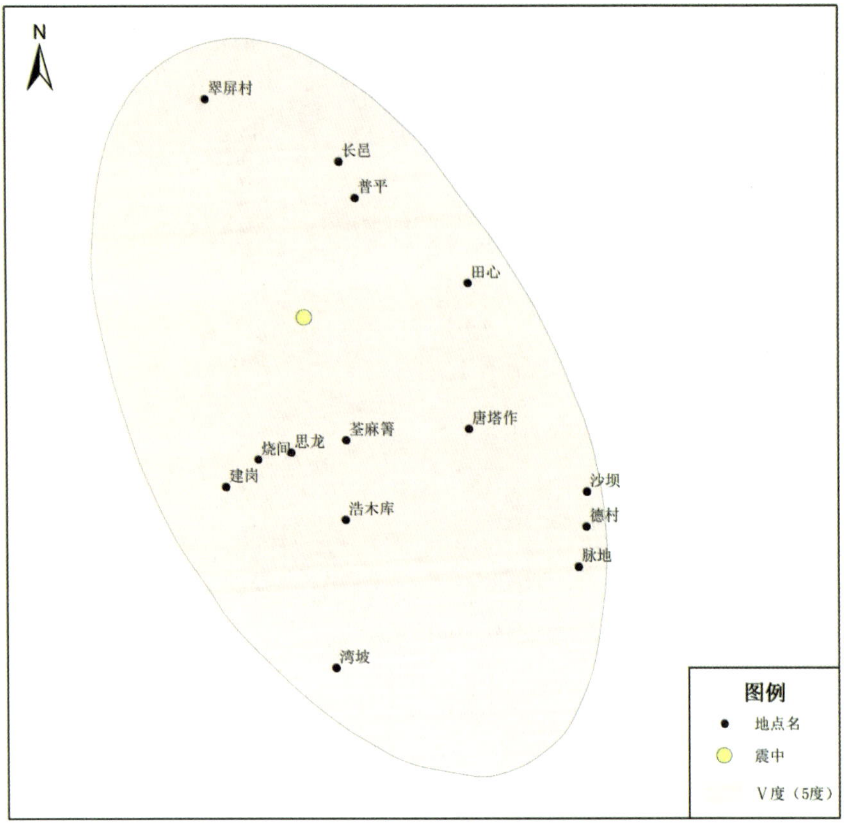

图4-115　1975年9月4日漾濞5级地震等震线图

4.3.42　1977年3月17日漾濞西北5.2级地震

发震时刻07时54分56秒，震中位置25.85°N、99.77°E。

极震区：东南至烧涧、抱荷岭，西南到兔罗坪，东北达洱源县翠屏、长邑、沙凤等村。隔2分35秒，又发生4.7级地震。房屋土墙震裂、倾斜，墙土剥落，门窗框松动，房瓦滑落。抱荷岭山间小道出现细小地裂，山石滚落。烈度Ⅵ度。

Ⅴ度区：漾濞、洱源两县城震感较剧，个别房屋有轻微损坏。

下关、大理、巍山、宾川等地多数人有感，丽江、普洱、景东、易门、保山等地少数人有感。

此外，在公元1977年3月17日07时57分31秒，在漾濞西北发生4.7级地震，震中位置25.8°N、99.75°E，为上一条地震之余震，灾情参见上条。

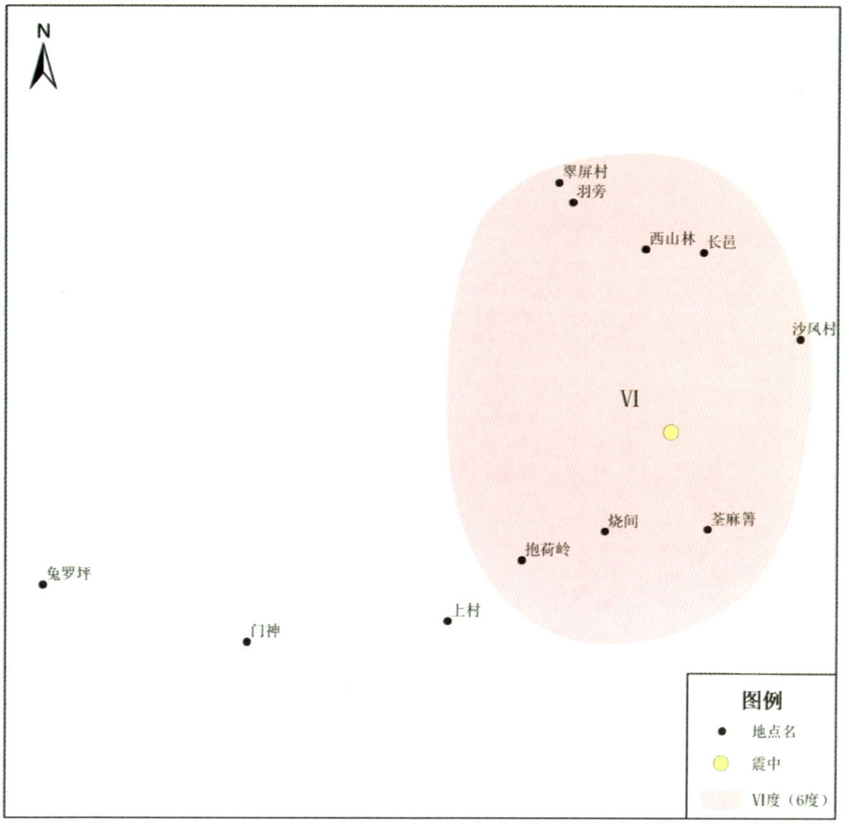

图4-116　1977年3月17日漾濞5.2级地震等震线图

4.3.43　1978年5月19日大理下关东南5.3级地震

发震时刻20时58分56秒，震中位置25.53°N、100.3°E，震源深度7km。

极震区：位于小哨至锦场一带，房屋土墙震裂，山墙尖、墙角局部倒塌，房瓦少量滑落，山坡有小型坍塌。烈度Ⅵ度。

Ⅴ度区：包括巍山县大仓、永安，宾川县大营、排营、大瓦期、杨柳树，大理下关和弥渡县红岩村等地，偶有房屋土墙裂缝和房瓦滑落。

剑川、洱源、大理、宾川、祥云、弥渡、巍山等地有感。同年1月1日至4月12日下关地震台记录到10余次弱震，4月13日发生3.4级有感地震；此后至4月17日14时以前，记录到弱震234次，其中2.0～3.4级的13次；17日14时至19日20时，震区平静，未记录到弱震活动。

1978年5月20日09时40分52秒，在下关东南发生4.9级地震，震中位置25.55°N、100.3°E。为上一条地震之余震，灾情参见上一条。

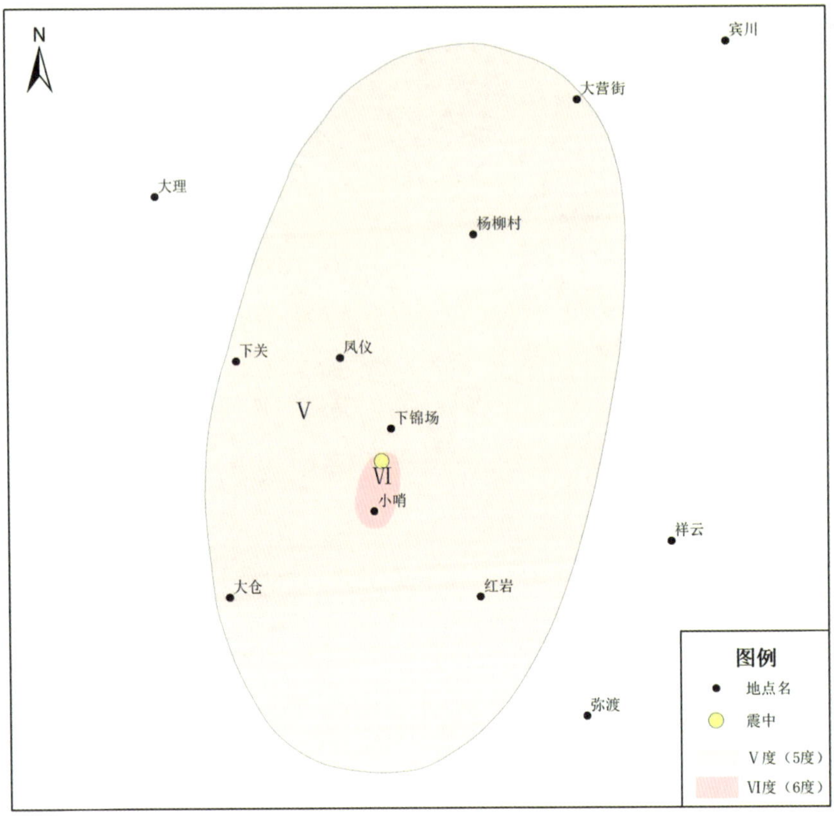

图4-117　1978年5月19日下关5.3级地震等震线图

注：地震灾害影像

图4-118　大江西村江西完小土木结构教学楼土坯墙开裂酥碎

图4-119　凤仪镇北街71号土木结构伙房屋架塌落、山墙开裂、倾斜

图4-120　华营汉邑村本主庙内震时山泉水变成白色浑浊

图4-121　下苍甸村木结构民房山墙局部倒塌

4.3.44　1982年7月3日剑川甸南5.4级地震

发震时刻16时13分31秒，震中位置26.6°N、99.75°E。死3人，轻伤10多人。

极震区：包括城南数公里之内甸南区属甸尾、新河、三元村、南观音、江尾河、香灯、上宝甸、下宝甸、上登村、下登村、江长渡、南汉登、北汉登、柳营、西中等村，正规穿斗木架房多数损坏，少数破坏，有小规模崩塌和地裂喷沙。三元村：97户中，有三分之一房墙局部坍塌或整堵外倒，其余墙体裂缝，宽者达15cm，偶有柱脚移动和木架拔榫；甸尾村：砖结构房隔墙震裂，女儿墙、民用烟囱倒塌；江尾村：80余户中，35户房墙局部或大部坍塌，其余大多开裂，村西黑惠江人工河堤裂数十米长。烈度Ⅶ度。

Ⅵ度区：东自白塘村，西抵中羊，南到华丛山北，北达石菜江和双河煤矿，老旧墙体局部垮塌，墙体开裂，房瓦震掉，山石滚落。剑川城内夯土墙开裂，墙体上部土坯垮塌，个别砖墙局部酥裂，烟囱掉砖。

Ⅴ度区：包括河东、金坪、羊岑、新松、甸头禾、金和村，丽江县九河、和园等地，个别房屋掉土坯和边瓦，墙体小裂，房屋摇响，震感强烈。

丽江、鹤庆、洱源等地有感。

震前井（泉）水发浑、冒泡，水位有升降，水色变，显红色、黑色、白色、米汤诸色。临震前于当日14时58分43秒发生M_L4.5级地震，震区普遍感震。

图件及影像：

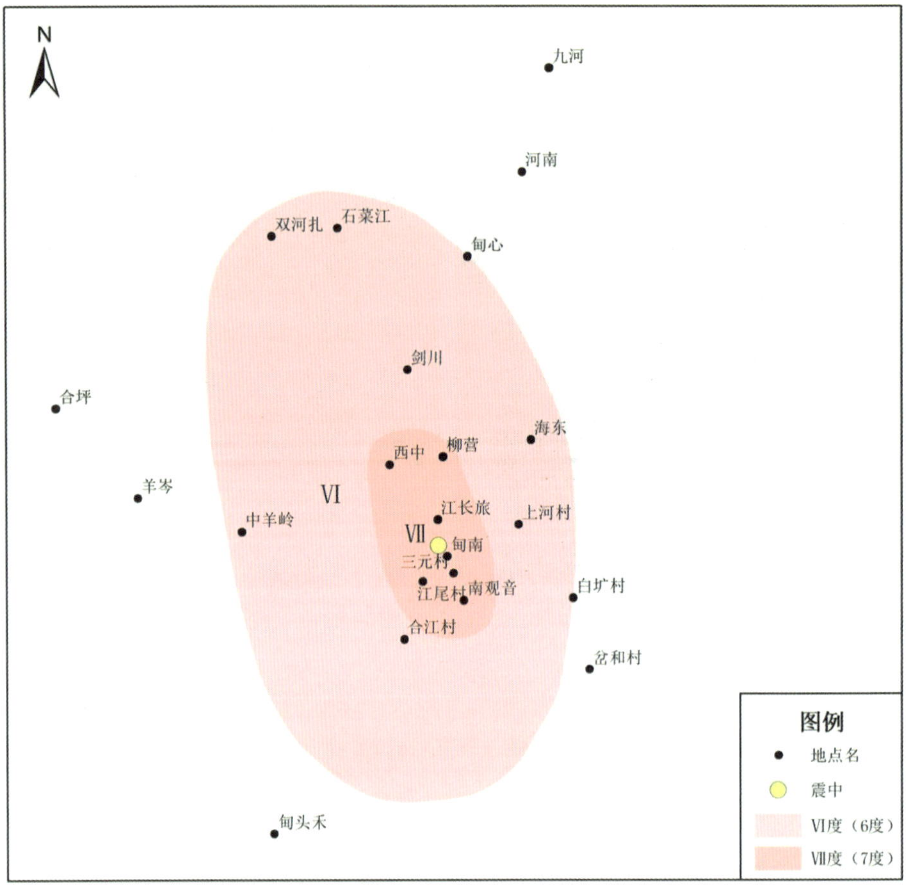

图4-122　1982年7月3日剑川5.4级地震等震线图

图4-123　地震工作者在现场进行考察

图4-124　甸南公社医院厨房掉瓦、屋檐崩塌墙拉裂

图4-125 甸南公社医院厨房屋内破坏活动情况

图4-126 甸南供销社仓库墙拉裂

图4-127 甸南供销社大门破坏

图4-128 极震区农户家茅屋土墙拉裂

图4-129　三元村一农户家围墙倒塌、屋角破坏拉裂

图4-130　三元三队赵建康茅屋山墙倒塌

4.3.45　1982年10月8日洱源5.0级地震

发震时刻21时34分54秒，震中位置26.27°N、100.0°E。牛街、茈碧受损，伤7人。

极震区：出现南、北两个。一个位于梨园—西甸一带，包括10个村；另一个位于白塔邑—三家村，包括19个村。区内房屋土坯山墙、隔墙、墙角倒塌，少数夯土墙倾倒，围墙间有坍塌，墙体普遍开裂、变形，房瓦脱落。烈度Ⅵ度。

Ⅴ度区：自洱源城北至鹤庆县城，包括盆地内多数居民点。区内个别房墙上部或墙角坍塌，墙体裂缝，有的民用烟囱上部倒塌。

大理、宾川、漾濞、永胜等地有感。

震前1～3天，井水有升、降变化；田中喷沙，垒高20cm，直径40cm。震前10多分钟见闪光。

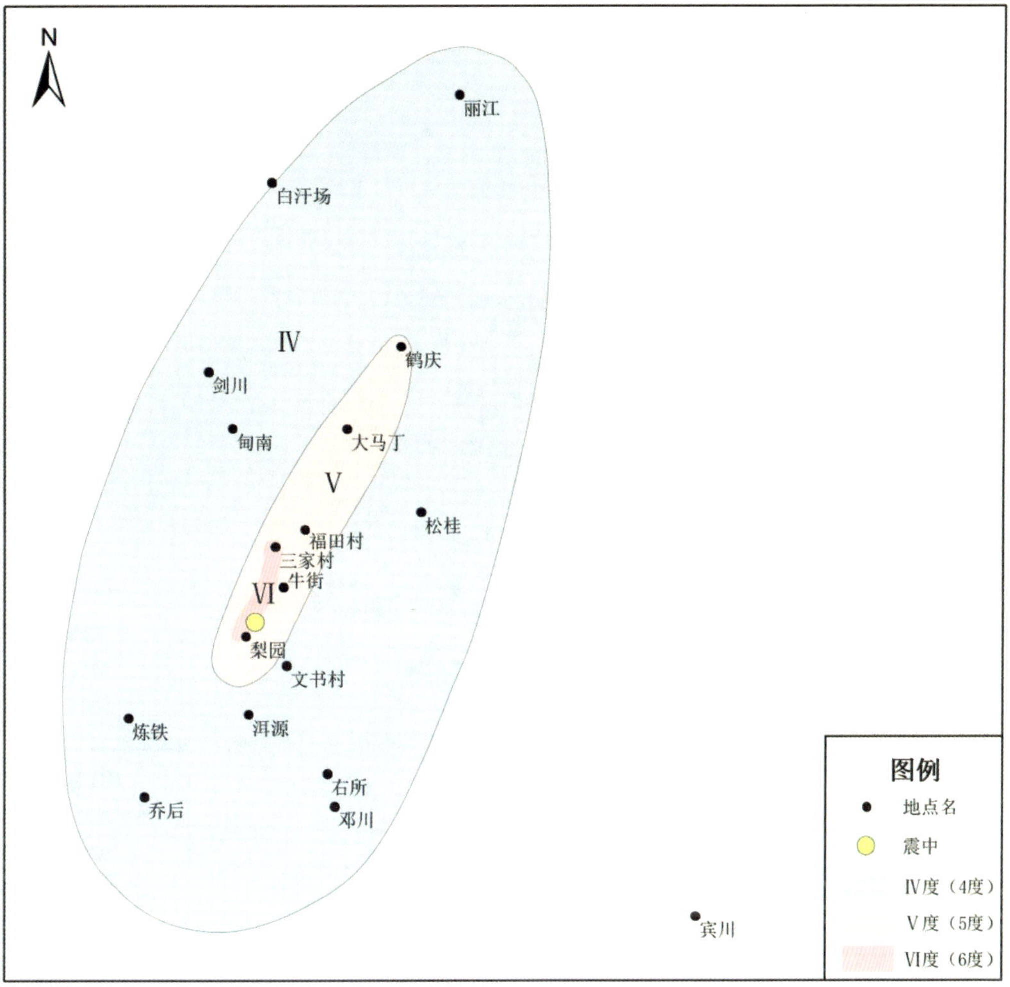

图4-131　1982年10月8日洱源5.0级地震等震线图

4.3.46　1982年12月28日永平5.3级地震

发震时刻16时00分00秒，震中位置25.5°N、99.38°E。滚石打死牛1头。

极震区：包括县城、龙门坝区，北抵栗树坪，长轴12km，短轴平均3.4km，北宽南窄。多数简易民房和土搁梁房掉瓦、墙裂，少数山墙和烟囱上部倒塌，水泥砖木结构房轻微受损。烈度Ⅵ度。

Ⅴ度区：北自麦庄坡，南到迤坝田、马鹿地一带，长轴27km，短轴16km。房墙泥皮出现小裂缝，院墙瓦多脱落。其中大平坦、新田两地房屋有破损，烈度Ⅵ度。

南涧、弥渡、巍山、大理、剑川、祥云、保山等地有感。

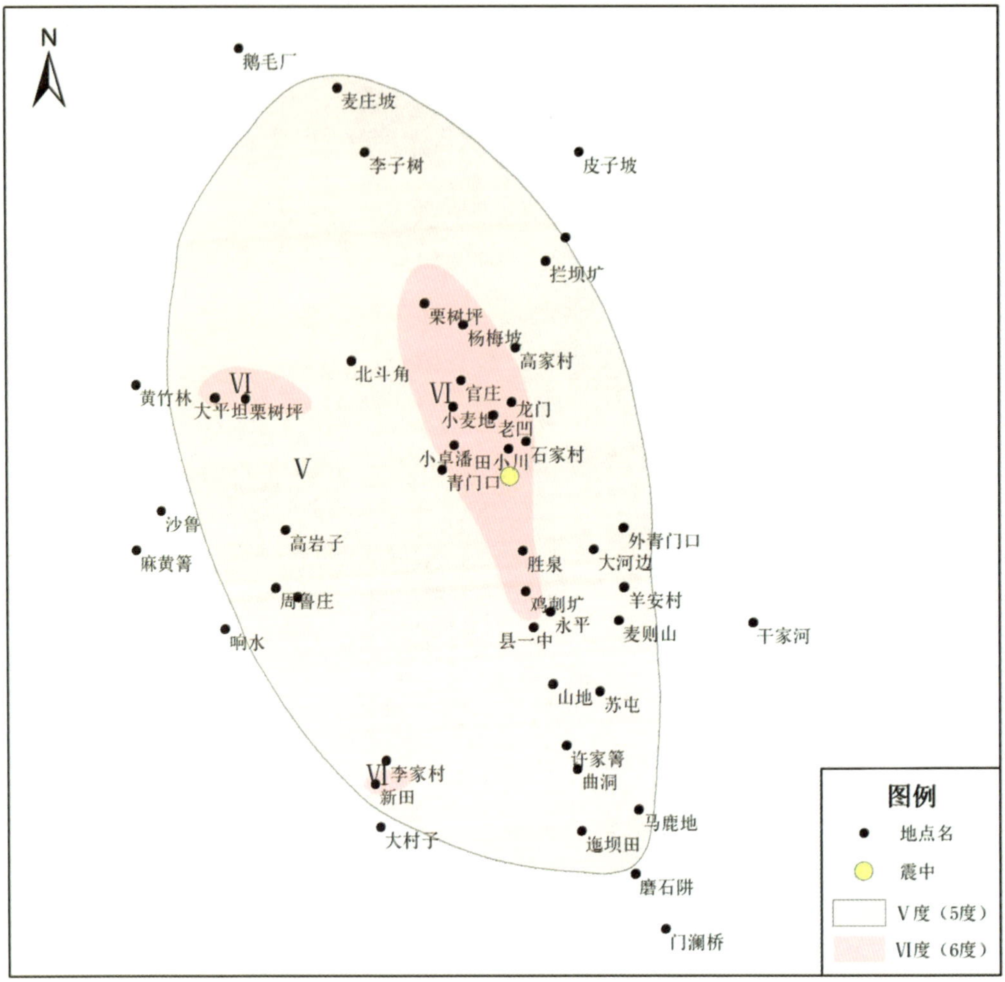

图4-132　1982年12月28日永平5.3级地震等震线图

4.3.47　1986年3月13日鹤庆北衙5.3级地震

发震时刻为1986年3月13日16时41分17.9秒，震中位置：26.19°N，100.19°E，震中烈度为Ⅵ度，震源深度10km，鹤庆南宏观震中位置：26.15°N，100.22°E。震前泉水流量减少，井水变浑。至5月31日，地震台网记录到余震757次。据震区地质构造、实地考察和等震线展布判断，北西向锅厂河断裂是发震构造。

鹤庆：北衙铅锌矿厂部钢混结构二层办公楼山墙开裂，大烟囱顶部震裂。招待所及职工宿舍砖木结构房屋多处开裂。供销社砖木结构房前墙向外倾倒，将一电杆砸倒。另一处冲土墙向外倾斜，石砌墙基拉裂。北衙饭店隔墙的灰砖震落，烟囱和大门石柱有扭动开裂现象，一段约21m长的围墙倒塌。区粮店仓库墙掉灰皮和土坯，门框上掉灰、开裂，石墙顶部有一条2m长的垂直裂缝，东四仓库墙角与地面接触处开裂。北仓门框处掉土坯、灰皮并开裂。铅锌矿二工区食堂和职工宿舍土墙开裂或倒塌，锅炉房南墙倒塌，房上掉瓦、错瓦，烟囱倒塌，食堂烟囱歪斜。管邑庄共15户，一些山墙开裂，掉瓦，滑瓦、漏脊现象普遍，Ⅰ类房倒塌严重。舍茶寺共19户，一半以上房尾掉瓦，旧土墙开裂，6～7户倒塌。新庄村一所中学的房子垮墙，另一处院门掉瓦、断椽，毛石堆墙垮塌。芹菜场129户，有17户Ⅰ类房倒塌，大部分开裂。小学二层木结构房向东歪斜，墙壁开裂。黄坪区倒山墙有7～8户。糖厂化验室房梁歪斜，多处开裂，量筒、烧杯倾倒；生产车间东墙开裂、掉瓦；仓库掉瓦、漏脊；宿舍平房屋脊变形，墙开裂，滑瓦，新宿舍区砖混二层楼有2栋东墙开裂。中学砖结构二层宿舍楼裂缝较多，灰皮脱落；教学楼柱角，砖墙均开裂；厨房滑瓦，墙开裂。新村小学墙多处开裂，一教室北墙上部变形，开裂8cm。姜营农场房屋滑瓦，三队有1房子倾斜，后鸡鸣寺山有滑坡现象；四队老房掉瓦，果园围墙8m一段震垮，1户房瓦大部分震落；大营一家墙壁倒塌，1个烟囱倒塌。小营2个高1m的烟囱向南倒塌，房屋掉瓦、开裂严重。6人受轻伤，1人重伤。

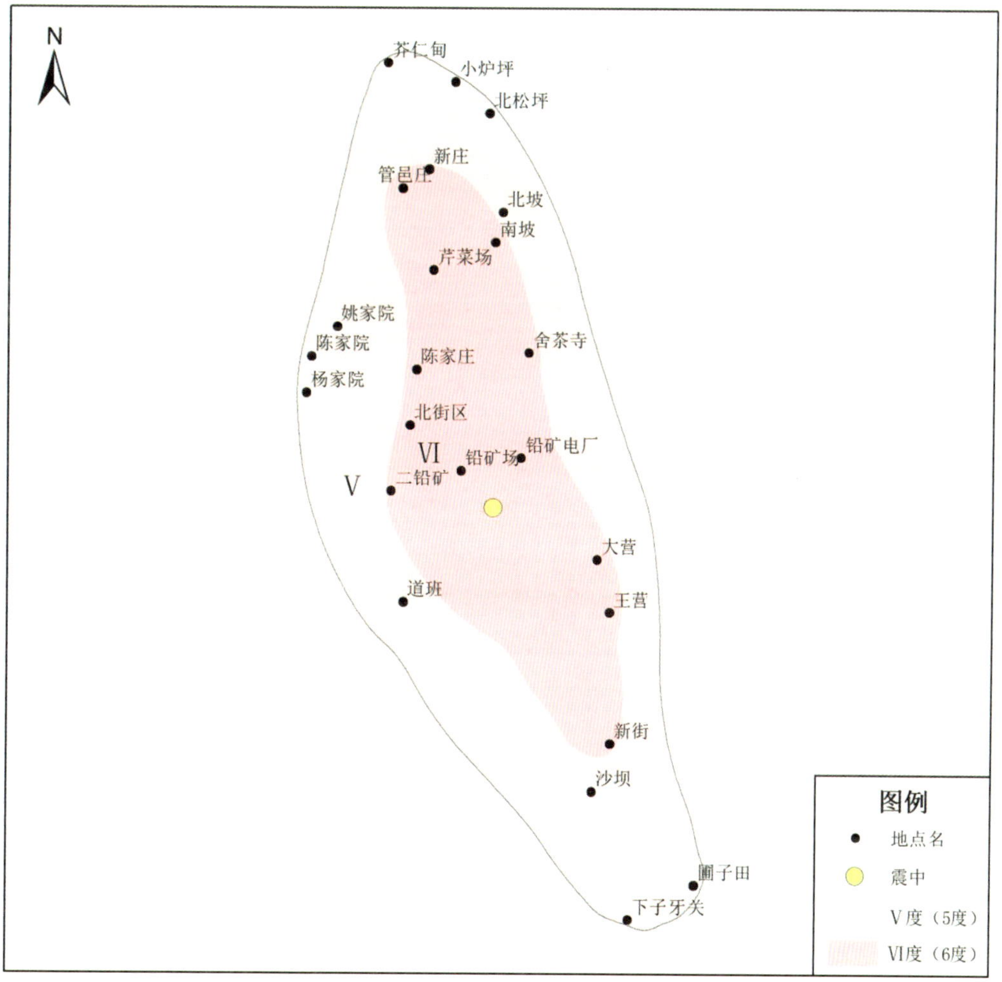

图4-133　1986年3月13日鹤庆5.3级地震等震线图

4.3.48 1987年5月18日鹤庆北衙、黄坪间5级地震

发震时刻10时03分08秒，震中位置26.18°N、100.18°E。城南北衙、黄坪等地成灾，乡间3269户9963间房受损，受灾人口16750人；58个机关、企业、学校共1349间办公室、厂房、住房也有不同程度损坏。伤2人，压毙山羊10只、伤3只。

极震区：包括黄坪—北衙共16个村、1个铅矿厂和姜营农场武警二、三中队，长轴9.7km，短轴3.5km，沿北西向展布，面积约25km^2。Ⅰ类房山墙尖倒塌，屋架歪斜、墙体严重开裂；Ⅱ类房少数墙掉土块，墙体裂缝，屋脊拉裂，普遍掉瓦；Ⅲ类房墙表面现小裂，抹灰层脱落。烈度Ⅵ度。

Ⅴ度区：北抵芹菜场，南到大田坝、围子田一带，长轴17.6km，短轴6.4km，面积59km^2。Ⅰ、Ⅱ类房墙体开裂、抹灰层脱落，少数旧朽房掉瓦和土块。

北至丽江、南到下关、东抵宾川、西达漾濞的地区有感。

至6月18日记录到余震92次，之后序列趋于平静。考察认为NW向北衙—赖石坡断裂为发震构造。

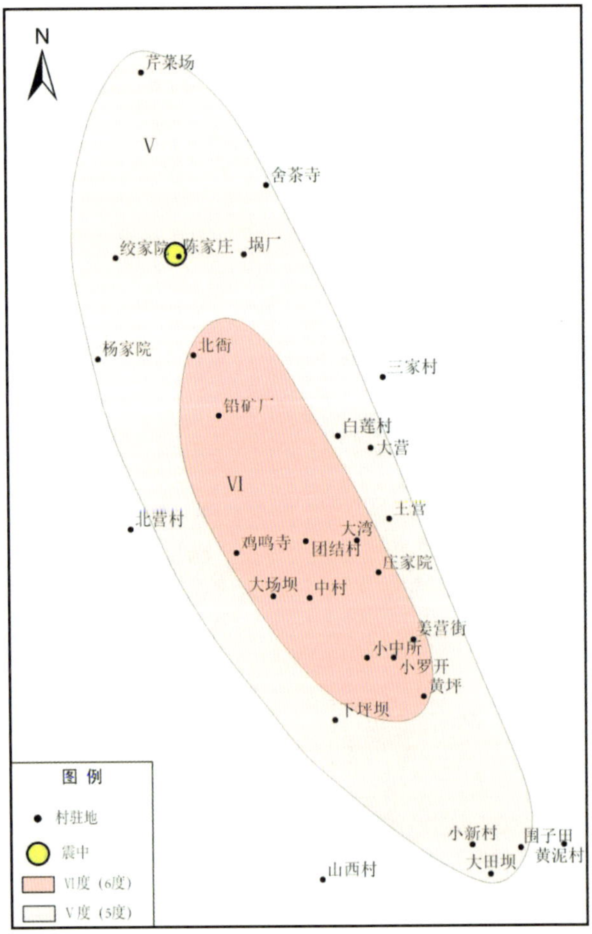

图4-134 1987年5月18日鹤庆北衙、黄坪5级地震等震线图

4.3.49 2009年11月2日宾川县5级地震

2009年11月2日05时07分，宾川县（26.0°N，100.7°E）发生M_S5.0地震。

据云南省地震台网测定，截至11月10日10时，宾川5.0级地震序列共发生1.0级以上地震55次，其中1.0～1.9级53次，2.0～2.9级1次，5.0级1次。

地震造成大理州的宾川县、祥云县、丽江市的永胜县部分房屋破坏，生命线工程及水利等基础设施损坏。评估区外，宾川县华侨管理区、鹤庆县、祥云县、丽江市的永胜县及楚雄州大姚县部分民房、校舍、生命线工程及水利设施也遭受了不同程度的破坏。地震中2人重伤，29人轻伤。

宏观震中位于宾川县平川镇帽角山村二哨—龙潭箐一带，极震区烈度为Ⅵ度，二哨、龙潭箐、马花等个别居民点达Ⅶ度破坏。等震线形状呈椭圆形，长轴走向为近SN向。灾区总面积945km^2。

Ⅵ度区范围：东起宾川县拉乌乡政府驻地，西到永胜县片角乡政府驻地，北自永胜县东风乡花椒箐，南到祥云县香么所。

该次地震直接经济总损失24530万元。其中，大理州宾川县17470万元，祥云县1510万元，鹤庆县330万元，丽江市永胜县4720万元，楚雄州大姚县500万元。

震区地处杨子准地台的川滇台背斜之滇中中台陷西缘，震中位于永胜—宾川地震带内。震区发育的主要活动断裂为近SN走向的程海断裂，长度约200km。程海断裂北起永胜金官以北，向南经程海、期纳、宾川、祥云，至弥渡盆地西北边缘，止于红河断裂带。大致以金沙江为界，程海断裂可分为南、北两段。断裂北段的活动较南段强烈，历史上发生过1515年6月27日永胜西北7¾级地震（极震区烈度为Ⅹ度）。程海断裂南段历史上以中强地震活动为主，发生过1803年2月2日的宾居6¼级地震。该段与红河断裂交汇处的弥渡于1652年发生7.0级地震。

程海断裂两侧15km范围内，历史记载发生过5级以上破坏性地震8次，其中M_S7.0～7.9级地震1次、M_S6.0～6.9级地震3次、M_S5.0～5.9级地震4次。

以本次地震震中为圆心，50km为半径的范围内，发生过10次5.0级以上地震，其中5.0～5.9级地震7次，6.0～6.9级地震2次，7.0级地震1次。最大为1925年3月16日大理7.0级。

图件及影像：

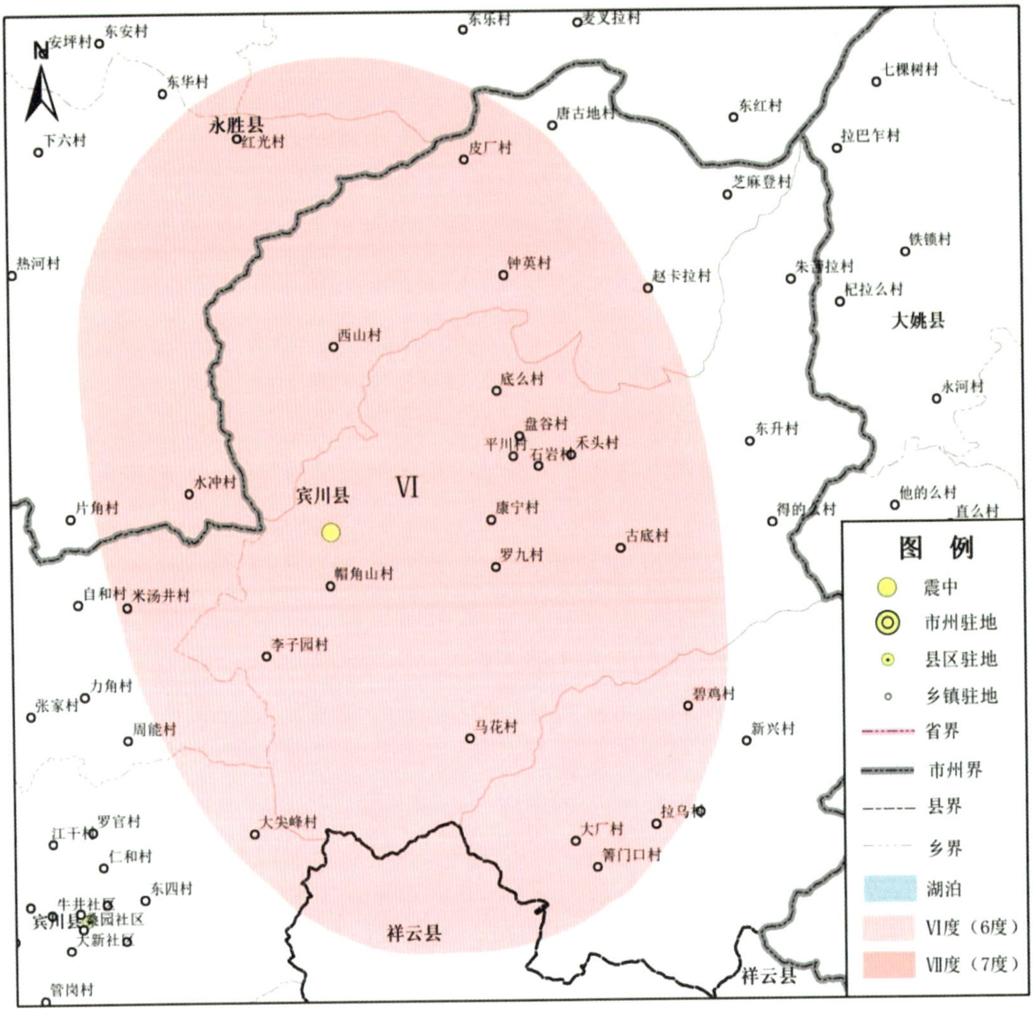

图4-135　2009年11月2日宾川5级地震等震线示意图

图4-136　宾川“11·02”5级地震中应急民兵对震毁的民房进行除险排危（一）

图4-137　宾川“11·02”5级地震中应急民兵对震毁的民房进行除险排危（二）

地震波形记录：

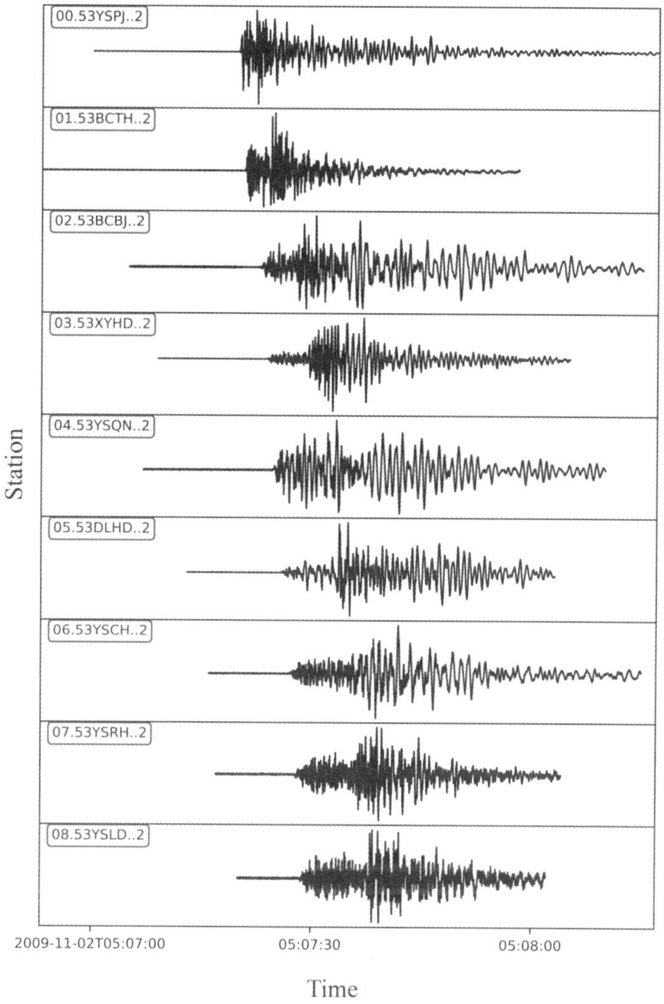

图4-138　宾川M5.0地震100km范围内所有台站垂直向强震记录（加速度）

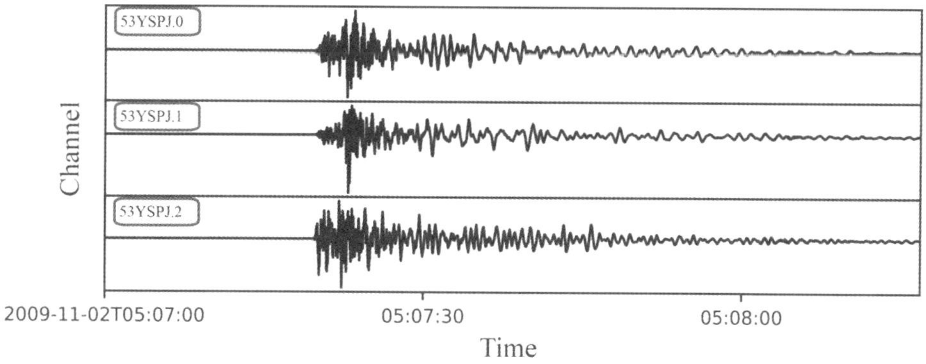

图4-139　片角强震台（53YSPJ）强震记录（加速度）

注：东西：$-16.1cm/s^2$，北南：$-23.5cm/s^2$，垂直：$-10.9cm/s^2$。

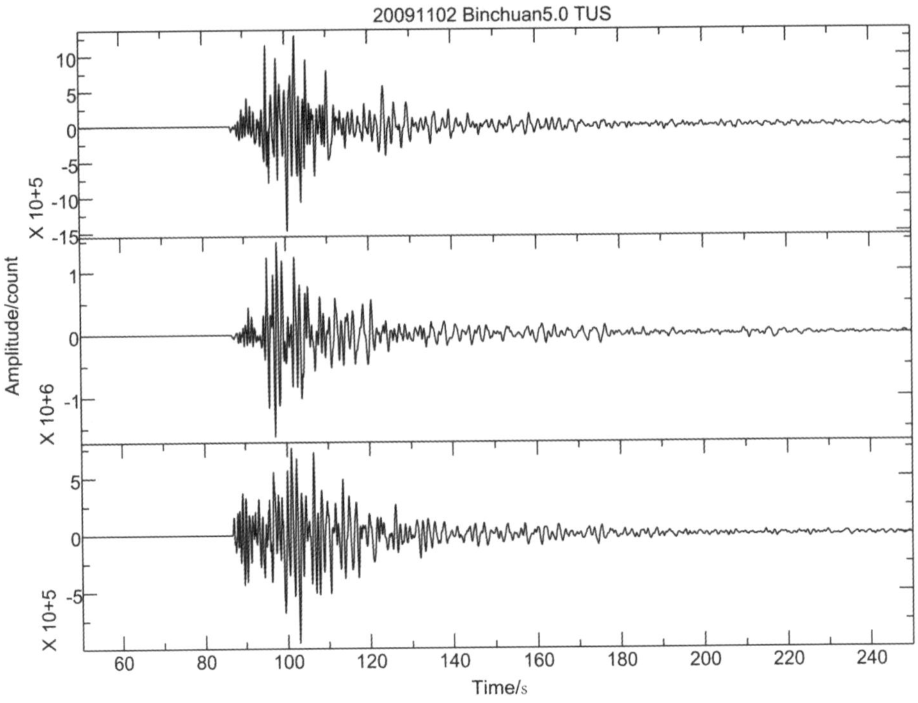

图4-140　团山地震台（TUS）强震记录（速度）

4.3.50　2013年3月3日（4月17日）洱源县5.5（5.0）级地震

2013年3月3日13时41分15秒，大理白族自治州洱源县（25.9°N，99.7°E）发生*M*5.5级地震，震源深度9km。地震造成30人受伤，其中重伤1人。洱源5.5级地震灾区直接经济总损失70800万元。其中，洱源县55290万元，漾濞县6740万元，云龙县6760万元，剑川县1050万元，永平县960万元。

本次地震序列共发生129次地震，按*M*震级统计，其中0～0.9级98次，1.0～1.9级25次，2.0～2.9级5次，5.0～5.9级地震1次。

灾评组调查了震区127个居民点，圈定了本次地震烈度分布图。极震区烈度达Ⅶ度，宏观震中位于炼铁乡前甸村委会新建村至江旁村委会一带，等震线形状呈椭圆形，长轴走向NW向。灾区总面积2081km^2。

Ⅶ度区：主要分布在洱源县、漾濞县境内，东起洱源县炼铁乡月亮坪村以西，西至西山乡黑树坪村—多衣树村附近，北自炼铁乡上江咀村附近，南到西山乡勒登村—漾江镇冷涧村一带。面积约279km^2。

Ⅵ度区：主要涉及洱源县、漾濞县及云龙县，东起洱源县右所镇海棠村，西至云龙县关坪乡温坡村—长新乡丕登村一带，北自乔后镇西桃坪村，南到漾濞县富恒乡白荞村附近。面积约1802km^2。

2013年4月17日9时45分，洱源县发生5级地震，震中位置：25.9°N、99.82°E，震源深度11km；该地震为上一次地震之余震，灾情见上条。

2013年4月18日11时46分01秒，洱源县再次发生4.1级余震，震中位置：25.88°N、99.79°E。

图件及影像：

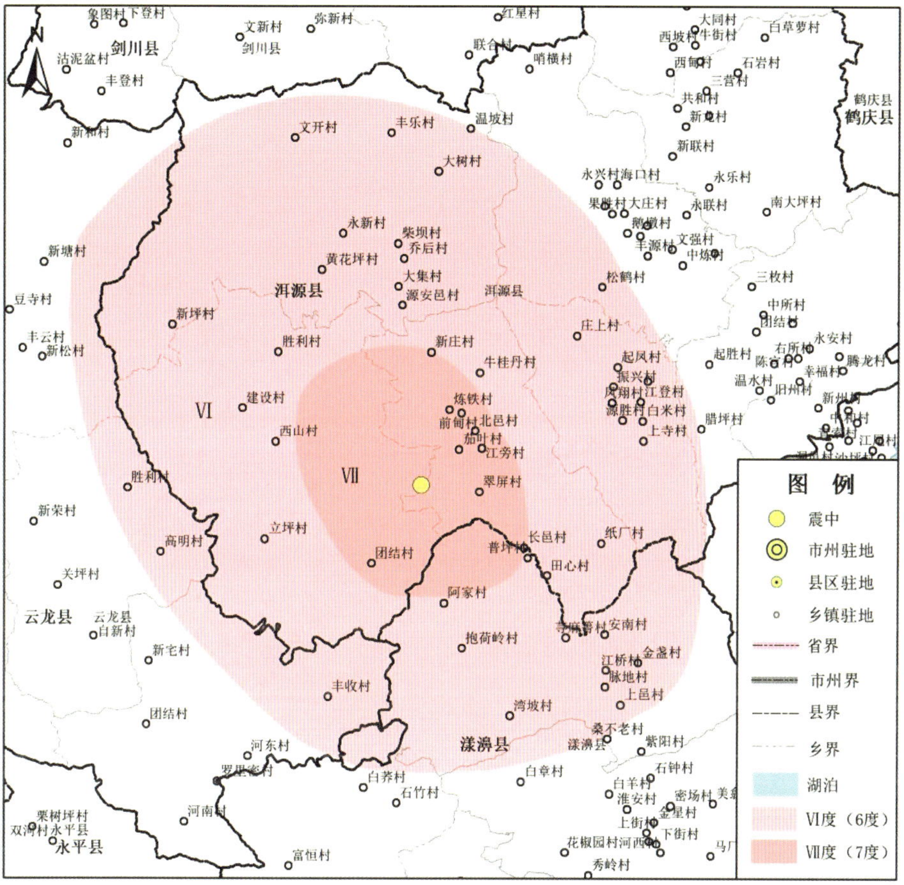

图4-141　2013年3月3日洱源5.5级地震等震线示意图

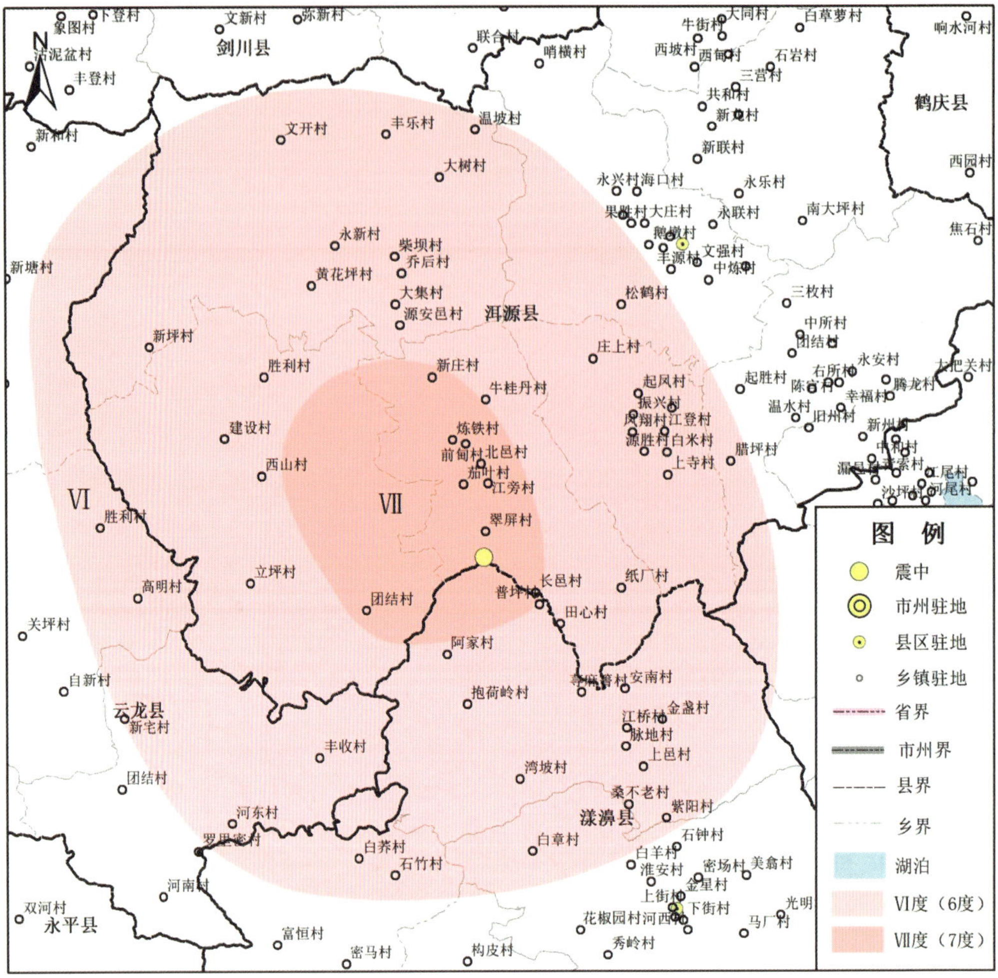

图4-142 2013年4月17日洱源5级地震等震线示意图

图4-143 洱源5.5级地震造成炼铁乡松岭村土木房屋倒塌

图4-144 洱源5.5级地震造成炼铁乡松岭村土木房屋毁坏

地震波形记录：

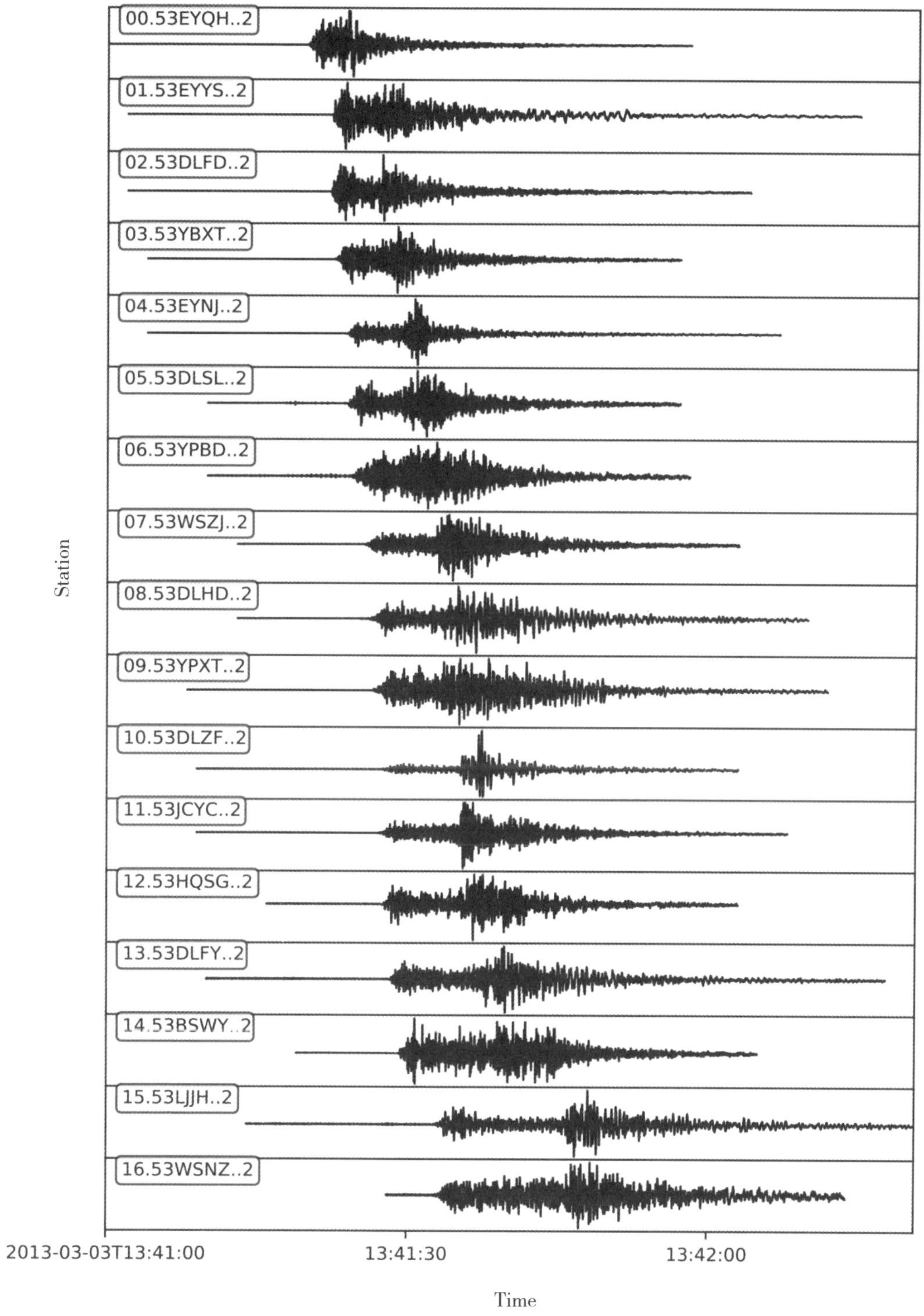

图4–145　洱源M5.5地震100km范围内所有台站垂直向强震记录（加速度）

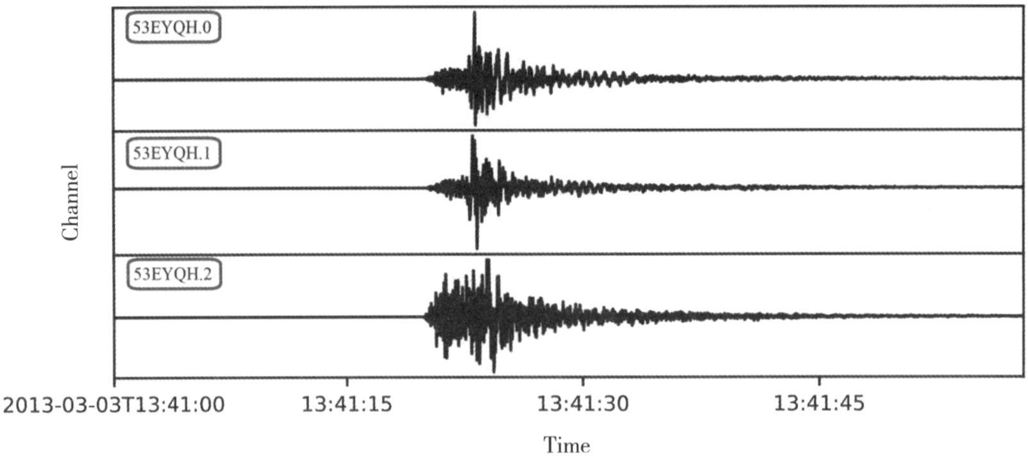

图4-146　乔后强震台（53EYQH）强震记录（加速度）

注：东西：89.9cm/s^2，北南：-111.1cm/s^2，垂直：41.9cm/s^2。

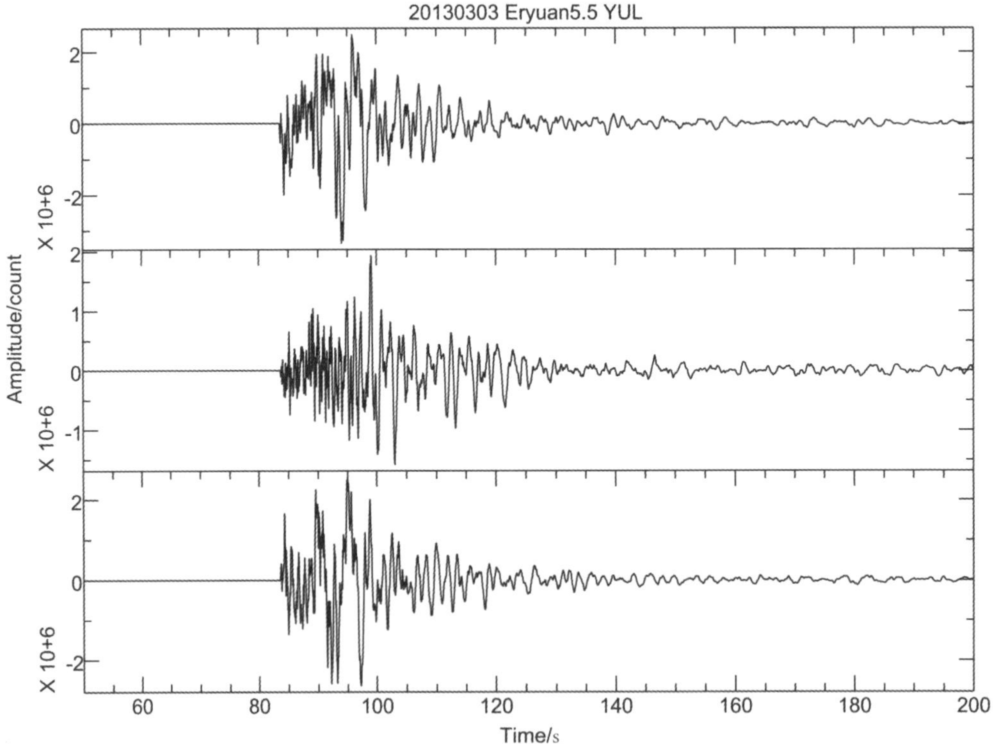

图4-147　云龙地震台（YUL）强震记录（速度）

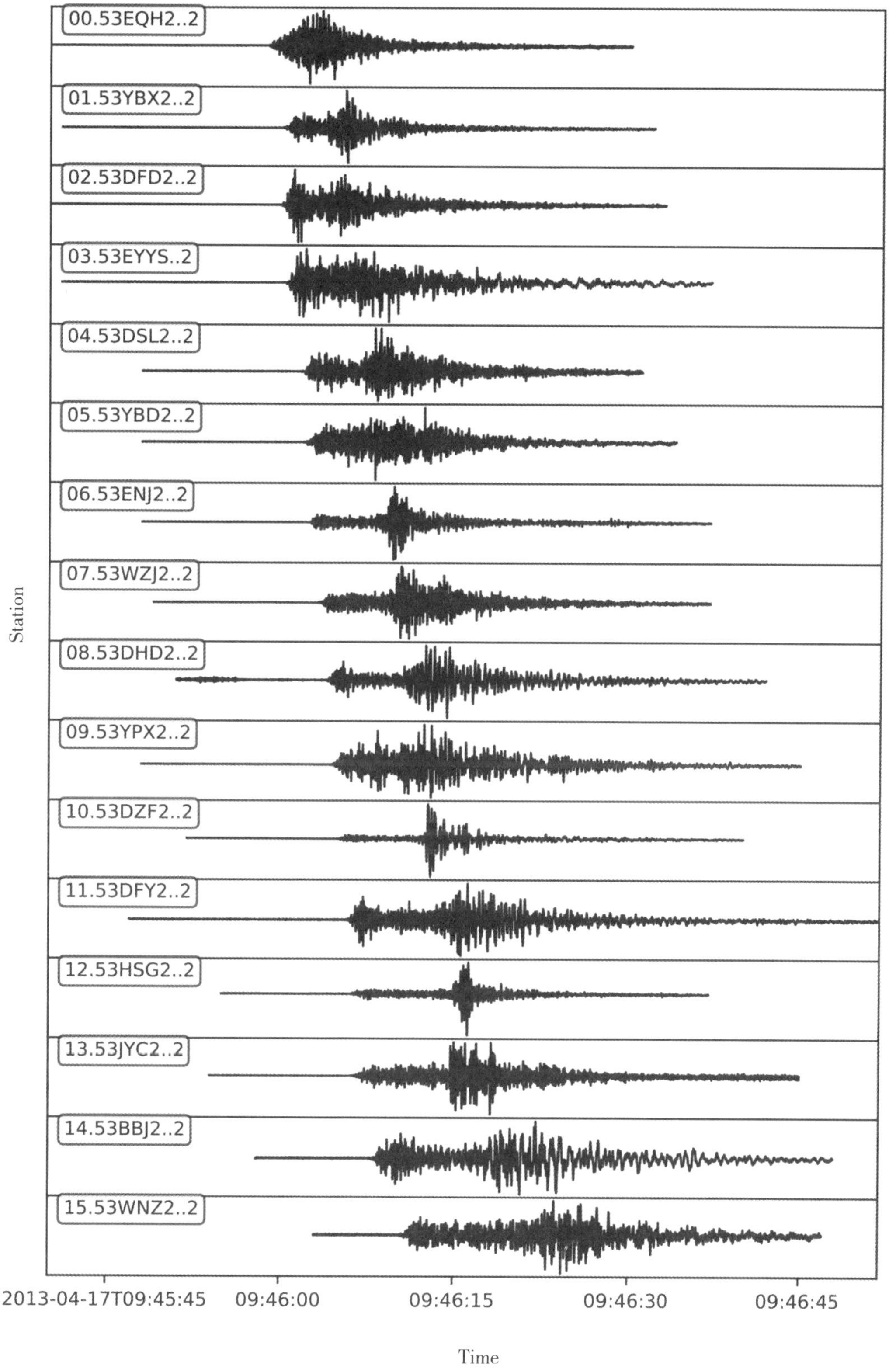

图4–148　洱源*M*5.0地震100km范围内所有台站垂直向强震记录（加速度）

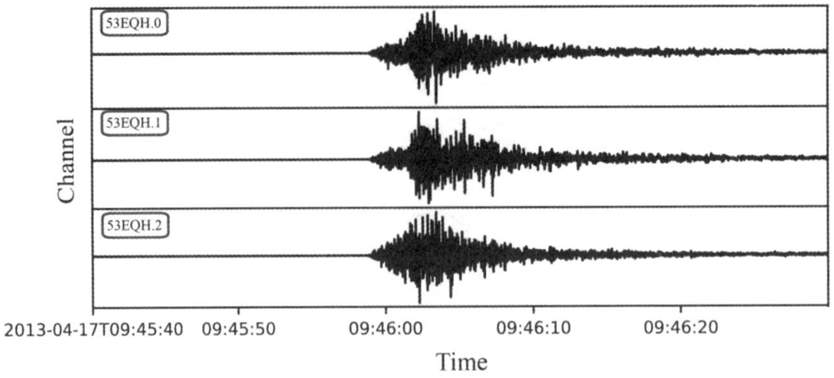

图4-149　乔后强震台（53EYQH）强震记录（加速度）

注：东西：$-22.8cm/s^2$，北南：$22cm/s^2$，垂直：$-19.9cm/s^2$。

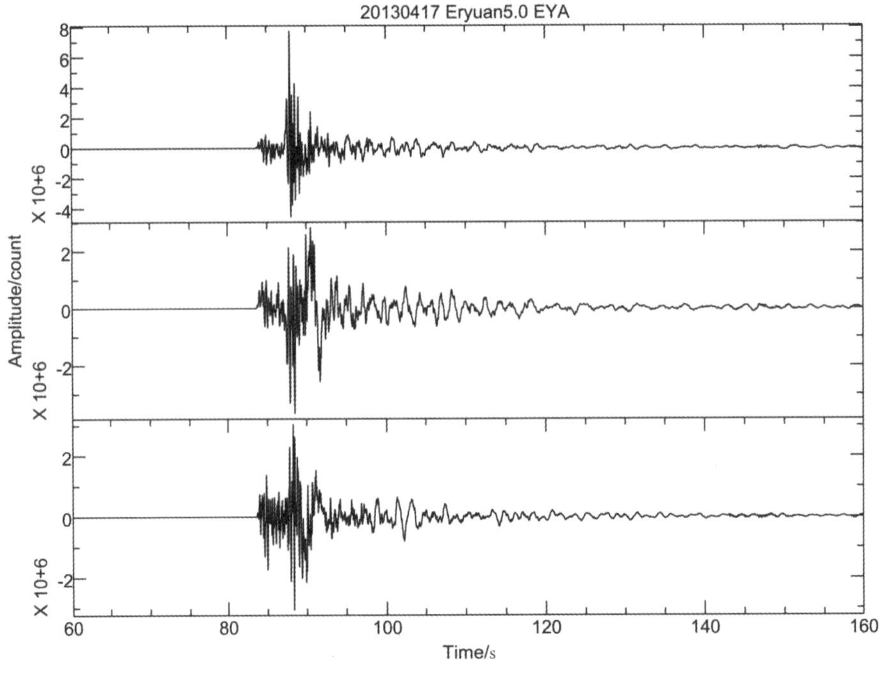

图4-150　洱源地震台（EYA）强震记录（速度）

4.3.51　2016年5月18日云龙5.0级地震

2016年05月18日00时48分47秒，大理州云龙县（26.10°N，99.58°E）发生5.0级地震，震源深度15km。本次地震灾区涉及大理州云龙县、洱源县与剑川县3县共7个乡镇27个行政村（社区）；灾区人口34590人，10768户。地震造成4人受伤，失去住所人数共5914人。直接经济总损失13560万元。

据云南省地震台网测定，截至5月21日22时震区共发生地震252次，其中0～1.9级237次，2.0～2.9级10次，3.0～3.9级3次，4.0～4.9级1次。5.0级地震后最大地震为5月18

日01时05分发生的洱源4.6级地震。

本次地震震中50km范围内，历史上发生5级以上地震20次，其中5.0～5.9级16次、6.0～6.9级4次，最大地震为3次6.3级地震，即1839年2月7日、2月23日洱源2次6¼和1948年6月27日剑川6¼级地震。最近地震为2013年3月3日洱源5.5级地震、2013年4月17日洱源5.0级地震。

2016年5月18日01时05分12秒，云龙洱源交界处发生4.6级地震，震中位置：26.08°N，99.58°E。

2016年6月3日18时01分54秒，云龙洱源交界处发生4.3级地震，震中位置：26.12°N，99.6°E。

上述2次地震均为2016年5月18日云龙5.0级地震之余震。

灾区最高烈度为Ⅵ度，宏观震中位于长新乡多衣树—花三地一带，等震线长轴方向总体呈NNW向，Ⅵ度区总面积约790km²，东起洱源县西山乡山高村小组，西至云龙县检槽乡清文村附近，北自剑川县象图乡松平—石登一带，南到云龙县关坪乡酸坪—胜利一带。其中云龙县580km²，涉及长新乡、白石镇、检槽乡、关坪乡；洱源县150km²，涉及西山乡、乔后镇；剑川县60km²，涉及象图乡。

Ⅵ度区以外，云龙县团结乡、宝丰乡、诺邓镇，剑川县弥沙乡、沙溪镇、马登镇，永平县、兰坪县的个别乡镇少数民房遭受轻微破坏。

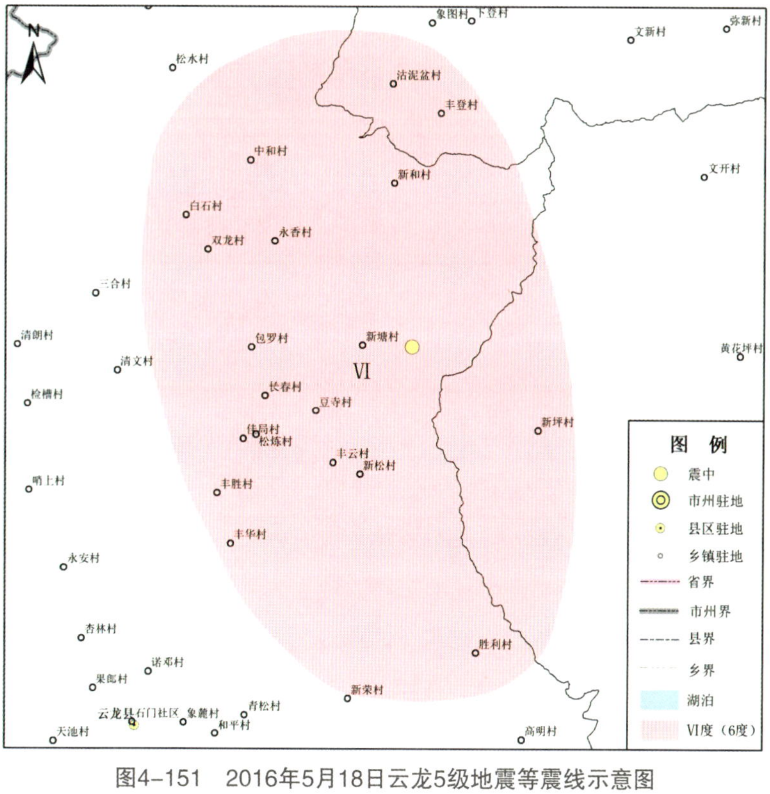

图4-151　2016年5月18日云龙5级地震等震线示意图

地震波形记录：

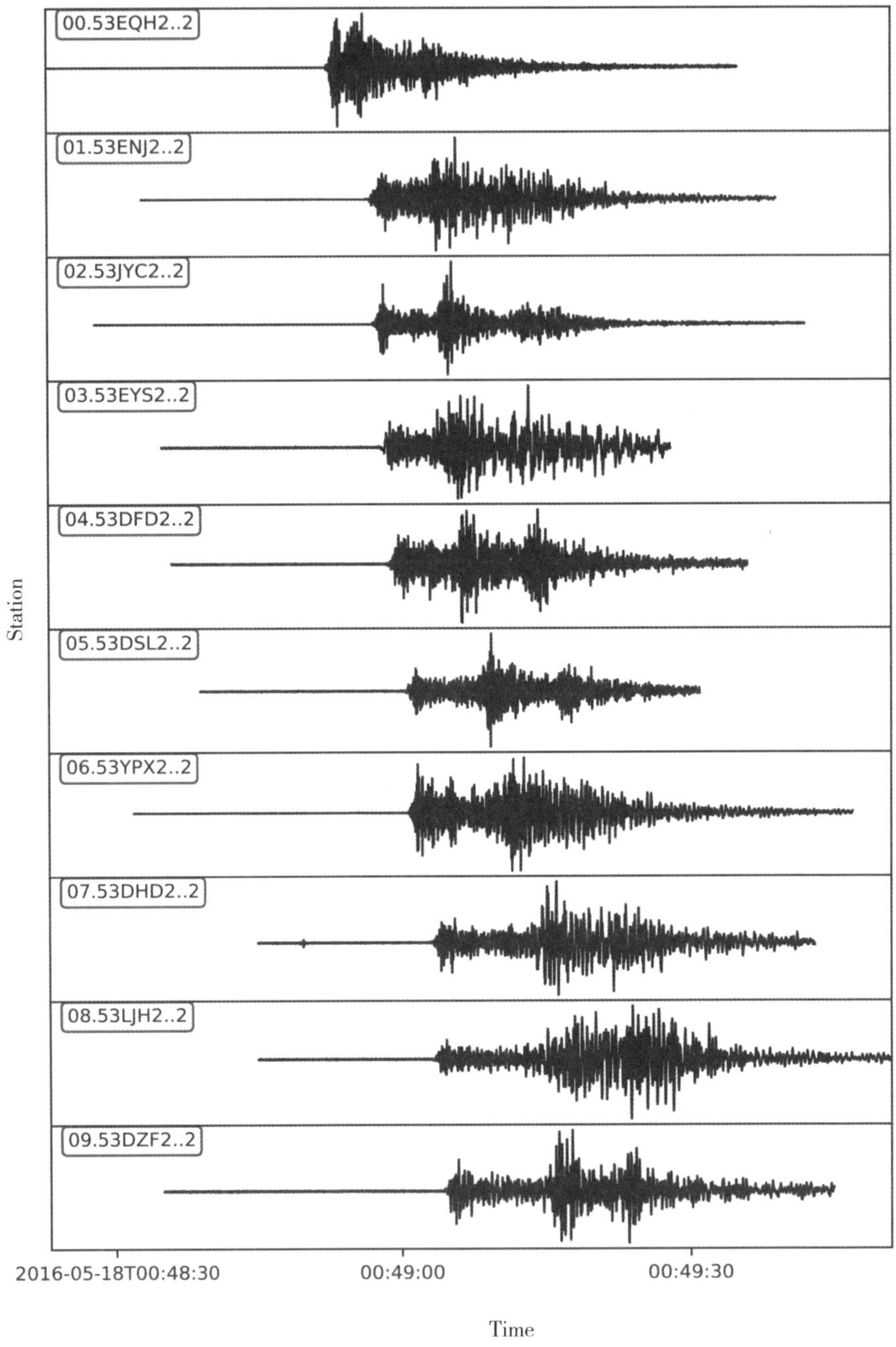

图4-152　云龙M5.0地震100km范围内所有台站垂直向强震记录（加速度）

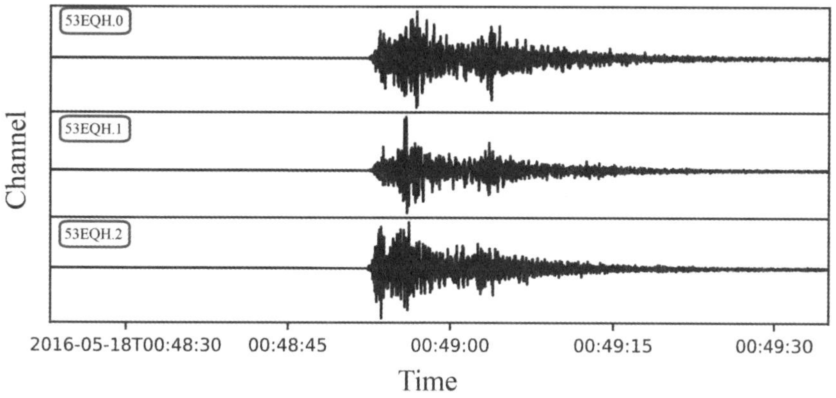

图4–153 乔后强震台（53EYQH）强震记录（加速度）

注：东西：$-23.5\mathrm{cm/s^2}$，北南：$39.2\mathrm{cm/s^2}$，垂直：$-22.1\mathrm{cm/s^2}$。

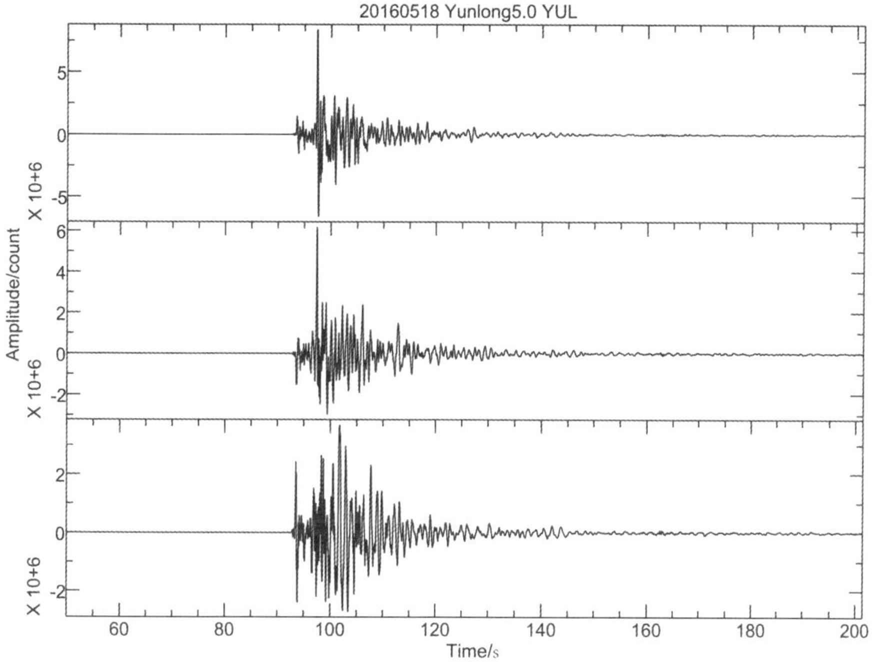

图4–154 云龙地震台（YUL）强震记录（速度）

4.3.52 2017年3月27日漾濞5.1级地震

2017年3月27日7时40分29秒在漾濞县（25.87°N，99.83°E）发生4.7级地震，震源深度12km；7时55分漾濞县（25.89°N，99.80°E）再次发生5.1级地震，震源深度12km。地震灾区涉及大理州漾濞县漾江镇、苍山西镇、富恒乡，洱源县西山乡、炼铁乡以及云龙县团结乡，共3个县（区）6个乡镇32个行政村（社区）；灾区人口47211人，14054户。地震造成大理州漾濞县、洱源县与云龙县3县共6个乡镇不同程度受灾，造成1人受轻伤，失去住所人数共4920人。漾濞5.1级地震灾害直接经济总损失17200万元。其中，漾濞县9630万元，洱源县7220万元，云龙县350万元。

据云南省地震台网测定，截至2017年4月1日15时整，03月27日漾濞地震序列共发生114次，按*M*统计（含主震），其中2.0～2.9级7次，3.0～3.9级2次，4.0～4.9级2次、5.0～5.9级1次。5.1级地震后最大余震为3月27日9时10分发生的漾濞4.1级地震。

此次地震灾区最高烈度为Ⅵ度，等震线长轴方向总体呈NW向，Ⅵ度区及以上总面积约810km²，涉及漾濞县漾江镇、苍山西镇、富恒乡，洱源县西山乡、炼铁乡以及云龙县团结乡3县 6 个乡镇。其中，漾濞县灾区面积435km²，洱源县360km²，云龙县15km²。

Ⅵ度区：东起漾濞县漾江镇垮子河、李子坪一带，西至洱源县西山乡漆登村，南自漾濞县苍山西镇背阴坡村，北到洱源县炼铁乡三家村。总面积约810km²。

图件及影像：

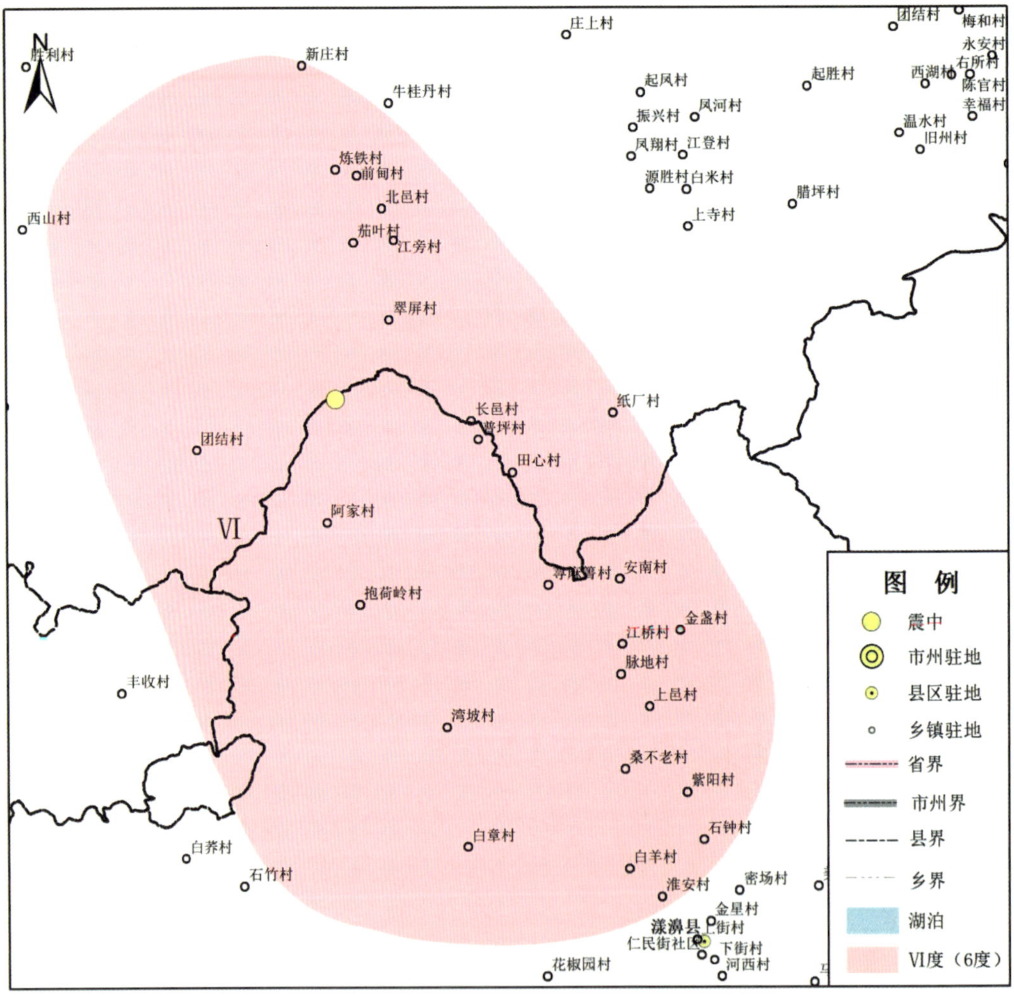

图4-155　2017年3月27日漾濞5.1级地震等震线示意图

图4-156　2017年3月27日漾濞5.1级地震造成民房掉瓦

图4-157　2017年3月27日漾濞5.1级地震造成民房山墙倒塌

地震波形记录：

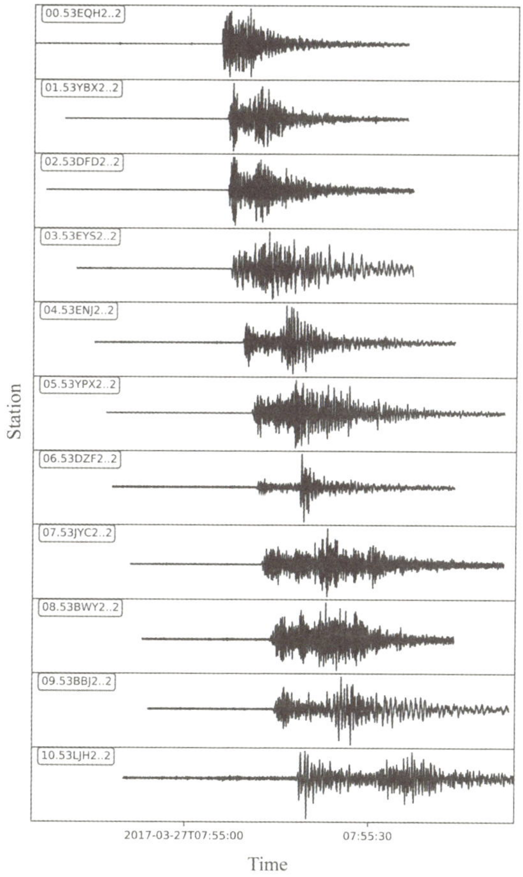

图4-158　漾濞M5.1地震100km范围内所有台站垂直向强震记录（加速度）

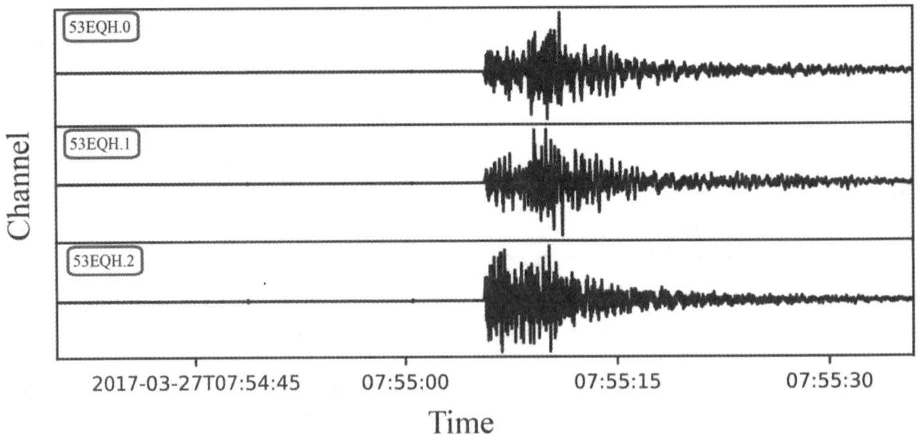

图4-159　乔后强震台（53EQH）强震记录（加速度）

注：东西：14.4cm/s^2，北南：14.8cm/s^2，垂直：11.6cm/s^2。

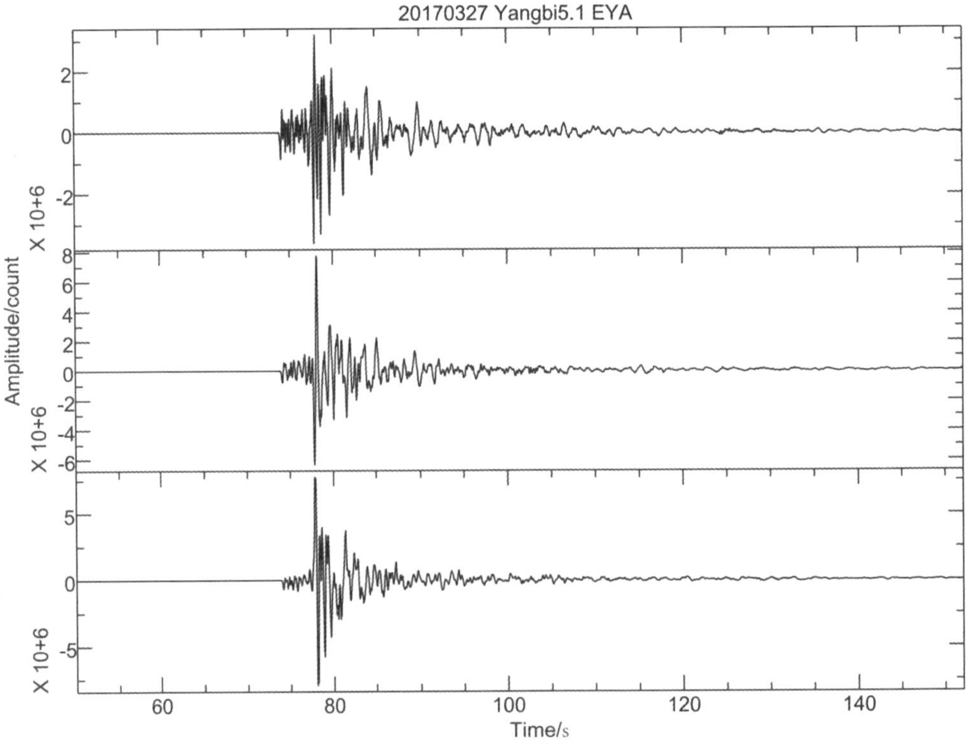

图4-160　洱源地震台（EYA）强震记录（速度）

4.4 4.0~4.9级地震

4.4.1 1249年大理4级地震

震中位置25.7°N、100.2°E，震中烈度Ⅳ度，精度为2。

4.4.2 1395年9月26日鹤庆、剑川间4级地震

震中位置26.5°N、100.0°E，震中烈度Ⅳ度，精度为2。

4.4.3 1395年10月18日剑川4级地震

震中位置26.5°N、99.9°E，震中烈度Ⅳ度，精度为2。

4.4.4 1444年5月26日洱海、楚雄一带4¾级地震

震中位置25.3°N、101.1°E，精度为4。

4.4.5 1474年5月22日鹤庆4级地震

震中位置26.5°N、100.2°E，震中烈度Ⅳ度，精度为2。

4.4.6 1484年7月30日大理4级地震

震中位置25.7°N、100.2°E，震中烈度Ⅳ度，精度为2。

4.4.7 1506年祥云4级地震

震中位置25.5°N、100.6°E，震中烈度Ⅳ度，精度为2。

4.4.8 1515年3月13日大理4级地震

震中位置25.7°N、100.2°E，震中烈度Ⅳ度，精度为2。

4.4.9 1515年7月洱源邓川4级地震

震中位置26.0°N、100.1°E，震中烈度Ⅳ度，精度为2。

4.4.10 1515年9月洱源邓川4级地震

震中位置26.0°N、100.1°E，震中烈度Ⅳ度，精度为2。

4.4.11 1515年10月10日大理4级地震

震中位置25.7°N、100.2°E，震中烈度Ⅳ度，精度为2。

4.4.12 1516年3月18日大理、巍山间4级地震

震中位置25.5°N、100.2°E，震中烈度Ⅳ度，精度为2。

4.4.13 1516年7月9日大理4级地震

震中位置25.7°N、100.2°E，震中烈度Ⅳ度，精度为3。

4.4.14 1516年8月25日大理4级地震

震中位置25.7°N、100.2°E，震中烈度Ⅳ度，精度为2。

4.4.15 1516年8月26日巍山4级地震

震中位置25.2°N、100.3°E，震中烈度Ⅳ度，精度为2。

4.4.16 1517年10月2日巍山4级地震

震中位置25.2°N、100.3°E，震中烈度Ⅳ度，精度为3。

4.4.17 1517年12月19日大理4级地震

震中位置25.7°N、100.2°E，震中烈度Ⅳ度，精度为3。

4.4.18 1518年7月18日大理一带4¾级地震

震中位置25.7°N、100.2°E，精度为3。

4.4.19 1518年12月10日巍山4级地震

震中位置25.2°N、100.3°E，震中烈度Ⅳ度，精度为3。

4.4.20 1518年12月19日巍山4级地震

震中位置25.2°N、100.3°E，震中烈度Ⅳ度，精度为3。

4.4.21 1520年6月18日大理4级地震

震中位置25.7°N、100.2°E，震中烈度Ⅳ度，精度为3。

4.4.22 1528年祥云4级地震

震中位置25.5°N、100.6°E，震中烈度Ⅳ度，精度为2。

4.4.23 1531年7月祥云4级地震

震中位置25.5°N、100.6°E，震中烈度Ⅳ度，精度为2。

4.4.24 1539年10月祥云4级地震

震中位置25.5°N、100.6°E，震中烈度Ⅳ度，精度为2。

4.4.25 1563年2月永平4½级地震

震中位置25.5°N、99.5°E，震中烈度Ⅴ度，精度为2。

4.4.26 1592年大理、云龙间4½级地震

震中位置25.8°N、99.8°E，震中烈度Ⅴ度，精度为3。

4.4.27 1600年祥云、南华间4½级地震

震中位置25.3°N、100.9°E，震中烈度Ⅴ度，精度为3。

4.4.28 1611年4月大理、姚安间4½级地震

震中位置25.6°N、100.7°E，震中烈度Ⅴ度，精度为2。

4.4.29 1612年3月12日大理4½级地震

震中位置25.3°N、100.9°E，震中烈度Ⅴ度，精度为3。

4.4.30 1612年6月3日大理4级地震

震中位置25.7°N、100.2°E，震中烈度Ⅳ度，精度为2。

4.4.31 1626年10月1日鹤庆4级地震

震中位置26.5°N、100.2°E，震中烈度Ⅳ度，精度为3。

4.4.32 1652年7月12日弥渡4级地震

震中位置25.3°N、100.5°E，震中烈度Ⅳ度，精度为4。

4.4.33 1663年3月鹤庆4级地震

震中位置26.5°N、100.2°E，震中烈度Ⅳ度，精度为3。

4.4.34 1664年1月鹤庆4级地震

震中位置26.5°N、100.2°E，震中烈度Ⅳ度，精度为2。

4.4.35　1688年6月14日剑川4级地震

震中位置26.5°N、99.9°E，震中烈度Ⅳ度，精度为2。

4.4.36　1688年6月17日剑川4级地震

震中位置26.5°N、99.9°E，震中烈度Ⅳ度，精度为2。

4.4.37　1699年凤仪4级地震

震中位置25.6°N、100.3°E，震中烈度Ⅳ度，精度为2。

4.4.38　1702年2月鹤庆4级地震

震中位置26.5°N、100.2°E，震中烈度Ⅳ度，精度为2。

4.4.39　1714年11月剑川4级地震

震中位置26.5°N、99.9°E，震中烈度Ⅳ度，精度为2。

4.4.40　1714年12月剑川4级地震

震中位置26.5°N、99.9°E，震中烈度Ⅳ度，精度为2。

4.4.41　1720年云龙4级地震

震中位置25.9°N、99.4°E，震中烈度Ⅳ度，精度为2。

4.4.42　1731年2月大理凤仪4级地震

震中位置25.6°N、100.3°E，震中烈度Ⅳ度，精度为2。

4.4.43　1734年祥云4级地震

震中位置25.5°N、100.6°E，震中烈度Ⅳ度，精度为2。

4.4.44　1751年5月25日剑川4级地震

震中位置26.5°N、99.9°E，震中烈度Ⅳ度，精度为2。

4.4.45　1755年剑川4级地震

震中位置26.5°N、99.9°E，震中烈度Ⅳ度，精度为2。

4.4.46　1772年8月祥云4½级地震

震中位置25.5°N、100.6°E，震中烈度Ⅴ度，精度为2。

4.4.47 1794年2月大理4级地震

震中位置25.7°N、100.2°E，震中烈度Ⅳ度，精度为2。

4.4.48 1818年9月洱源4½级地震

震中位置25.5°N、100.6°E，震中烈度Ⅴ度，精度为2。

4.4.49 1833年9月16日巍山4级地震

震中位置25.2°N、100.3°E，震中烈度Ⅳ度，精度为2。

4.4.50 1839年9月8日洱源邓川4级地震

震中位置26.0°N、100.1°E，震中烈度Ⅳ度，精度为2。

4.4.51 1851年秋大理凤仪4级地震

震中位置25.6°N、100.3°E，震中烈度Ⅳ度，精度为2。

4.4.52 1852年2月大理4级地震

震中位置25.7°N、100.2°E，震中烈度Ⅳ度，精度为2。

4.4.53 1852年3月祥云4级地震

震中位置25.5°N、100.6°E，震中烈度Ⅳ度，精度为2。

4.4.54 1863年4月邓川、凤仪间4½级地震

震中位置25.8°N、100.2°E，震中烈度Ⅴ度，精度为3。

4.4.55 1879年3月16日云龙金泉井4级地震

震中位置25.9°N、99.4°E，震中烈度Ⅳ度，精度为1。

4.4.56 1893年12月28日鹤庆4级地震

震中位置26.5°N、100.2°E，震中烈度Ⅳ度，精度为2。

4.4.57 1894年1月大理4级地震

震中位置25.7°N、100.2°E，震中烈度Ⅳ度，精度为2。

4.4.58 1895年7月2日巍山4级地震

震中位置25.2°N、100.3°E，震中烈度Ⅳ度，精度为2。

4.4.59 1897年3月大理4级地震

震中位置25.7°N、100.2°E，震中烈度Ⅳ度，精度为2。

4.4.60 1897年4月16日弥渡4级地震

震中位置25.3°N、100.5°E，震中烈度Ⅳ度，精度为2。

4.4.61 1898年1月鹤庆北衙4级地震

震中位置26.2°N、100.2°E，震中烈度Ⅳ度，精度为1。

4.4.62 1900年10月鹤庆4级地震

震中位置26.5°N、100.2°E，震中烈度Ⅳ度，精度为2。

4.4.63 1900年11月鹤庆4级地震

震中位置26.5°N、100.2°E，震中烈度Ⅳ度，精度为2。

4.4.64 1901年2月洱源邓川4级地震

震中位置26.0°N、100.1°E，震中烈度Ⅳ度，精度为2。

4.4.65 1901年5月鹤庆4级地震

震中位置26.5°N、100.2°E，震中烈度Ⅳ度，精度为2。

4.4.66 1908年1月16日洱源马甲邑4½级地震

震中位置26.0°N、100.1°E，震中烈度Ⅴ度，精度为1。

4.4.67 1910年7月17日大理4½级地震

震中位置25.7°N、100.2°E，震中烈度Ⅴ度，精度为2。

4.4.68 1910年9月5日大理4½级地震

震中位置25.7°N、100.2°E，震中烈度Ⅴ度，精度为2。

4.4.69 1910年10月2日大理4级地震

震中位置25.7°N、100.2°E，震中烈度Ⅳ度，精度为2。

4.4.70 1911年2月1日大理4级地震

震中位置25.7°N、100.2°E，震中烈度Ⅳ度，精度为2。

4.4.71 1911年2月19日大理4级地震

震中位置25.7°N、100.2°E，震中烈度Ⅳ度，精度为2。

4.4.72 1911年4月13日大理4级地震

震中位置25.7°N、100.2°E，震中烈度Ⅳ度，精度为2。

4.4.73 1911年8月10日大理4½级地震

震中位置25.7°N、100.2°E，震中烈度Ⅴ度，精度为2。

4.4.74 1911年8月11日大理4½级地震

震中位置25.7°N、100.2°E，震中烈度Ⅴ度，精度为2。

4.4.75 1911年8月13日大理4级地震

震中位置25.7°N、100.2°E，震中烈度Ⅳ度，精度为2。

4.4.76 1911年9月30日大理4级地震

震中位置25.7°N、100.2°E，震中烈度Ⅳ度，精度为2。

4.4.77 1911年12月8日大理4½级地震

震中位置25.7°N、100.2°E，震中烈度Ⅴ度，精度为2。

4.4.78 1913年6月15日大理4级地震

震中位置25.7°N、100.2°E，震中烈度Ⅳ度，精度为2。

4.4.79 1919年11月12日鹤庆4级地震

震中位置26.5°N、100.2°E，震中烈度Ⅳ度，精度为2。

4.4.80 1925年3月13日大理4级地震

震中位置25.7°N、100.2°E，震中烈度Ⅳ度，精度为2。

4.4.81 1925年3月15日大理4¾级地震

震中位置25.7°N、100.2°E，震中烈度Ⅵ⁻度，精度为2。大理、凤仪两地房屋稍有毁伤。

4.4.82 1925年3月24日凤仪4½级地震

震中位置25.6°N、100.3°E，震中烈度Ⅴ度，精度为2。

4.4.83　1925年4月2日凤仪4½级地震

震中位置25.6°N、100.3°E，震中烈度Ⅴ度，精度为2。

4.4.84　1925年5月26日大理、凤仪间4½级地震

震中位置25.6°N、100.2°E，震中烈度Ⅴ度，精度为2。

4.4.85　1925年10月2日大理4级地震

震中位置25.7°N、100.2°E，震中烈度Ⅳ度，精度为2。

4.4.86　1925年10月3日大理4¾级地震

震中位置25.7°N、100.2°E，震中烈度Ⅵ⁻度，精度为2。墙倾数处，未伤人。

4.4.87　1925年10月3日大理4级地震

震中位置25.7°N、100.2°E，震中烈度Ⅳ度，精度为2。

4.4.88　1929年1月12日大理4½级地震

震中位置25.7°N、100.2°E，震中烈度Ⅴ度，精度为3。

4.4.89　1931年2月1日南涧西4½级地震

发震时刻04时42分50秒，震中位置25.7°N、100.2°E。

4.4.90　1935年12月30日弥渡4级地震

震中位置25.3°N、100.5°E，震中烈度Ⅳ度，精度为2。

4.4.91　1937年2月23日永平4级地震

震中位置25.5°N、99.5°E，震中烈度Ⅳ度，精度为2。

4.4.92　1937年3月3日弥渡、姚安间4½级地震

震中位置25.4°N、100.8°E。震中烈度Ⅴ度，精度为3。

4.4.93　1937年7月1日云龙4级地震

震中位置25.9°N、99.4°E，震中烈度Ⅳ度，精度为2。

4.4.94　1937年7月24日鹤庆4½级地震

震中位置26.5°N、100.2°E。震中烈度Ⅴ度，精度为2。

4.4.95 1938年12月6日云龙4级地震

震中位置25.9°N、99.4°E，震中烈度Ⅳ度，精度为2。

4.4.96 1938年12月7日云龙4½级地震

震中位置25.9°N、99.4°E，震中烈度Ⅴ度，精度为2。

4.4.97 1940年6月1日鹤庆4½级地震

震中位置26.5°N、100.2°E。震中烈度Ⅴ度，精度为2。

4.4.98 1941年5月15日鹤庆4½级地震

震中位置26.5°N、100.2°E。震中烈度Ⅴ度，精度为2。

4.4.99 1948年7月4日兰坪、剑川间4级地震

震中位置26.5°N、99.6°E。震中烈度Ⅳ度，精度为2。

4.4.100 1961年3月16日鹤庆东4.8级地震

发震时刻05时10分53秒，震中位置26.5°N、100.5°E。

4.4.101 1962年10月26日剑川4½级地震

发震时刻16时52分35秒，震中位置26.5°N、100.0°E。

4.4.102 1964年5月3日宾川4.7级地震

发震时刻07时34分27秒，震中位置25.9°N、100.7°E。
1964年5月3日07时34分31秒于26.1°N、100.7°E发生4.5级余震；
1964年5月8日07时50分07秒又于26.0°N、100.8°E发生4.5级余震。

4.4.103 1966年4月14日永平4.6级地震

发震时刻17时28分00秒，震中位置25.5°N、99.5°E。

4.4.104 1966年6月28日宾川4.3级地震

发震时刻22时45分00秒，震中位置25.8°N、100.5°E。

4.4.105 1966年11月15日云龙4.0级地震

发震时刻12时41分47秒，震中位置25.67°N、99.27°E。

4.4.106 1967年4月19日漾濞4.4级地震

发震时刻16时00分00秒，震中位置25.3°N、99.9°E。

4.4.107 1968年5月5日洱源4.1级地震

发震时刻06时38分54秒，震中位置26.07°N、99.67°E。

4.4.108 1971年6月9日洱源4级地震

发震时刻14时04分00秒，震中位置25.95°N、99.95°E。

4.4.109 1971年12月9日巍山4.1级地震

发震时刻12时04分00秒，震中位置25.52°N、100.12°E。

4.4.110 1972年9月7日鹤庆4.2级地震

发震时刻18时35分00秒，震中位置26.08°N、100.45°E。

4.4.111 1973年10月20日宾川4.2级地震

发震时刻23时34分58秒，震中位置25.95°N、100.58°E。

4.4.112 1974年2月9日宾川4级地震

发震时刻13时53分00秒，震中位置25.95°N、100.6°E。

4.4.113 1974年5月15日洱源4.3级地震

发震时刻17时54分00秒，震中位置26.27°N、99.93°E。

4.4.114 1974年10月22日洱源4.5级地震

发震时刻23时29分00秒，震中位置26.02°N、99.62°E。

4.4.115 1975年1月4日鹤庆4级地震

发震时刻17时22分00秒，震中位置26.35°N、100.37°E。

4.4.116 1975年3月18日永平4.8级地震

发震时刻15时01分22秒，震中位置25.51°N、99.47°E。

4.4.117 1975年6月19日永平4级地震

发震时刻11时25分00秒，震中位置25.47°N、99.57°E。

4.4.118 1975年9月29日巍山4.1级地震

发震时刻12时54分20秒，震中位置25.25°N、99.98°E。

4.4.119 1979年4月15日洱源4级地震

发震时刻14时06分00秒，震中位置25.92°N、99.97°E。

4.4.120 1979年5月15日洱源4级地震

发震时刻03时32分00秒，震中位置25.9°N、99.95°E。

4.4.121 1979年6月25日云龙4级地震

发震时刻12时31分00秒，震中位置25.73°N、99.62°E。

4.4.122 1980年3月27日云龙4.1级地震

发震时刻21时34分00秒，震中位置25.6°N、99.07°E。

4.4.123 1980年5月27日洱源4级地震

发震时刻20时32分00秒，震中位置25.97°N、99.9°E。

4.4.124 1980年11月19日洱源4.7级地震

发震时刻21时55分59秒，震中位置26.20°N、99.72°E。

4.4.125 1981年2月9日祥云4.1级地震

发震时刻05时09分00秒，震中位置25.52°N、100.82°E。

4.4.126 1981年4月22日漾濞4级地震

发震时刻03时03分00秒，震中位置25.8°N、99.85°E。

4.4.127 1982年7月3日剑川4.5级地震

发震时刻14时58分00秒，震中位置26.57°N、99.73°E。

4.4.128 1983年5月1日巍山4级地震

发震时刻03时03分00秒，震中位置25.8°N、99.85°E。

4.4.129 1983年5月22日涧4.2级地震

发震时刻01时09分00秒，震中位置24.87°N、100.63°E。

4.4.130 1985年10月9日洱源4级地震

发震时刻21时41分00秒，震中位置25.97°N、99.6°E。

4.4.131 1985年11月4日云龙4.2级地震

发震时刻13时56分00秒，震中位置25.92°N、99.5°E。

4.4.132 1986年1月8日鹤庆4级地震

发震时刻10时25分00秒，震中位置26.2°N、100.17°E。

4.4.133 1986年4月4日南涧4.3级地震

发震时刻09时12分00秒，震中位置24.77°N、100.3°E。

4.4.134 1986年5月18日鹤庆4.4级地震

发震时刻11时31分00秒，震中位置26.17°N、100.18°E。

4.4.135 1986年5月19日鹤庆4级地震

发震时刻16时36分00秒，震中位置26.15°N、100.18°E。

4.4.136 1986年6月24日鹤庆4.2级地震

发震时刻09时58分00秒，震中位置26.15°N、100.2°E。

4.4.137 1986年8月10日漾濞4.2级地震

发震时刻18时39分00秒，震中位置25.63°N、99.93°E。

4.4.138 1986年12月27日巍山4.3级地震

发震时刻12时41分00秒，震中位置25.38°N、100.02°E。

4.4.139 1986年12月28日巍山4.1级地震

发震时刻18时15分00秒，震中位置25.32°N、100.1°E。

4.4.140 1987年1月7日巍山4.1级地震

发震时刻05时05分00秒，震中位置25.32°N、100.15°E。

4.4.141 1987年1月19日巍山4级地震

发震时刻02时33分00秒，震中位置25.27°N、100.1°E。

4.4.142 1987年3月2日巍山4级地震

发震时刻10时58分00秒，震中位置25.38°N、100.03°E。

4.4.143 1987年3月9日巍山4.1级地震

发震时刻10时48分00秒，震中位置25.32°N、100.1°E。

4.4.144 1988年11月19日宾川4.5级地震

发震时刻19时25分00秒，震中位置25.8°N、100.58°E。

4.4.145 1988年11月19日宾川4级地震

发震时刻21时33分00秒，震中位置25.87°N、100.45°E。

4.4.146 1989年2月10日洱源4.7级地震

发震时刻08时36分49.2秒，震中位置25.98°N、99.57°E，震源深度15km。

4.4.147 1989年9月20日洱源4.6级地震

发震时刻01时39分00秒，震中位置25.97°N、99.72°E。

4.4.148 1989年9月20日洱源4.3级地震

发震时刻01时46分00秒，震中位置25.97°N、99.68°E。

4.4.149 1989年9月29日洱源4.4级地震

发震时刻11时42分00秒，震中位置26.08°N、100.12°E。

4.4.150 1990年4月22日洱源4.3级地震

发震时刻21时58分00秒，震中位置26.12°N、99.87°E。

4.4.151 1990年6月24日大理4.1级地震

发震时刻09时33分00秒，震中位置26.02°N、100.25°E。

4.4.152 1990年8月7日鹤庆4.3级地震

发震时刻18时37分00秒，震中位置26.18°N、100.23°E。

4.4.153 1991年7月4日洱源4.4级地震

发震时刻07时45分00秒，震中位置26.1°N、99.7°E。

4.4.154　1991年12月26日漾濞4.2级地震

发震时刻10时23分00秒，震中位置25.88°N、99.97°E。

4.4.155　1992年10月17日云龙4.5级地震

发震时刻16时45分00秒，震中位置25.72°N、99.57°E。

4.4.156　1995年3月14日洱源4.3级地震

发震时刻21时41分00秒，震中位置26.03°N、99.6°E。

4.4.157　1996年4月15日云龙4级地震

发震时刻02时35分00秒，震中位置26.27°N、99.42°E。

4.4.158　1997年7月22日洱源4.2级地震

发震时刻00时47分00秒，震中位置25.9°N、99.97°E。

4.4.159　1998年3月8日宾川4.4级地震

发震时刻18时18分00秒，震中位置25.77°N、100.5°E。

4.4.160　1998年7月7日永平4.0级地震

发震时刻11时54分00秒，震中位置25.45°N、99.67°E。

4.4.161　1998年11月26日巍山4.1级地震

发震时刻09时44分00秒，震中位置25.52°N、100.22°E。

4.4.162　1998年12月2日下关4.7级地震

发震时刻18时10分42秒，震中位置25.53°N、100.27°E，精度2。

主震发生后，共发生3次4.0级以上余震，如表4-2所示：

表4-2　下关4.7级地震余震表

序号	发震时间	发震时刻	北纬N（°）	东经E（°）	地点	震级
1	1998-12-02	17:12:00	25.52	100.23	大理市	4.3
2	1998-12-02	18:11:00	25.53	100.27	大理市	4.1
3	1998-12-02	18:54:00	25.53	100.27	大理市	4

4.4.163 1999年1月4日永平4.1级地震

发震时刻17时38分00秒，震中位置25.48°N、99.37°E。

4.4.164 1999年5月1日大理4.2级地震

发震时刻07时23分00秒，震中位置25.52°N、100.37°E。

4.4.165 2000年12月11日云龙4.6级地震

发震时刻15时36分00秒，震中位置25.68°N、99.03°E。

4.4.166 2002年1月4日漾濞4.0级地震

发震时刻00时48分00秒，震中位置25.72°N、99.72°E。

4.4.167 2002年1月4日漾濞4.1级地震

发震时刻02时40分00秒，震中位置25.72°N、99.72°E。

4.4.168 2002年1月4日云龙4级地震

发震时刻02时54分00秒，震中位置25.73°N、99.72°E。

4.4.169 2002年1月7日漾濞4.2级地震

发震时刻01时00分00秒，震中位置25.72°N、99.73°E。

4.4.170 2004年2月9日漾濞4.6级地震

发震时刻12时30分00秒，震中位置25.75°N、99.93°E。

4.4.171 2004年4月1日宾川4.1级地震

发震时刻14时02分00秒，震中位置25.9°N、100.68°E。

4.4.172 2004年12月26日宾川4.6级地震

发震时刻09时18分00秒，震中位置25.85°N、100.6°E。

图4-161　宾川4.6级地震中受损的房子（一）

图4-162　宾川4.6级地震中受损的房子（二）

图4-163　宾川4.6级地震中受损的房子（三）

4.4.173 2004年12月30日漾濞4级地震

发震时刻08时48分00秒，震中位置25.7°N、99.95°E。

4.4.174 2006年1月28日永胜宾川交界4.7级地震

地震发生在北京时间28日下午3时02分03秒，震中位于26.2°N，100.82°E，震级4.7级，震源深度为8km。永胜和宾川地区震感强烈，无人员伤亡。

4.4.175 2007年2月3日洱源4.5级地震

发震时刻02时25分00秒，震中位置25.92°N、99.75°E。

4.4.176 2007年3月9日漾濞4.6级地震

发震时刻11时30分00秒，震中位置25.77°N、99.82°E。

4.4.177 2007年3月18日大理4.1级地震

发震时刻17时36分00秒，震中位置25.47°N、100.38°E。

4.4.178 2007年3月28日云龙、永平4.6级地震

发震时刻10时57分00秒，震中位置25.62°N、99.42°E。

4.4.179 2007年7月29日巍山4级地震

发震时刻22时29分00秒，震中位置25.45°N、100.03°E。

4.4.180 2007年8月12日巍山4.4级地震

发震时刻02时39分00秒，震中位置25.45°N、100.05°E。

4.4.181 2008年2月18日漾濞4.8级地震

发震时刻10时44分00秒，震中位置25.72°N、99.78°E。

4.4.182 2009年4月14日洱源4.4级地震

发震时刻04时37分10秒，震中位置25.99°N、99.79°E。

4.4.183 2009年9月30日大理4.2级地震

发震时刻13时59分12秒，震中位置25.97°N、100.19°E。

4.4.184 2009年10月14日祥云4.1级地震

发震时刻20时24分14秒，震中位置25.58°N、100.98°E。

4.4.185　2009年10月23日祥云4.1级地震

发震时刻12时44分46秒，震中位置25.6°N、100.98°E。

4.4.186　2010年1月1日洱源4.6级地震

发震时刻10时08分20秒，震中位置26.2°N、99.8°E。

4.4.187　2011年6月22日漾濞4.2级地震

发震时刻09时42分08秒，震中位置25.61°N、99.98°E。

4.4.188　2013年11月28日祥云4.7级地震

北京时间2013年11月28日16时23分在大理白族自治州祥云县沙龙镇谢官营村（25.4°N，100.6°E）发生4.7级地震，震源深度10 km。祥云县沙龙镇、祥城镇、云南驿镇受损较为严重，其他乡镇不同程度受损。据初步统计，截至11月28日20时，祥云县10个乡镇不同程度受灾，其中受灾较重的3个乡镇涉灾农户18660户，受灾人口115053人，地震共造成重伤1人轻伤7人、房屋倒塌34户57间，房屋受损6989户10700间，学校受损3所2004m^2；坝塘、水窖、沟渠、公路路基、路面等不同程度受损。此次地震共造成祥云县经济损失1.23亿元。

4.4.189　2014年1月21日宾川4.1级地震

发震时刻22时08分21秒，震中位置25.81°N、100.62°E。

4.4.190　2014年7月26日宾川4.1级地震

发震时刻21时26分19秒，震中位置25.88°N、100.5°E。

4.4.191　2014年8月21日宾川4.2级地震

发震时刻12时11分02秒，震中位置25.88°N、100.5°E。

4.4.192　2014年8月21日宾川4.1级地震

发震时刻13时11分19秒，震中位置25.86°N、100.48°E。

4.4.193　2014年8月25日宾川4级地震

发震时刻07时10分10秒，震中位置25.96°N、100.61°E。

4.4.194　2015年1月19日洱源4.2级地震

发震时刻23时30分49秒，震中位置25.93°N、99.71°E。

4.4.195 2016年2月8日洱源4.6级地震

发震时刻07时30分55秒，震中位置26.05°N、99.66°E。

4.4.196 2016年2月8日洱源4级地震

发震时刻07时39分08秒，震中位置26.09°N、99.58°E。

4.4.197 2016年11月17日漾濞4.4级地震

发震时刻12时10分30秒，震中位置25.74°N、99.86°E。

4.4.198 2016年11月17日漾濞4.5级地震

发震时刻12时22分48秒，震中位置25.71°N、99.86°E。

4.4.199 2017年5月20日云龙4.1级地震

发震时刻00时02分16秒，震中位置25.66°N、99.34°E。

4.4.200 2019年11月25日洱源4.4级地震

发震时刻01时02分37秒，震中位置25.97°N、99.7°E。

4.4.201 2022年2月10日漾濞4.2级地震

发震时刻15时36分39秒，震中位置25.56°N、100.04°E。

4.5 邻区破坏性地震

4.5.1 1515年6月27日永胜西北红石崖7¾级地震

明正德十年五月初六（1515年6月27日）永胜地震。

永胜：黑气如雾，地裂水涌，坏城垣官廨民居不可胜计，死者数千，伤倍之。城倾西北，民居圮者千五百余家。近屯西山下（今金官盆地）田陷成湖者百余顷，历年积水为患，乾隆十一年（1746年）开挖河尾一百余丈（一丈约等于3.33m）泄水。相传灵源箐水前由谭家坪向南而西过真庆观顺流而下，因震自箐口崩裂至城西北石门关，遂成大河，不由故道。（以上三条记作六年五月初六）

鹤庆：官民庐舍倾圮殆尽。公署正堂、经历司、照磨所，申明、旌善二亭，知府、同知等诸厅尽坏。庙学、玄化寺倾圮。

大理：城廓室庐仆阙无算；三塔寺中塔裂二尺（一尺约等于0.33米）许，旬日复合如故；城东五里洱河西岸洱水神祠颓。（以上三条记作九年五月初六）先师庙殿庑倾圮。

凤仪：毁民居，压死人口。

祥云：坏屋宇城垣。

剑川：庙学圮。

姚安、大姚、禄丰官民庐舍倾圮殆尽（疑所记系震中附近情况），景东、禄劝、武定、元谋、丽江民居半圮。

邓川、澄江、巍山有感。

之后日震二三十次，逾月不止。

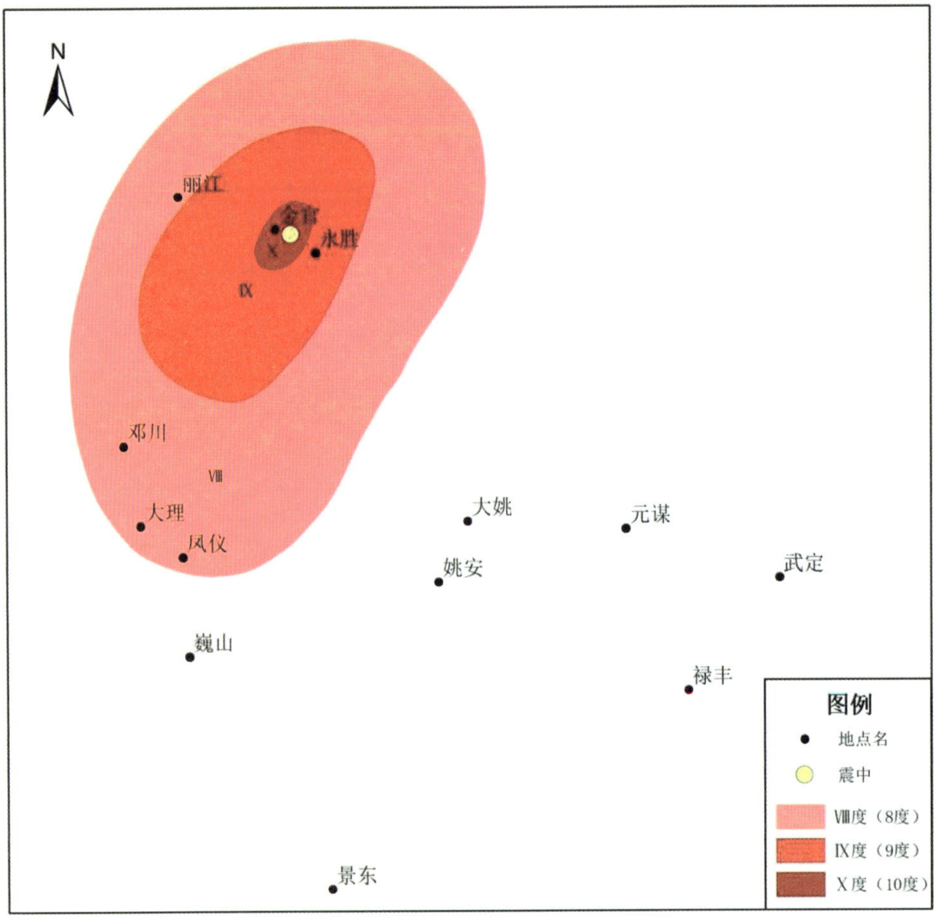

图4-164　1515年6月27日永胜西北红石崖7¾级地震

4.5.2 1962年6月24日南华天申堂6.2级地震

发震时刻09时21分18秒，震中位置25.2°N、101.2°E。南华、姚安、祥云3县共约2600户受灾，损毁房屋4500多间，死7人，伤77人。南华：近2000户受灾，损坏房屋2871间，其中倒塌630间、部分倒塌830间，死1人，伤21人。姚安：573户受灾，损坏房屋1155间，其中倒塌216间、部分倒塌374间，死2人，伤20人。祥云：损坏房屋504间，其中倒塌167间、部分倒塌337间，死4人，伤36人。

极震区：位于南华、祥云交界的天子庙坡一带，包括米阿井、苴力铺、阿米期苴、天申堂、石桥河、羊记冲、力必甸、梅苴兴等村。各村房屋土墙震裂与倒塌，木架结构房许多脱榫、柱移及倾斜，偶有房屋倒毁。地表裂缝较普遍，山坡和公路边坡处崩塌。烈度Ⅷ度。

Ⅶ度区：东达龙潭、沙桥，西到大易康、普淜、黑苴，南至老厂与五街间，东北抵弥兴南。少数房屋土墙倒塌，多数轻微受损。沙桥镇：共有房1500余间，倒墙破坏100余间。普淜：朽旧木结构房倒毁，木结构二层楼房土坯墙裂缝，单土坯隔墙倒塌。小坝老羊冲水库土石坝顶出现横向裂缝。

Ⅵ度区：东南至南华县城，东北到姚安县城，西北抵云南驿。房屋脊瓦、檐瓦有少数滑落，土墙裂缝、偶有局部倒塌，民用砖烟囱震倒，墙上灰皮大量脱落。

Ⅴ度区：东到大姚、牟定、楚雄，西至祥云、弥渡一带。个别地方老朽土墙倒塌，偶有檐瓦和墙皮掉落。

Ⅳ度区：包括永仁、元谋、禄劝、宾川、大理、巍山、双柏及鳄嘉。门窗作响，许多人感震。

丽江、剑川、临沧、镇源、昆明及新平等地少数人有感。祥云县属洗澡塘温泉震后水呈乳白色，流量增大2～4倍。

昆明测震台6月14日11时01分01秒记录到极震区内的一次前震。主震后至7月12日发生有感余震近40次，昆明台记录到13次；7月13日至9月，地震仪又记录到余震6次。

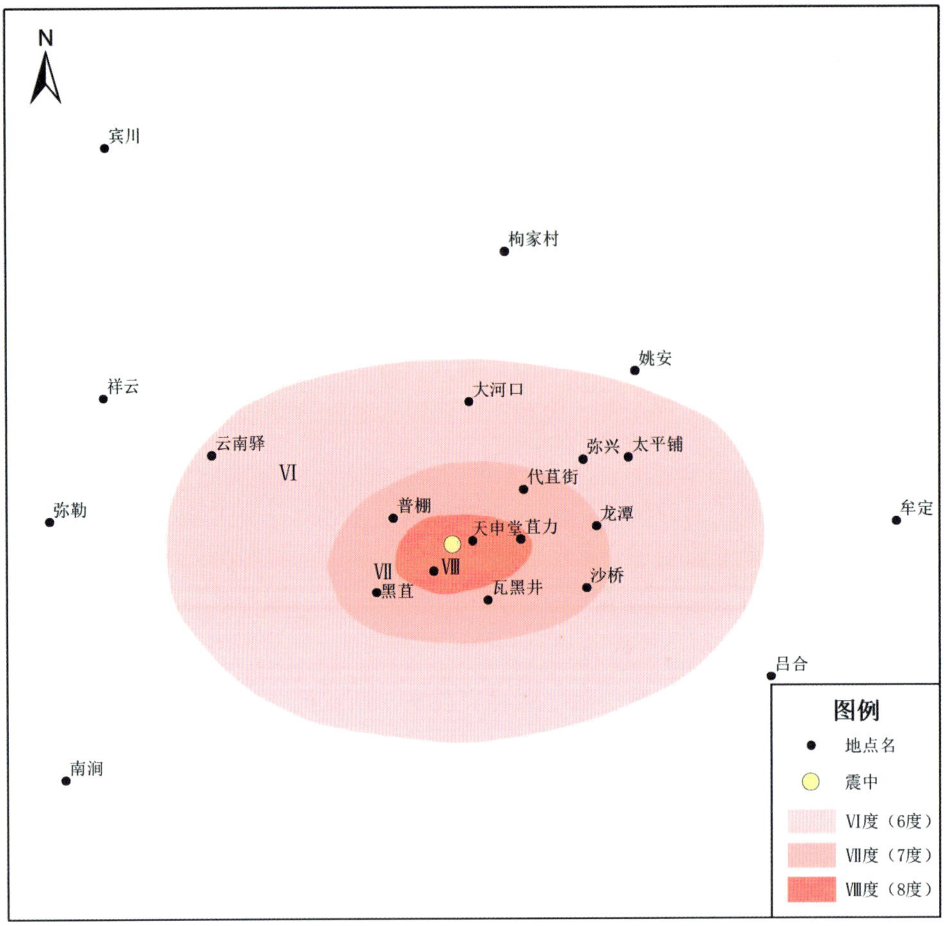

图4-165　1962年6月24日南华6.2级地震等震线

4.5.3　1996年2月3日丽江7.0级地震

【仪测记录】

19时14分18.1秒，7.0级（震中位置27.3°N，100.22°E，精度2），震源深度10 km。（云南省地震局《云南地震目录》1998年）

19点14分19.6秒，6.9级（震中位置27.34°N，100.25°E），震源深度10 km。（BJI）

19点14分22.6秒，6.5级（震中位置27.25°N，100.45°E），震源深度10 km。（NEIC）

19点14分22.6秒，6.5级（震中位置27.25°N，100.45°E），震源深度34 km。（ISC）

19点14分31秒，6.6级（震中位置27.19°N，100.31°E），震源深度18.8 km。（哈佛大学）

【调查记录】

此震灾区包括丽江、迪庆、大理、怒江4地州的9县92个乡镇，其中以丽江、中甸（今香格里拉）、鹤庆3县市为重。据抽样调查和地震灾害损失评估，民族土木结构、砖木结构、砖混结构房屋遭受毁坏的比例相差不大，但钢筋混凝土结构房屋却无一毁坏，共计毁、损房屋21076101m^2。受灾人口逾100万人，重灾灾民36万人，无家可归者超过18.5万人。共伤亡17366人，其中死亡309人、重伤4070人、轻伤12987人，以丽江伤亡人数最多，鹤庆、中甸次之。地震烈度Ⅵ度以上（含Ⅵ度）的面积18716km^2。

极震区：南起丽江城区以南文笔—漾西以北，北到丽江大具，东起丽江大东—文化，西达文海—玉龙山一线，呈近SN向椭圆（长轴长约68km，短轴长约26km），面积约1400km^2。区内绝大多数夯土房、土坯木架房或夯土木架房、砖柱土坯房和砖平房遭毁坏，民族土木房屋、（民族）砖木房屋、砖混结构房屋和钢筋混凝土结构房屋大多数遭毁坏或严重破坏，木垛房少量严重破坏。黄山乡中海村、白华开文村、白沙乡开文行政村的文荣村、金山乡新团六队、大研镇文智办事处文智十队等村遭破坏极为严重。金山乡新团六队102户494人，全村89户土木房屋遭毁坏，15户遭严重破坏，死亡8人，重伤71人，砸死耕牛22头、骡马41匹、猪260头。文智十队全村56户，52户房屋遭毁坏，残留的4幢遭严重破坏。震区地表破坏主要有地裂缝、滑坡、崩塌、跳石等，密集分布于大具—玉湖一带，构成长轴近SN向、长度约30km的地表破坏分布区。滑坡、崩塌主要分布于玉龙雪山东、西两侧，特别是虎跳峡一带，崩塌使交通中断，游客被困；大东—文明一带玄武岩区滑坡也较发育，使丽江—云杉坪公路干海子至白水山庄一带遭受破坏；上黑水村东产生的构造地裂缝呈NE20°延伸、长1.3km，具右阶左行张扭运动特征，总体为西盘上升，最大左旋水平位错30cm，最大垂直错距25cm；白沙乡文化村边麦田中产生直径达2.5m的局部陷落，黑水四社附近路旁出现少量喷砂、冒水。烈度Ⅸ度。

Ⅷ度区：南起大理鹤庆辛屯附近，北到丽江北部的高寨，东起宁蒗石门坎，西达中甸龙蟠。区内大多数夯土房、土坯木架房或夯土木架房、砖柱土坯房和砖平房遭严重破坏，民族土木房屋、（民族）砖木房屋、砖混结构房屋、钢筋混凝土结构房屋和木垛房个别遭中等破坏。鹤庆县辛屯村共有民族土木房屋2073961m^2，严重破坏20.9%、中等破坏37.7%、轻微破坏36.3%，其余基本完好；中甸县哈巴村共有土木房屋375000m^2，毁坏2.4%、严重破坏5.7%、中等破坏43.5%、轻微破坏45.6%，其余基本完好；丽江三古村共有土木结构房屋6751m^2，严重破坏23%、中等破坏32%、轻微破坏29%，其余基本完好。沿金沙江长松—三古一带有岩石崩落。

Ⅶ度区：南起鹤庆河底、邑头，北到丽江奉科（新民）以北，东起宁蒗西川，西达丽江石鼓附近。区内多数夯土房、土坯木架房或夯土木架房、砖柱土坯房和砖平房遭中等破坏，民族土木房屋、（民族）砖木房屋、砖混结构房屋和钢筋混凝土结构房屋少数遭轻微破坏，木垛房完好无损。宁蒗西川抽样调查受灾房屋面积3000m²，严重破坏13.3%、中等破坏24.7%、轻微破坏41.0%，其余基本完好；丽江九河抽样调查受灾土木结构房屋4920m²，严重破坏6.1%、中等破坏26.8%、轻微损坏30.5%，其余基本完好；鹤庆邑头抽样调查受灾土木结构房屋4320m²，严重破坏11.6%、中等破坏23.6%、轻微破坏27.8%，其余基本完好。

Ⅵ度区：南起鹤庆松桂西邑以南，北过金沙江到达四川省，东内起宁蒗新营盘战河一线，西达迪庆中甸小中甸。区内多数夯土房、土坯木架房或夯土木架房、砖柱土坯房和砖平房遭轻微损坏，民族土木房屋、（民族）砖木房屋、砖混结构房屋和钢筋混凝土结构房屋基本完好。宁蒗跑马坪村抽样调查受灾土木房屋80间，中等破坏2间，轻微破坏21间，基本完好51间；中甸小中甸抽样调查受灾土木结构房屋2440m²，轻微破坏44.3%，其余基本完好；鹤庆西邑村抽样调查受灾土木结构房屋1600m²，中等破坏9.4%、轻微破坏30%，其余基本完好。

此震除破坏民居房屋建筑外，丽江县博物馆等各级文物保护单位房屋也遭受不同程度破坏；丽江城区自来水供水管网严重破坏，灾后一度断水；医疗卫生系统房屋、设备器械、药品受损，影响救助；学校房屋、设备等不同程度受破坏，一度停课；丽江区域内2座中型水库、19座小型水库以及塘坝、水渠、渡槽、防洪河堤等普遍破损，11座小型水电站、供电系统破损较重而一度断电；丽江、中甸等邮电设施部分损坏，通信电话、广播电视中断；丽江—永胜、国道214线等公路路基、边坡坍塌，桥涵受损，有碍通行；工商企业因房屋、设备破损而暂停生产经营。因地震引发次生火灾11起。

此主震—余震型地震之余震极频繁，截至1996年12月31日共记录≥2级余震1779次（限于模拟记录，大震后一段时间余震记录线重叠，难以辨析其基本参数，因而主震后2日之余震不确）。截至1996年7月13日共记录≥3.0级余震168次（主震后之当日至24时计28次），其中≥4.0级36次（主震后之当日11次）；≥5.0级余震6次［分别发生于2月5日6.0级（最大余震）、2月6日5.5级、2月7日5.4级、5.0级、7月2日5.5级、9月25日5.7级］。余震集中发生于2月8日前（记录≥3.0级91次），并集中于丽江—大具约37km地段，大致呈SN向分布。7月2日5.5级、9月25日5.7级与1997年10月23日5.3级（或为其远期余震）三次强余震，非发生于余震集中的丽江—大具地段，而是分别发生于其南、北两端与东南侧，并破坏房屋。

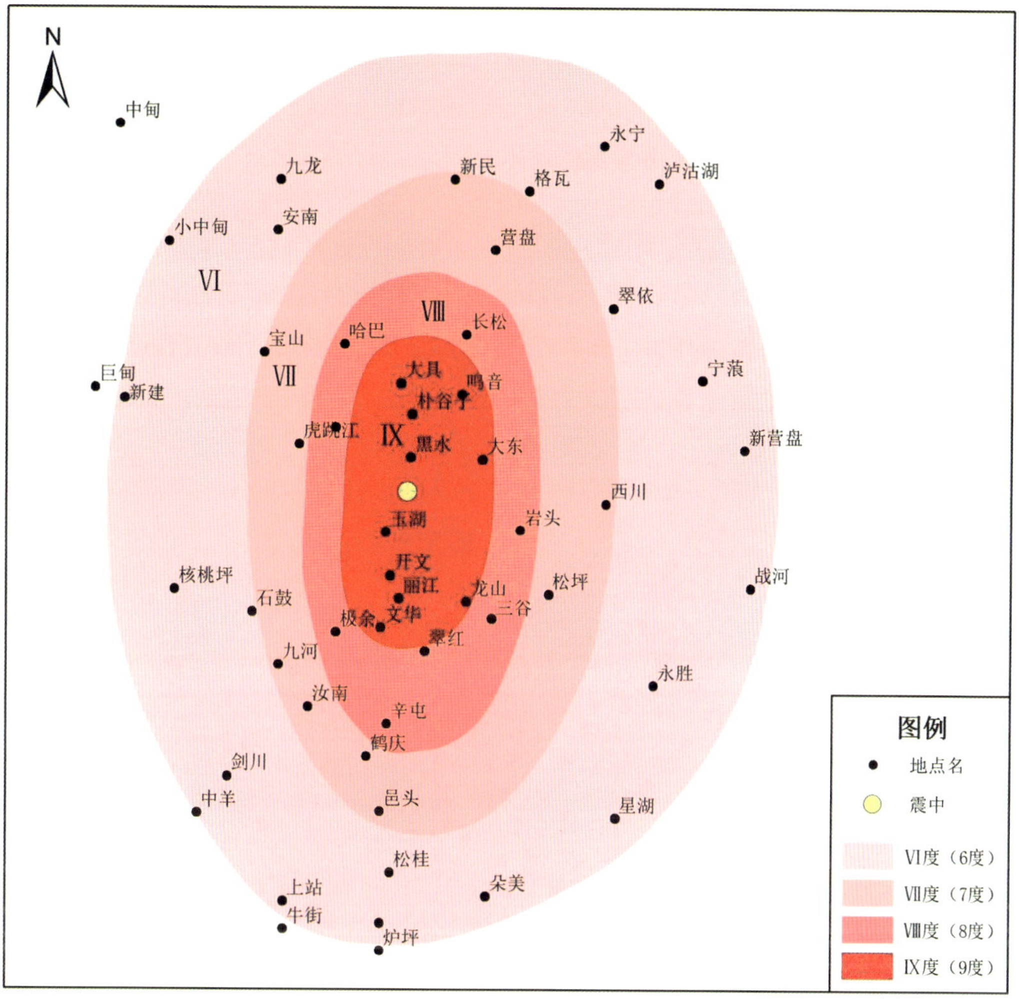

图4–166　1996年2月3日丽江7.0级地震等震线图

4.5.4　2000年1月15日姚安官屯、大姚钱湾6.5级地震

2000年1月15日06时09分和07时37分，姚安相继发生5.9级、6.5级地震。宏观震中位于姚安官屯至大姚七街之间，震中烈度Ⅷ度，灾区总面积约7834km^2，主要涉及楚雄州的姚安县、大姚县、南华县、牟定县、永仁县、楚雄市6个县（市）和大理州的祥云县和宾川县；包括46个乡镇，419个行政村（办事处）；受灾人口963904人，241639户。毁坏房屋1430间（20m^2/间），总经济损失106621万元。

根据云南省遥测台网记录，截至2000年1月20日21时共发生$M \geq 1.0$以上地震358次，其中6.5级地震1次，5.9级地震1次，4.0～4.9级地震7次，3.0～3.9级地震13次，2.0～2.9级地震122次，1.0～1.9级地震214次，最大强余震4.7级。

Ⅷ度区（极震区）：北起大姚新街镇小古衙，南到姚安官屯镇巴拉鲊，东到姚安光禄，西至姚安阿茬拉，长轴长约38.5 km，短轴长约11.5 km，面积约352 km^2。

Ⅶ度区：北起大姚新街碧么，南到姚安弥兴乡大苴，东到姚安包粮屯，西至姚安黄泥塘，长轴长约66 km，短轴长约26 km。

Ⅶ度区面积约996 km^2（不含Ⅷ度区面积）。

Ⅵ度区：北起大姚冷山，南达南华梅子树，东起牟定蟠猫，西到祥云禾甸镇大营，长轴长约128 km，短轴长约80 km，Ⅵ度区面积约6486 km^2（不含Ⅷ度、Ⅶ度区面积）。

另外，位于Ⅵ度区范围外的祥云县城（祥城镇），经调查为Ⅵ度异常点。

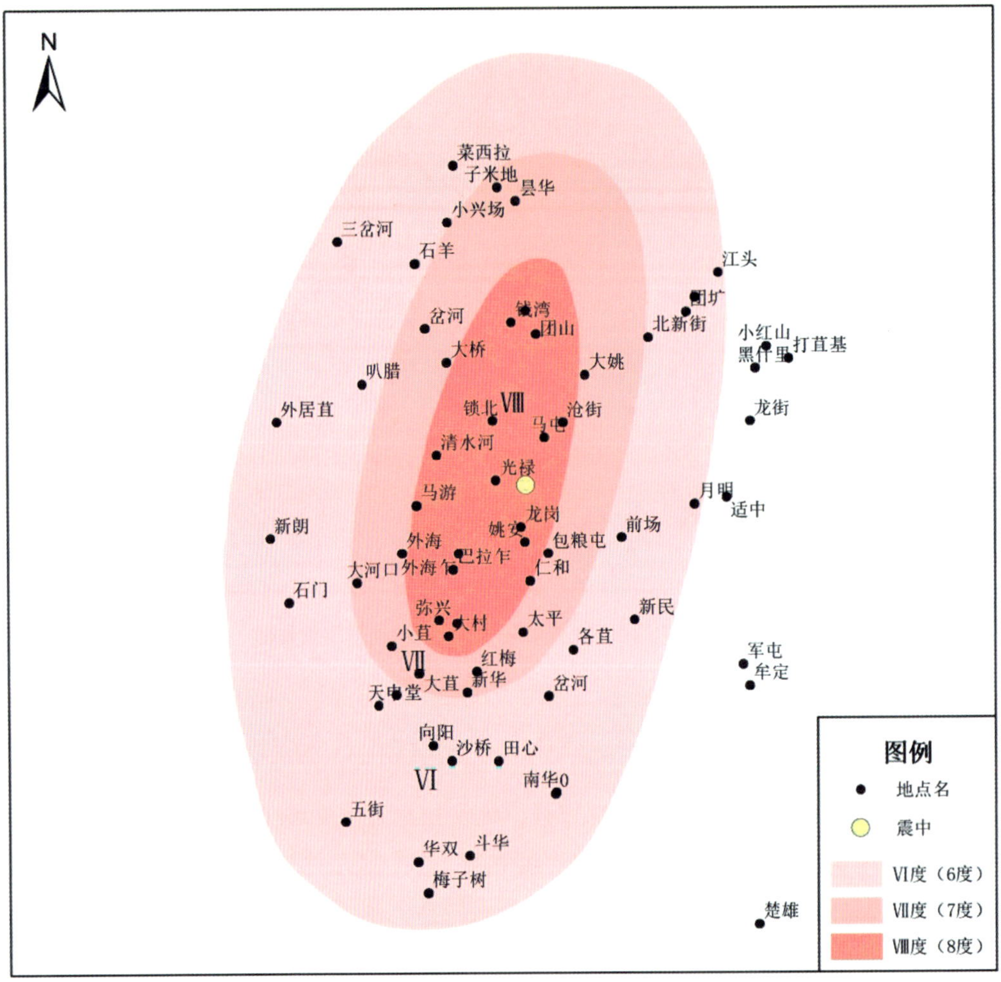

图4-167　2000年1月15日姚安6.5级地震等震线图

4.5.5　2001年10月27日永胜6级地震

2001年10月27日13时35分，永胜发生6.0级地震。据昆明数字地震台网测定，截至2001年10月31日19时共发生$M\geqslant1.0$以上地震136次，其中6.0级1次，4.0～4.9级1次，3.0～3.9级3次，2.0～2.9级31次，1.0～1.9级地震100次。

本次地震灾区总面积约2492km²，震中烈度Ⅶ度，灾区主要涉及丽江市永胜县，大理州的宾川县、鹤庆县；包括14个乡，128个行政村；受灾人口344916人，涉及91455户。毁坏房屋2319间（20 m²/间），总经济损失41050万元。

Ⅶ度区分布在永胜区域内，北起程海镇中所，南至片角乡下六村，东自东风乡大长坪，西到涛源乡东村，总面积约252km²。

Ⅵ度区范围：北起永胜程海，南达宾川力角，西起鹤庆朵美，东至永胜东风乡海家坪，面积约2240km²。

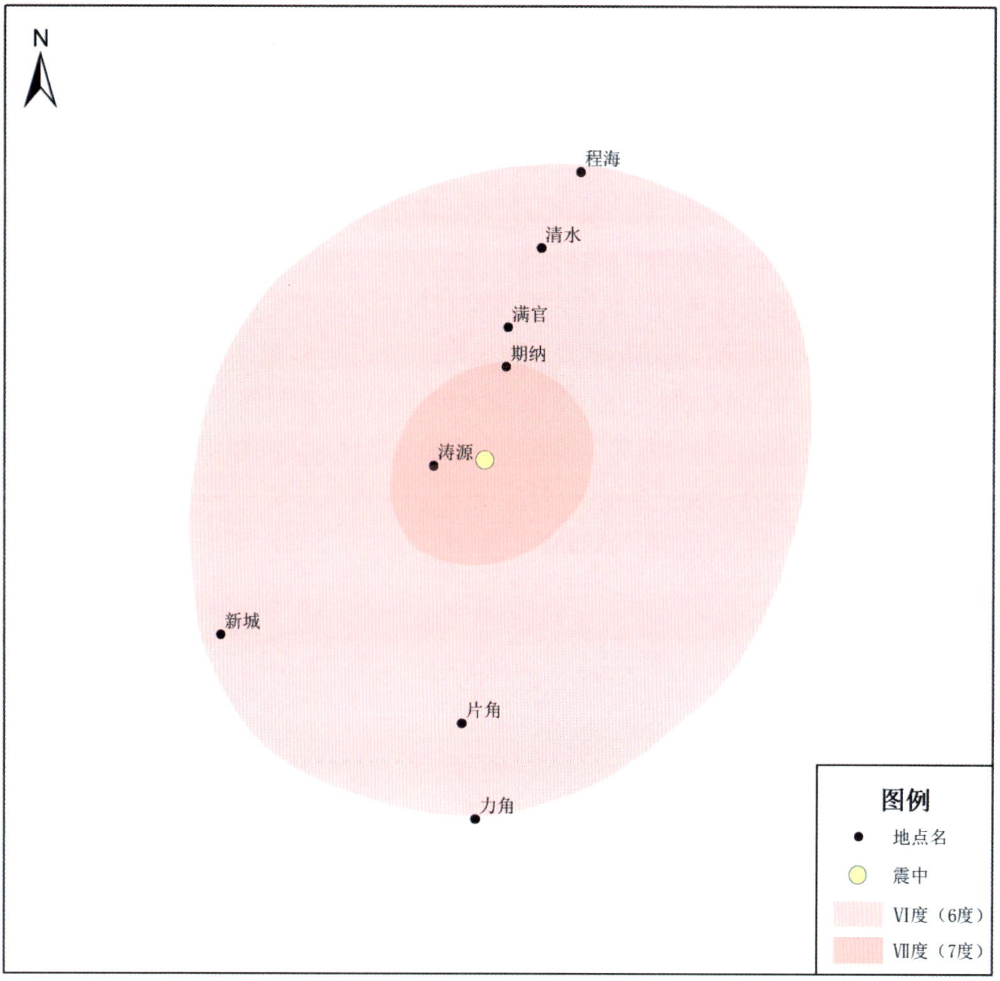

图4-168　2001年10月27日永胜6.0级地震等震线图

4.5.6 2009年7月9日姚安6级地震

2009年7月9日19时19分，姚安（25.6°N，101.1°E）发生M_S6.0级地震。据云南数字地震台网测定，截至7月14日8时，姚安地震序列共发生余震947次，其中1.0～1.9级707次，2.0～2.9级205次，3.0～3.9级30次，4.0～4.9级14次，5.0～5.9级1次，最大余震为7月10日17时02分的5.2级地震。

本次地震宏观震中位于姚安官屯镇官屯村—马游村一带，极震区烈度为Ⅷ度。等震线形状呈椭圆形，长轴走向为NW向。

地震造成楚雄州的姚安县、大姚县、南华县、牟定县、永仁县及大理州的祥云县、宾川县部分房屋破坏，生命线工程及水利等基础设施损坏。

灾区总面积6958km^2，本次地震灾区主要涉及楚雄州的姚安县、大姚县、南华县、牟定县、永仁县及大理州的祥云县、宾川县7个县的35个乡镇、288个行政村（居委会）；地震中1人死亡，31人重伤。灾区人口803206人，201739户。毁坏房屋111235间（20m^2/间），总经济损失215210万元。其中，姚安85740万元，大姚49690万元，南华22150万元，牟定16410万元，永仁3520万元，元谋700万元，武定500万元，祥云22740万元，宾川13260万元，弥渡500万元。

Ⅷ度区分布在姚安区域内，北起左门乡仰拉村以北，南到官屯镇巴拉扎，东起三渡邑、长寿村一带，西至官屯镇吊索箐，面积约230km^2。

Ⅶ度区分布在姚安与大姚区域内，北自大姚金碧镇大桥村以北，南到姚安弥兴镇中村，东起姚安前场镇庄科村西部，西到祥云东山乡新民村。面积约883km^2。

Ⅵ度区范围：北自大姚三台镇树吾打以北，南到南华县城，东起大姚龙街镇设甸村，西近宾川雄鲁么村，总面积约5845km^2。

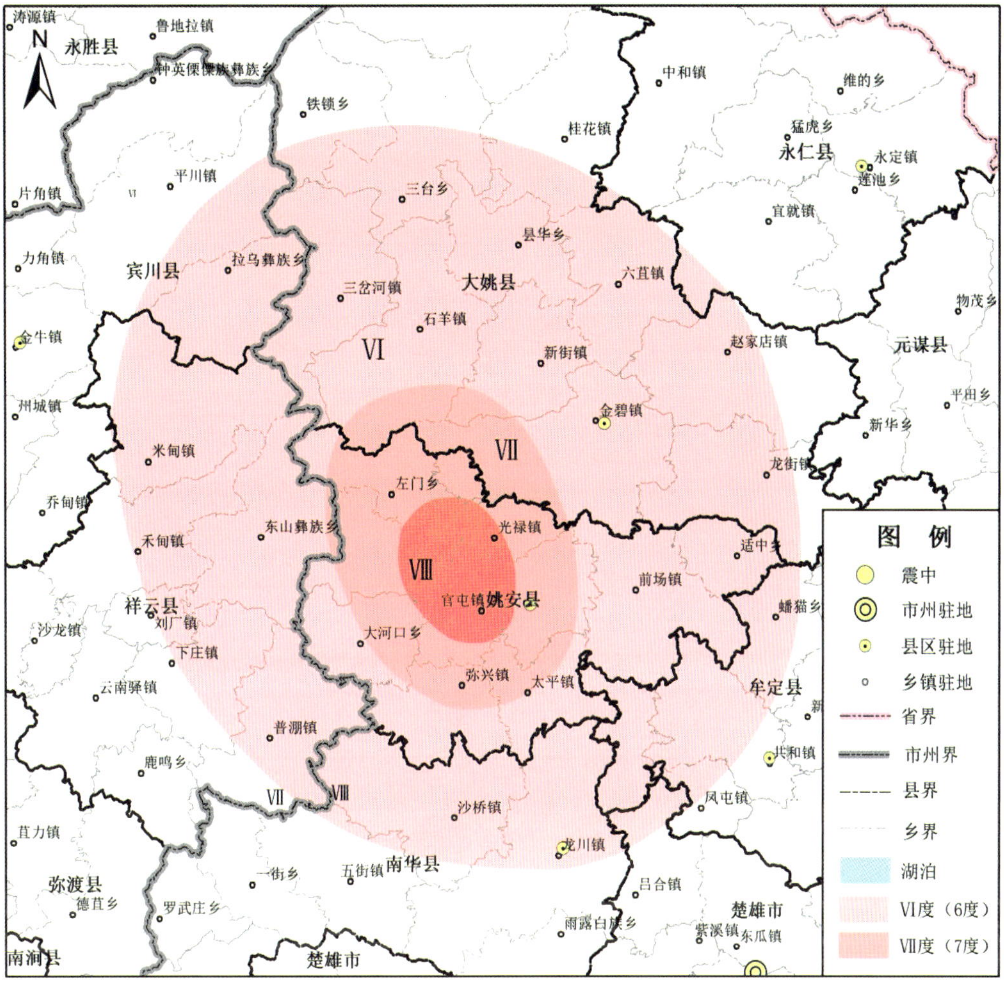

图4-169　2009年7月9日姚安6.0级地震等震线示意图

地震波形记录：

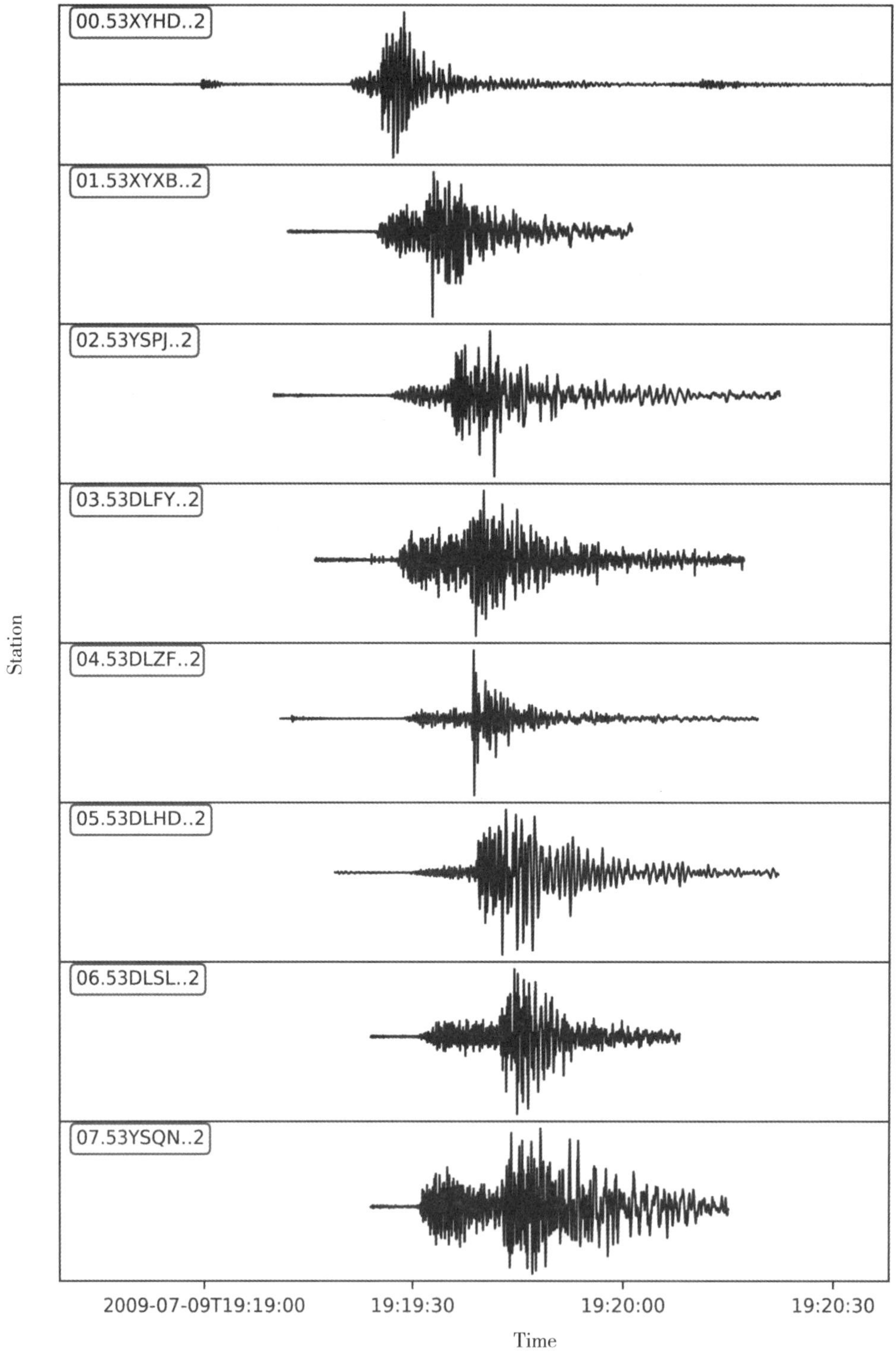

图4–170　姚安M6.0地震100km范围内所有台站垂直向强震记录（加速度）

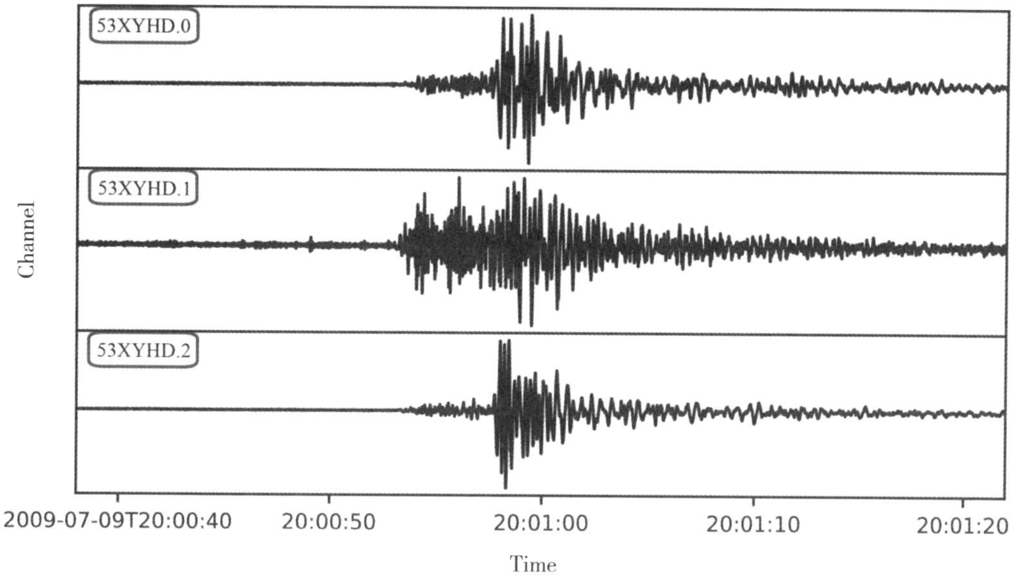

图4-171 禾甸强震台（53XYHD）强震记录（加速度）

注：东西：80.8cm/s^2，北南：28.5cm/s^2，垂直：−70.8cm/s^2。

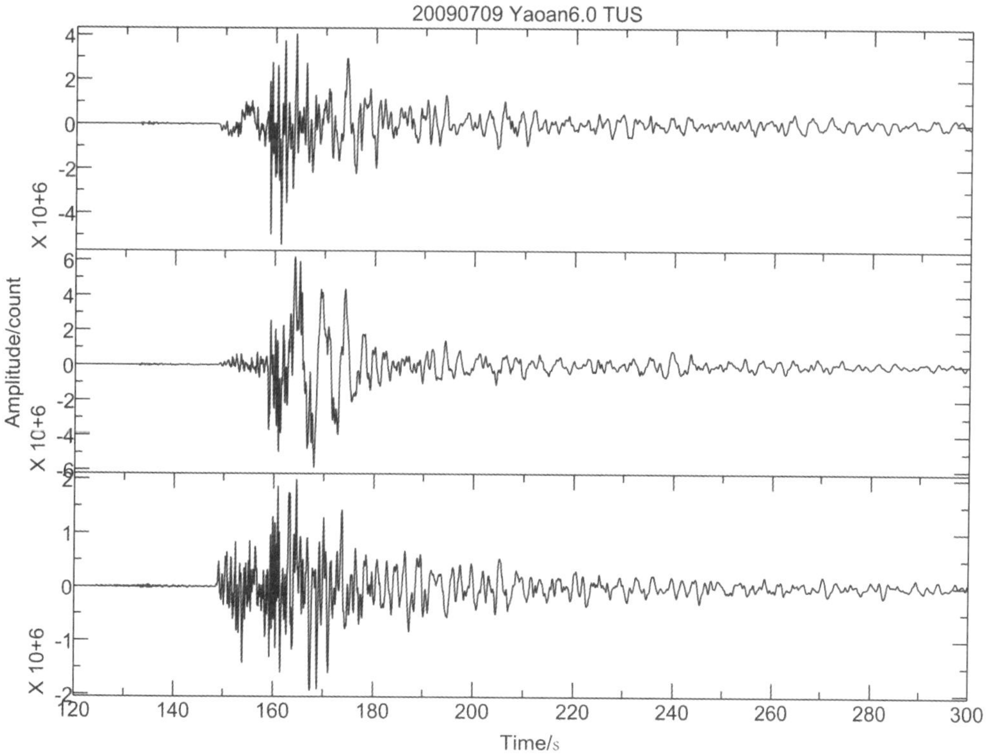

图4-172 团山地震台（TUS）强震记录（速度）

4.5.7 2015年10月30日昌宁5.1级地震

2015年10月30日19时26分39秒，保山昌宁（25.1°N，99.5°E）发生5.1级地震，震源深度10km。本次地震灾区涉及保山市昌宁县、隆阳区，大理州永平县3县区的8个乡镇，29个行政村（社区）；灾区人口56773人，16814户。直接经济总损失24200万元。

灾区最高烈度为Ⅵ度，宏观震中位于大田坝镇政府驻地一带，等震线长轴方向总体呈NNE向，Ⅵ度区总面积约910km^2。东起永平水泄乡大河村至昌宁漭水镇老人山一带，西至隆阳丙麻乡奎阁村，南自昌宁柯街镇花田村、丫口子村一带，北到永平厂街乡政府驻地。

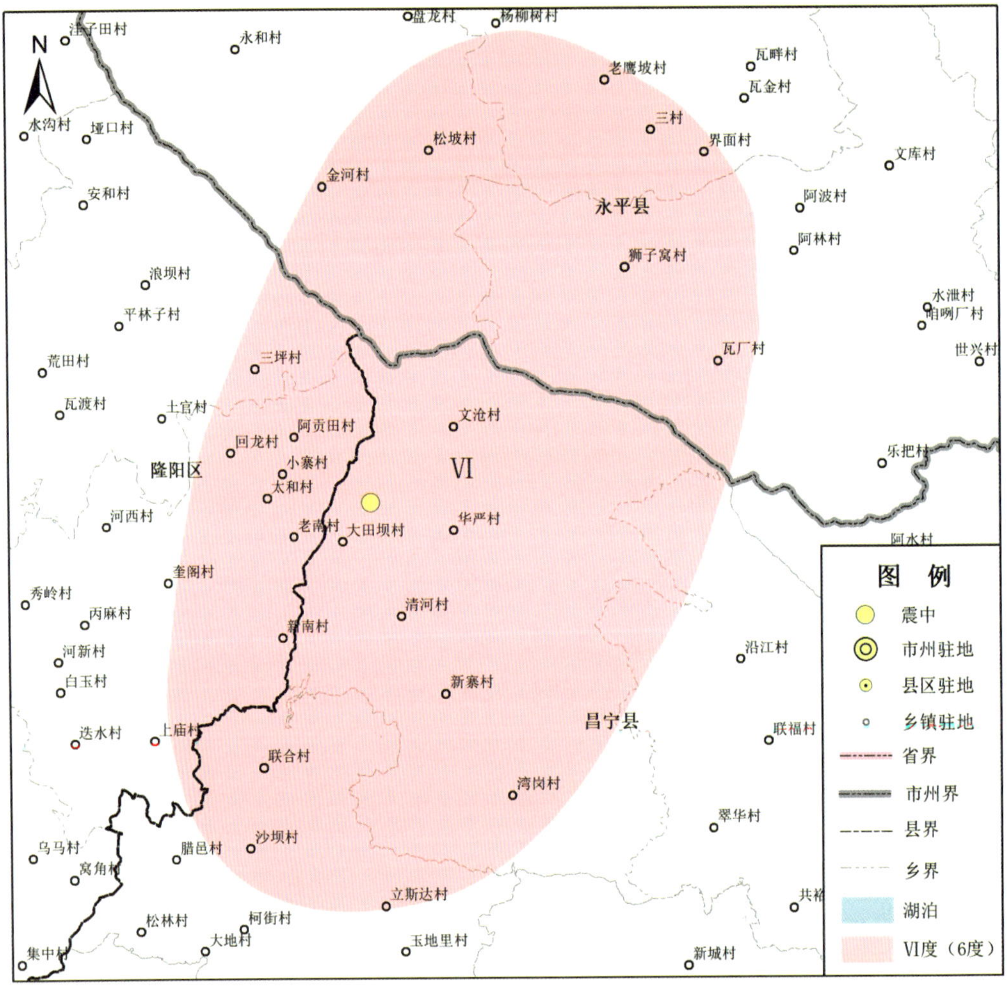

图4-173 2015年10月30日昌宁5.1级地震等震线示意图

地震波形记录：

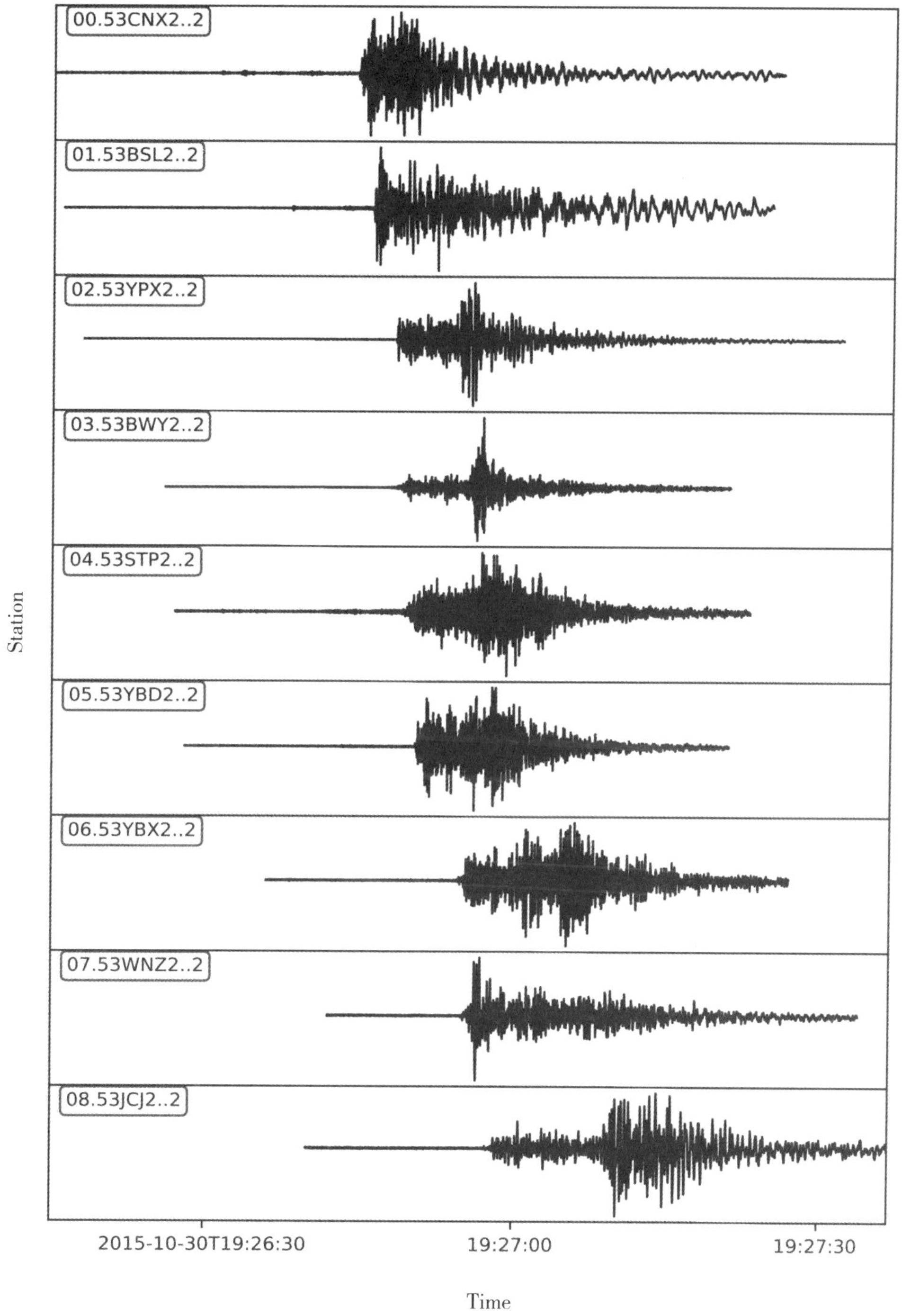

图4-174　昌宁M5.1地震100km范围内所有台站垂直向强震记录（加速度）

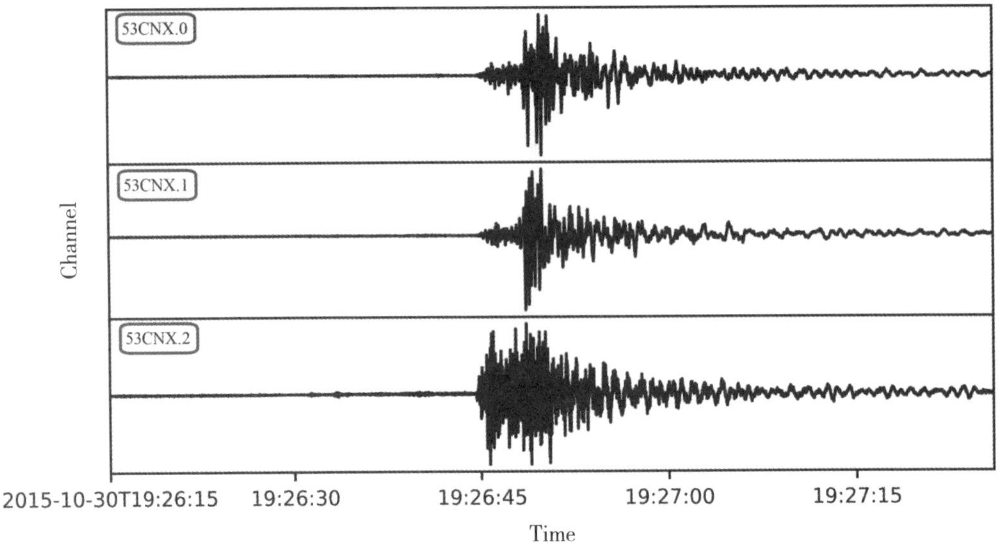

图4-175　昌宁强震台（53CNX）强震记录（加速度）

注：东西：−27.7cm/s^2，北南：−28.8cm/s^2，垂直：−11.2cm/s^2。

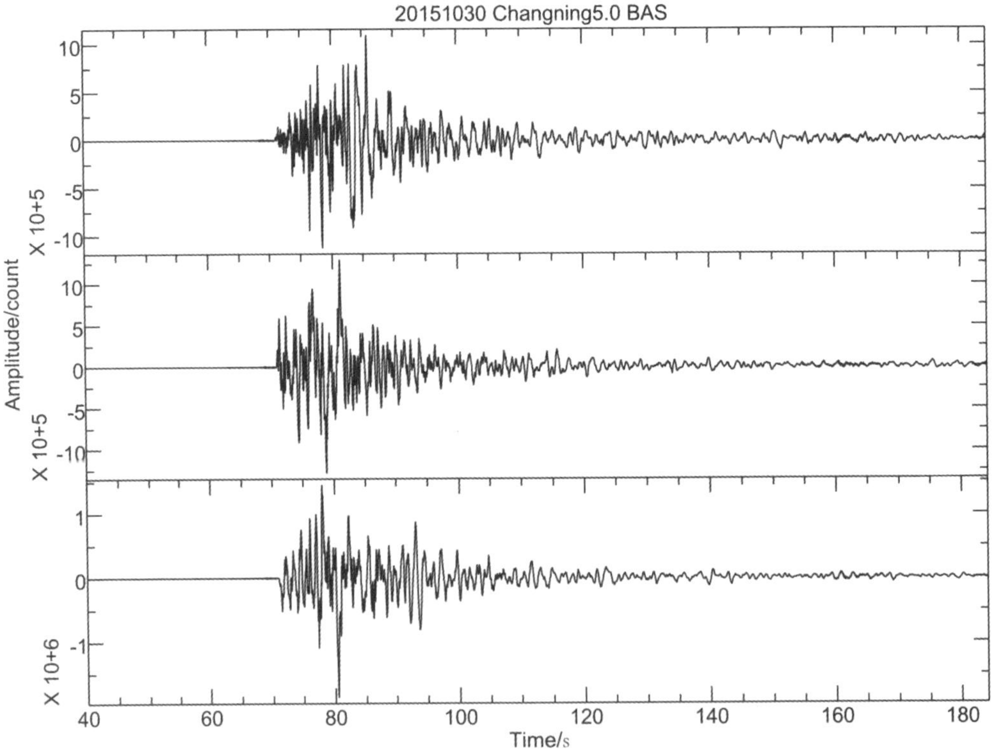

图4-176　保山地震台（BAS）强震记录（速度）

4.5.8 2023年5月2日保山隆阳5.2级地震

2023年5月2日23时27分22秒在保山市隆阳区（25.35°N，99.28°E）发生5.2级地震，震源深度10km。地震造成保山市隆阳区、大理州永平县和云龙县共3个县7个乡镇（街道）不同程度受灾，直接经济总损失约23080万元。据云南省地震台网测定，截至2023年5月6日23时，隆阳5.2级地震序列共发生地震81次，按*M*统计（含主震），其中1级以下地震75次，1.0～1.9级地震2次，2.0～2.9级地震2次，3.0～3.9级地震0次，4.0～4.9级地震1次，5.0～5.9级地震1次，最大余震为5月2日23时38分隆阳4.4级地震。

此次地震最高烈度为Ⅵ度（6度），面积约为600km²。东起永平博南镇沙鲁村，西至隆阳瓦窑镇石寨村，南起隆阳水寨棕元村，北达云龙铁厂村。涉及隆阳瓦窑镇、水寨乡、板桥镇，大理永平博南镇、杉阳镇和云龙漕涧镇、功果桥镇，3个县7个乡镇（街道）。此外，瓦窑镇政府所在地达到Ⅶ（7度）破坏。

图件及影像：

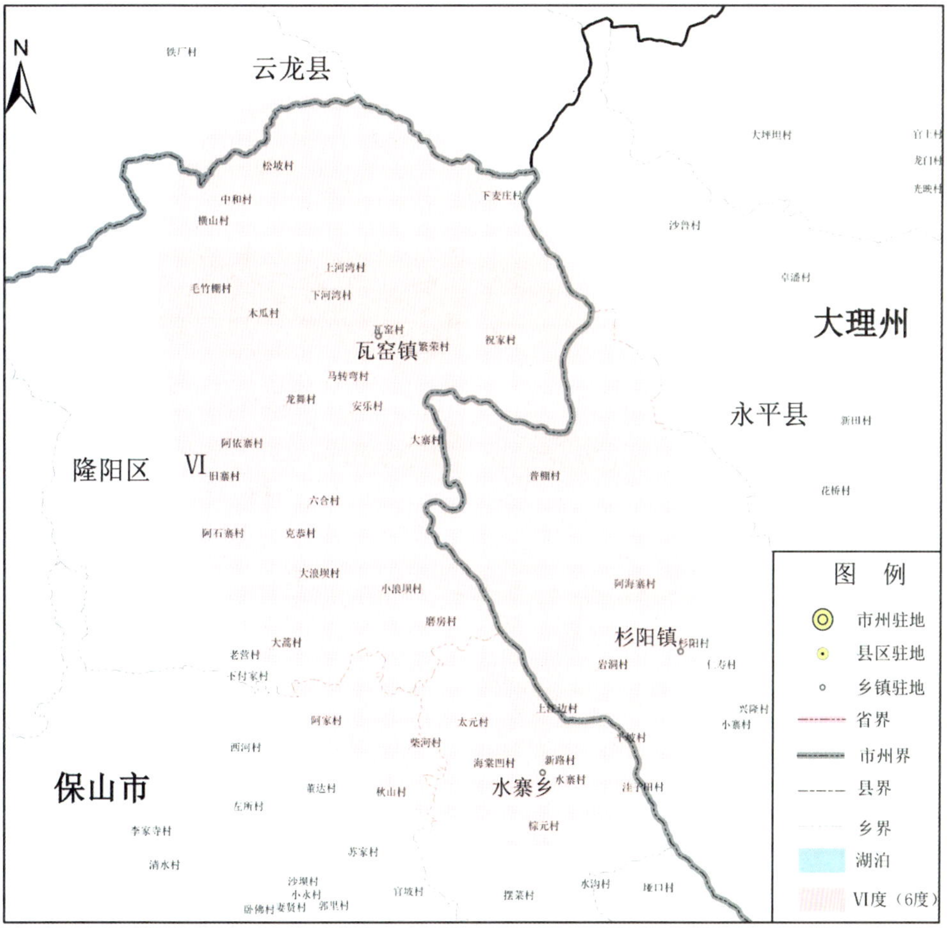

图4-177 2023年5月2日保山隆阳5.2级地震等震线示意图

图4-178　云龙县漕涧镇铁厂村光山村小组门房和厨房倒塌

图4-179　云龙县功果桥镇功果村鲁基沟小组砖混结构地裂缝

图4-180　云龙县功果桥镇功果村鲁基沟小组滚石

图4-181　云龙县功果桥镇功果村下小干箐村小组厨房倒塌

地震波形记录：

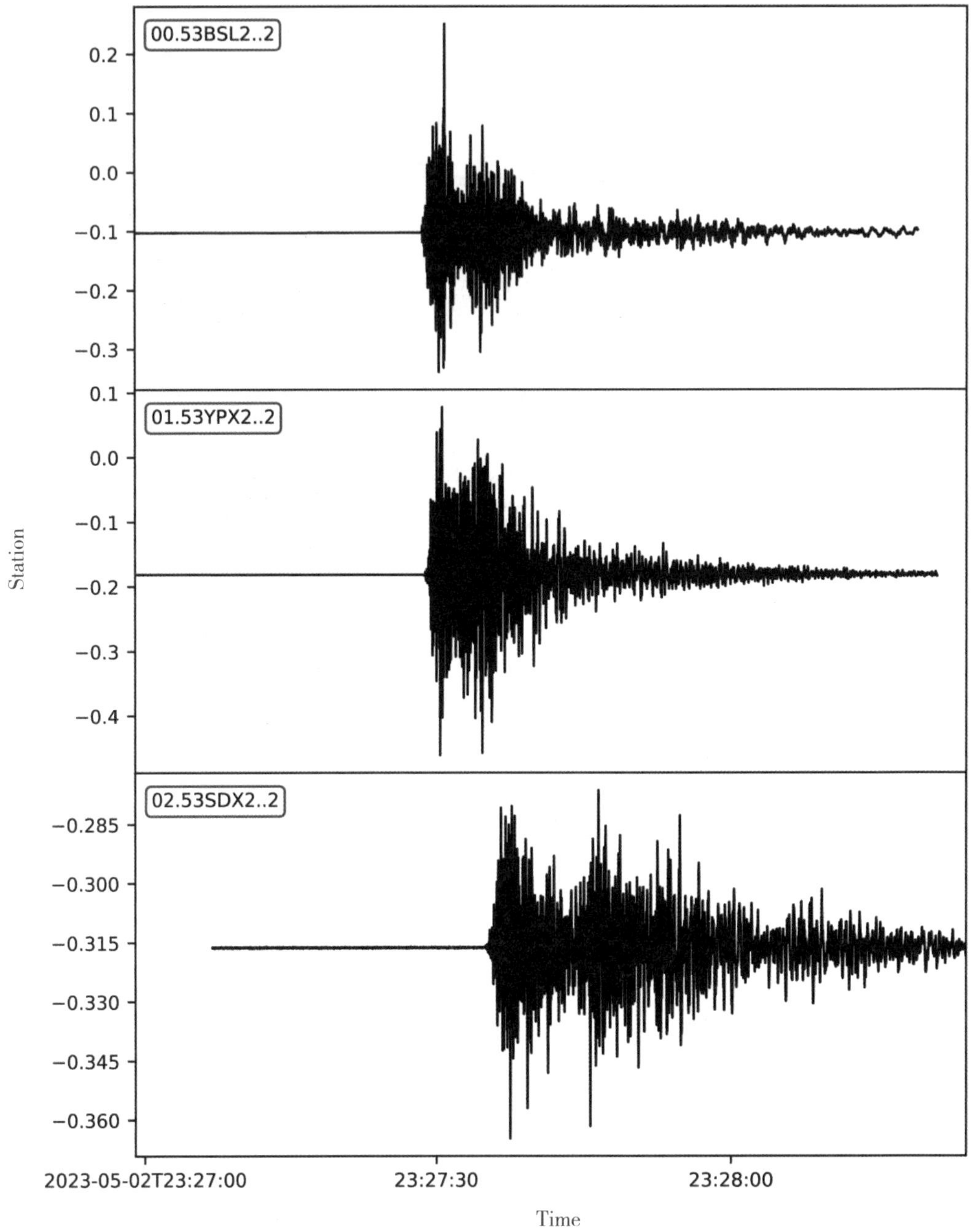

图4−182　隆阳M5.2地震100km范围内所有台站垂直向强震动记录（加速度）

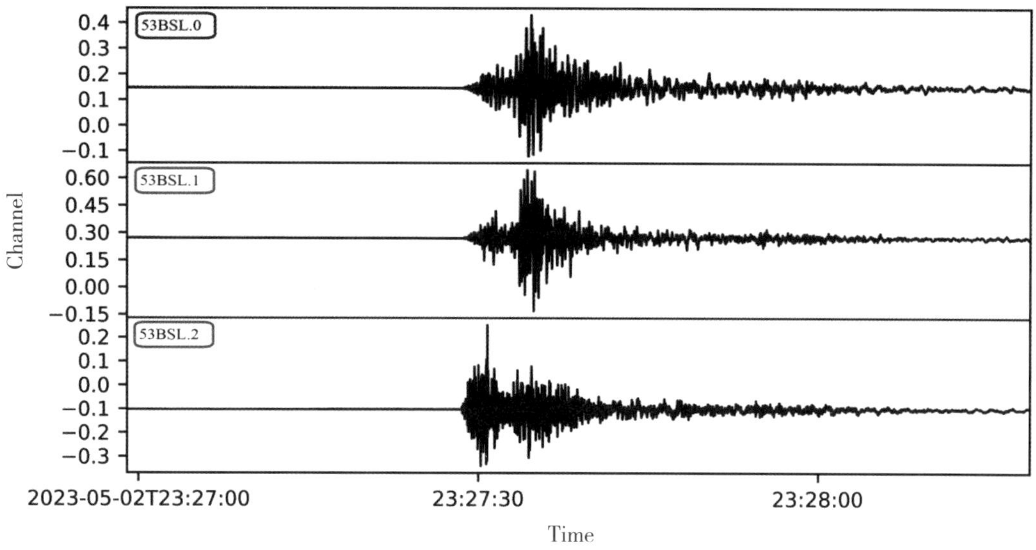

图4-183 保山强震台（53BSL）强震动记录（加速度）

注：东西：28.3cm/s^2，北南：40.2cm/s^2，垂直：35.4cm/s^2。

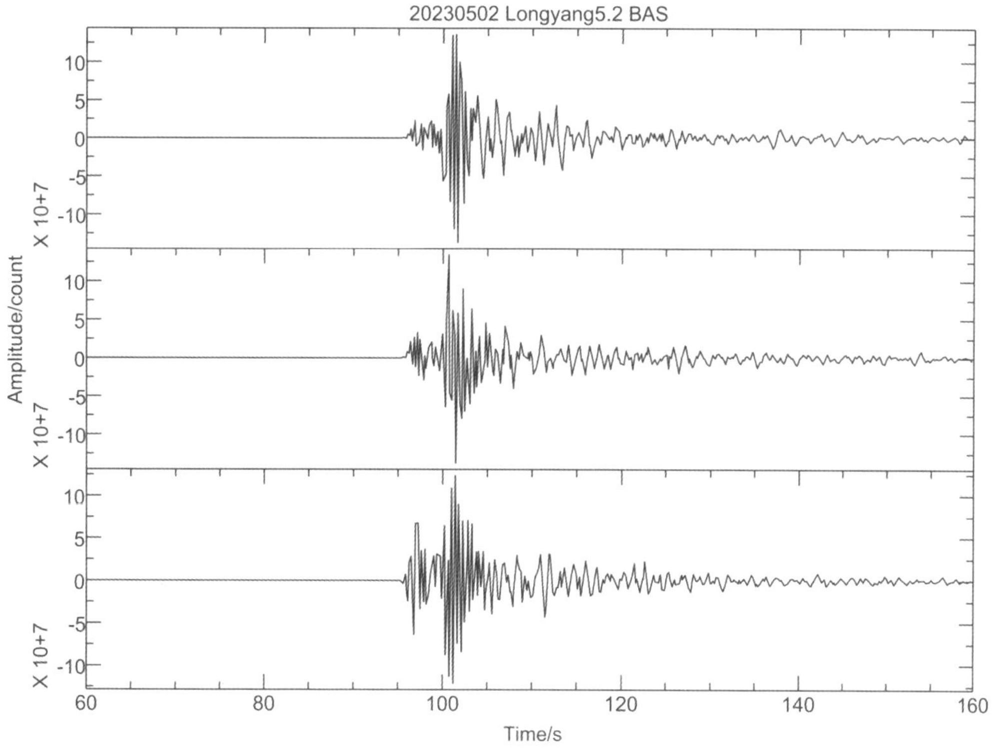

图4-184 保山地震台（BAS）强震动记录（速度）

5 地震灾害风险区划与评估

地震本身很少造成直接的人员伤亡，然而由地震引起的对建构筑物以及环境的破坏不仅会导致严重的人员伤亡，而且会造成巨大的经济损失。因此，了解区域地震构造环境及地震活动背景的同时，还需掌握区域可能的地震灾害风险。在综合考虑地震活动性与地震构造背景的基础上，进行地震危险性评估与区划，有利于了解大理区域可能受到的地震力作用，进一步揭示地震活动背后的机理。在此基础上，叠加考虑人口密度、建筑物结构等指标进行地震灾害风险评估与区划，可以有效地掌握大理区域地震灾害风险特征，为城市规划、重大工程选址、防震减灾各项措施制定等方面提供有效依据。

2020—2023年，我国开展了第一次全国自然灾害综合风险普查工作。大理在此次灾害风险普查中完成了地震危险性评估与区划和地震灾害风险区划与评估。

5.1 地震危险性评估与区划

5.1.1 方法简述

地震危险性评估与区划采用的是考虑地震活动时空非均匀性的概率分析方法，基于对大理区域历史地震、现代地震、地震构造等地震危险性相关因素的调查，对《中国地震动参数区划图》（GB 18306—2015）（以下简称五代图）潜在震源区划分进行复核和调整，采用地震危险性专用程序包，选用五代图给出的青藏区基岩地震动衰减模型系数，对大理范围内30秒网格进行基岩地震动峰值加速度计算，得到各网格点50年超越概率63%、50年超越概率10%、50年超越概率2%和100年超越概率1%四个概率水平的基岩地震动参数值。根据五代图场地调整方案进行场地地震动峰值调整，得到上述4个概率的地震危险性评估结果，并以等值线图的形式给出。

5.1.2 区域地震危险性评估与区划结果

通过计算给出了大理50年超越概率63%、10%、2%和100年超越概率1%四个概率水平的地震危险性等值线图（见图5-1 ~ 图5-4）。50年超越概率63%的场地地震动峰值加速度主要位于55 ~ 115Gal之间；50年超越概率10%的场地地震动峰值加速度主要位于120 ~ 280Gal之间；50年超越概率2%的场地地震动峰值加速度主要位于190 ~ 500Gal之间；100年超越概率1%的场地地震动峰值加速度主要位于250 ~ 770Gal之间。总体来看，大理地震动峰值加速度呈东北较大、西南偏小的分布。其中，宾川地震动峰值加速度最大，永平与云龙最小。

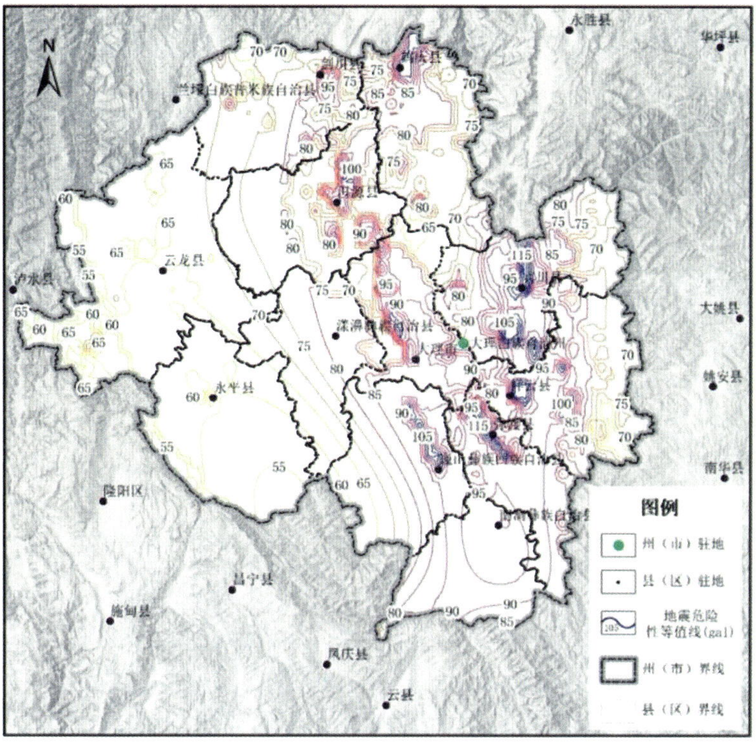

图5-1　大理50年超越概率63%场地地震动峰值加速度等值线示意图

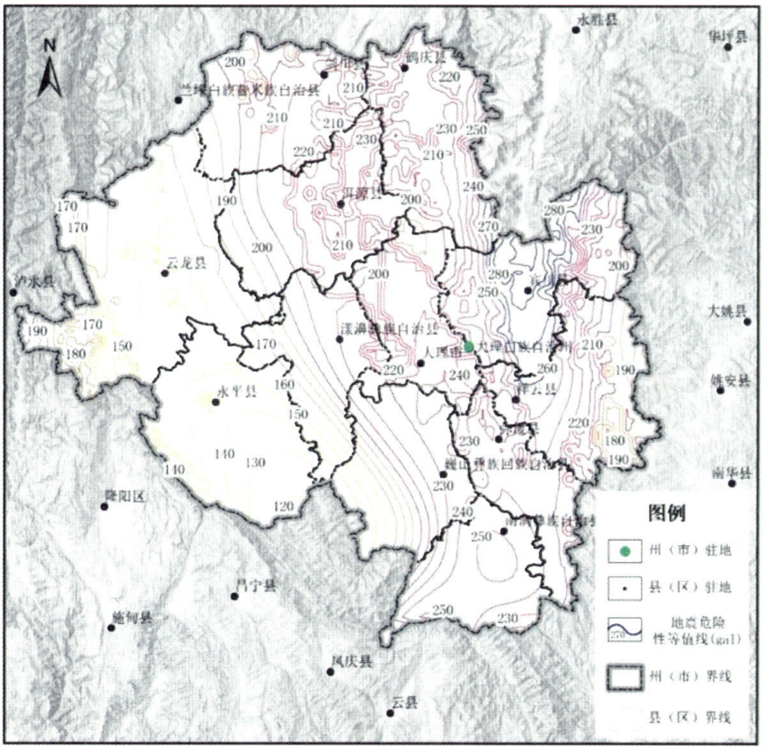

图5-2　大理50年超越概率10%场地地震动峰值加速度等值线示意图

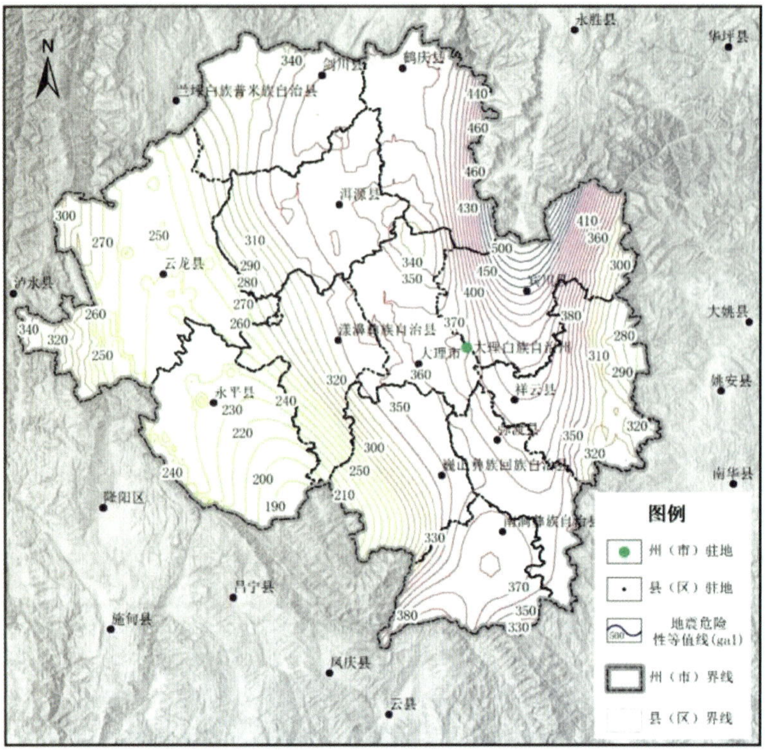

图5-3　大理50年超越概率2%场地地震动峰值加速度等值线示意图

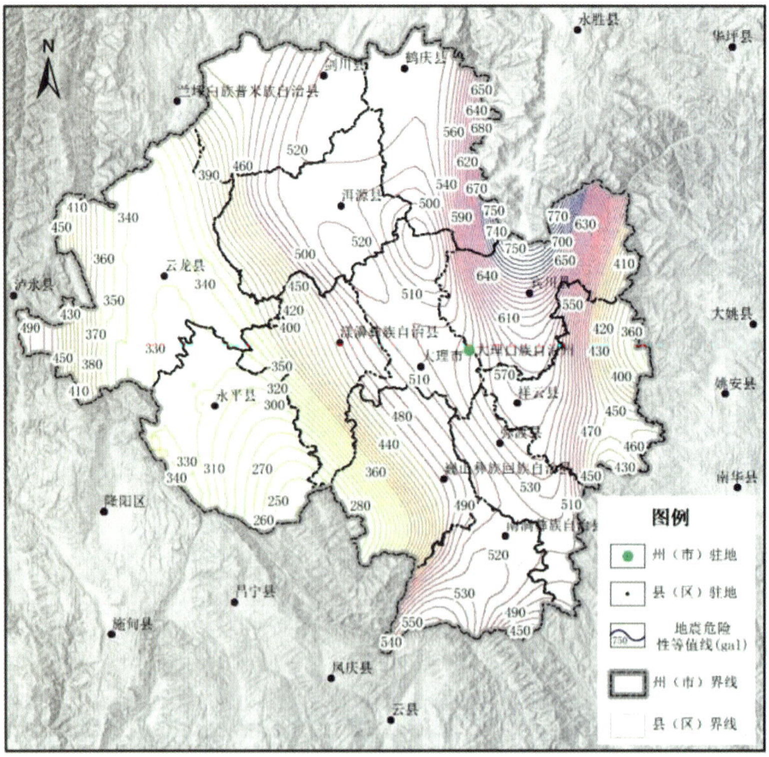

图5-4　大理100年超越概率1%场地地震动峰值加速度等值线示意图

考虑到风险分级管控和防治等方面的需求，将调整后的100年超越概率1%的地震动峰值加速度值按照4个等级分级，赋予不同的颜色，得到地震危险性等级图，分级方法如下：

1级（ax≥600Gal）（高等级）

2级（360Gal≤ax<600Gal）（中高等级）

3级（180Gal≤ax<360Gal）（中低等级）

4级（ax<180Gal）（低等级）。

大理地震危险性等级分级结果及等级图（100年超越概率1%）见表5-1和图5-5。大理宾川与鹤庆的部分区域、祥云的小部分区域为地震危险性1级区，是高等级区；永平全域、云龙的大部分区域、巍山和漾濞的小部分区域为地震危险性3级区，是中低等级区；其他县市区域均为地震危险性2级区，是中高等级区。

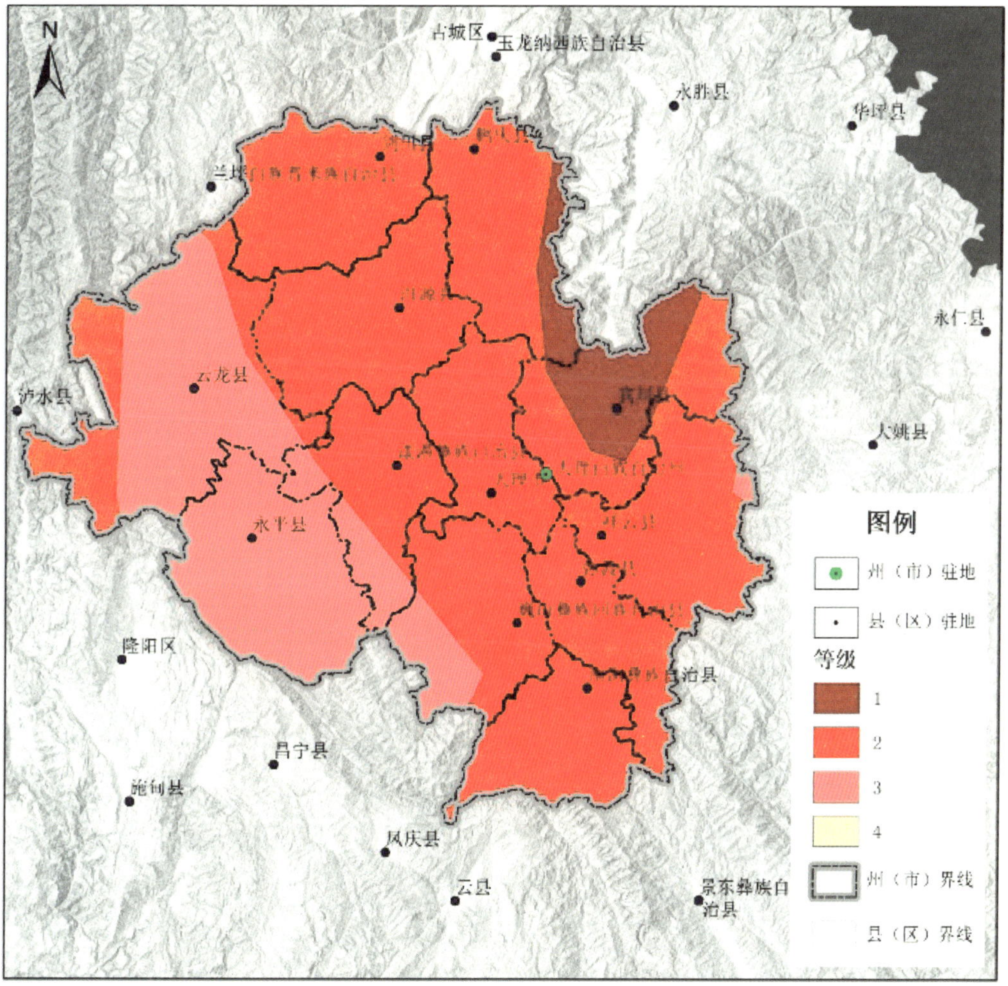

图5-5　大理地震危险性等级示意图

表5-1　大理各县（市）地震危险性等级（100年超越概率1%）

区县名称	等级	区县名称	等级
大理市	2级	云龙县	3～2级
宾川县	2～1级	鹤庆县	2～1级
洱源县	2级	剑川县	2级
弥渡县	2级	漾濞彝族自治县	3～2级
祥云县	2～1级	南涧彝族自治县	2级
永平县	3级	巍山彝族回族自治县	3～2级

5.2　地震灾害风险评估与区划

5.2.1　方法简述

5.2.1.1　人员死亡风险评估模型

地震时的人员伤亡除同地震烈度有关以外，尚受到发震时间、震中位置、地震区地质地形条件、人口分布等因素的影响。根据《地震灾害风险评估技术规范》（FXPC/DZP-02）要求，在此仅对房屋建筑破坏和倒塌所致人员死亡风险进行评估。综合考虑以上关键影响因素，建立分类评价的人员死亡评估模型，构建其分类评价指标，对不同区域人员死亡进行分类评价（见图5-6）。

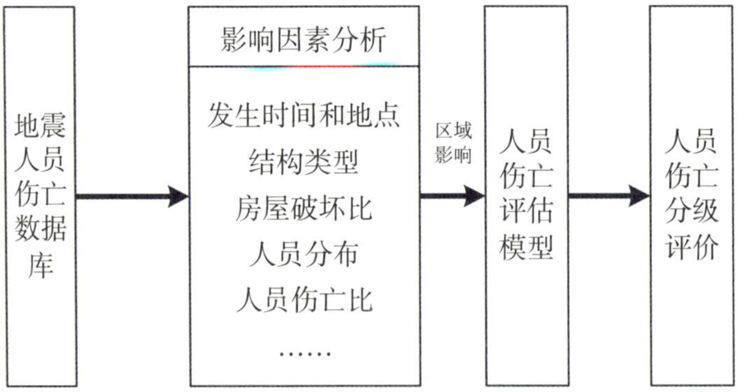

图5-6　人员死亡评估模型及分类评价研究思路

基于历史震害统计数据，分析影响伤亡的关键因素，主要考虑建筑物破坏（Sun

and Zhang，2018）、地区人口分布等，建立人员死亡空间分布模型，公式如下：

$$PL=\sum_{r=1}^{11}\sum_{s=1}^{5}\sum_{j=1}^{5}D_j\times C_r\times B_s\times(P_s\left[D_j/I\right]\times A_s)\times(\rho\frac{M_r}{A_r})$$

式中：PL为地震人员死亡数量；r为不同分级区域；B为建筑结构；s为结构类型；j为破坏等级；D_j为建筑结构在破坏等级j下的人员死亡率；C_r为区域r分级修正系数；B_s为第s类建筑结构的修正系数；I为地震烈度；$P_s[D_j/I]$为结构破坏比；A_s为第s类建筑结构的总面积（m^2）；$\rho\frac{M_r}{A_r}$为室内人口密度（人/m^2），其中，为不同时段室内人员的影响系数，M_r为该区域的总人口数，A_r为该区域的总建筑面积。

5.2.1.2 建筑物直接经济损失评估模型

地震所造成的经济损失包括直接经济损失和间接经济损失，如因房屋破坏、基础设施破坏、抗震救灾费用、企业停工停产等造成的经济损失。根据《地震灾害第一次全国自然灾害综合风险普查实施方案（修订版）》要求，在此仅考虑由房屋破坏所造成的直接经济损失风险。通过考虑各类房屋建筑不同破坏等级的破坏比、损失比和房屋重置单价的影响，将地震建筑物直接经济损失表示为结构易损性、社会财富和损失比的函数，同时考虑分类评价的影响，计算公式如下：

$$BL=\sum_{s=1}^{5}\sum_{i=6}^{10}\sum_{j=1}^{5}P_s\left[D_j/I\right]\times A_j\times R_{sj}\times C_s$$

式中：s为结构类型，共5种结构类型；I为地震烈度；j为破坏等级；$P_s[D_j/I]$为结构破坏比；R_{sj}为第s类结构在等级j破坏等级时的损失比；C_s为第s类结构的重置单价。

5.2.2 区域地震灾害风险评估与区划结果

5.2.2.1 地震灾害人口死亡风险评估

根据《第一次全国自然灾害综合风险普查技术规范——地震灾害风险评估技术规范》（FXPC/DZ P-02）标准中人员死亡地震灾害风险等级分级指标（见表5-2），将大理在4个概率水平地震作用下造成的人口死亡数量进行分级评价，其风险等级见表5-3。其中，风险等级Ⅰ级表示评估区风险等级最高，Ⅴ级表示风险等级最低。

表5-2 人员死亡地震灾害风险等级分级指标

风险等级	分级指标（以区/县行政区为估算单元）
Ⅰ级	死亡人数≥300
Ⅱ级	300>死亡人数≥150
Ⅲ级	150>死亡人数≥50
Ⅳ级	50>死亡人数≥10
Ⅴ级	死亡人数<10

表5-3 大理在4个概率水平地震作用下人口死亡风险等级

风险等级 区县名称	50年63%	50年10%	50年2%	100年1%
大理市	Ⅳ级	Ⅲ级	Ⅲ级	Ⅱ级
宾川县	Ⅳ级	Ⅲ级	Ⅱ级	Ⅱ级
洱源县	Ⅳ级	Ⅱ级	Ⅱ级	Ⅰ级
弥渡县	Ⅳ级	Ⅲ级	Ⅲ级	Ⅱ级
祥云县	Ⅳ级	Ⅲ级	Ⅱ级	Ⅱ级
永平县	Ⅳ级	Ⅲ级	Ⅲ级	Ⅱ级
云龙县	Ⅳ级	Ⅲ级	Ⅱ级	Ⅱ级
鹤庆县	Ⅳ级	Ⅱ级	Ⅱ级	Ⅰ级
剑川县	Ⅳ级	Ⅲ级	Ⅲ级	Ⅰ级
漾濞彝族自治县	Ⅴ级	Ⅲ级	Ⅲ级	Ⅱ级
南涧彝族自治县	Ⅳ级	Ⅲ级	Ⅱ级	Ⅰ级
巍山彝族回族自治县	Ⅲ级	Ⅱ级	Ⅱ级	Ⅰ级

下文给出了大理在4个概率水平地震作用下的人口死亡风险等级分布图（见图5-7～图5-10）。从表及图中可以看出，大理各县（市）人员死亡风险等级随着地震危险性的增大而升高。在50年超越概率63%下，大理有10个县（市）人员死亡风险等级是Ⅳ级（中低风险）；Ⅴ级（低风险）1个县；Ⅲ级（中风险）1个县。在基本设防烈度即50年超越概率10%下，有9个县（市）风险等级为Ⅲ级（中风险），3个县风险等级为Ⅱ级（中高风险）。在50年超越概率2%下，风险等级进一步增加，Ⅱ级（中高风险）县有7个，Ⅲ级（中风险）县（市）有5个。在100年超越概率1%水平下，地震危险性高，场地加速度峰值大，人员死亡风险普遍很高，有5个县风险等级达到Ⅰ级（高风险），7个县（市）风险等级为Ⅱ级（中高风险）。

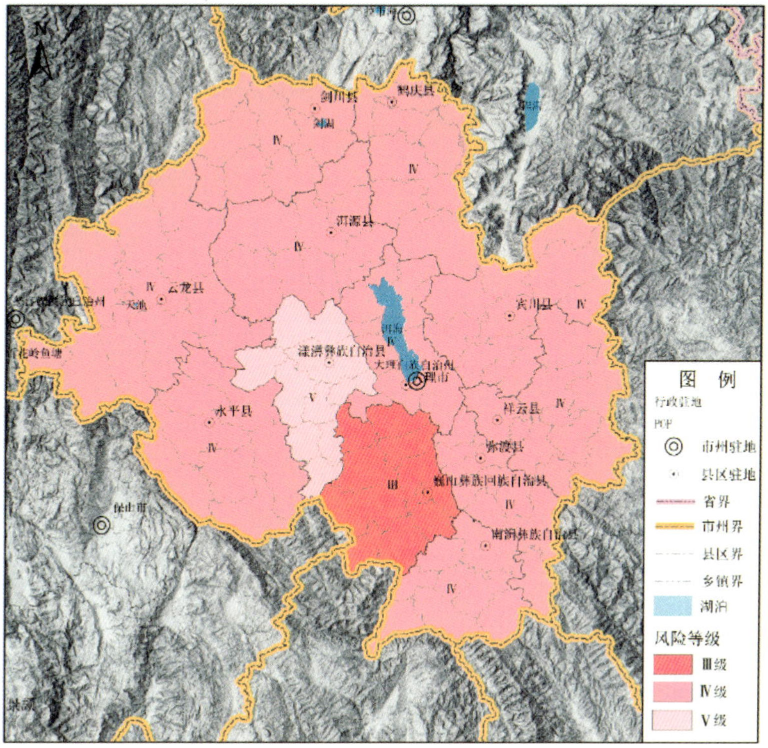

图5-7　大理地震灾害人员死亡风险分级示意图（50年超越概率63%）

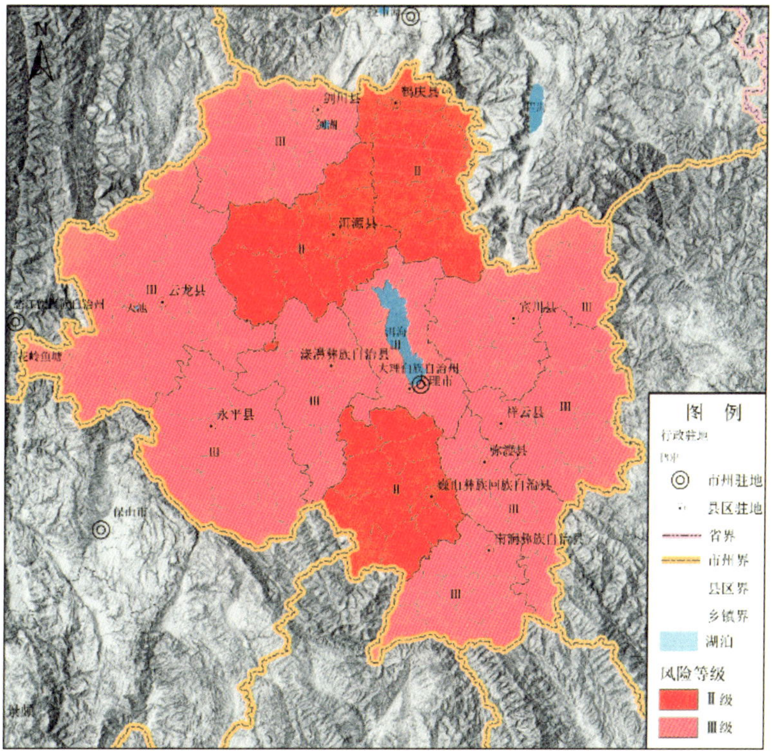

图5-8　大理地震灾害人员死亡风险分级示意图（50年超越概率10%）

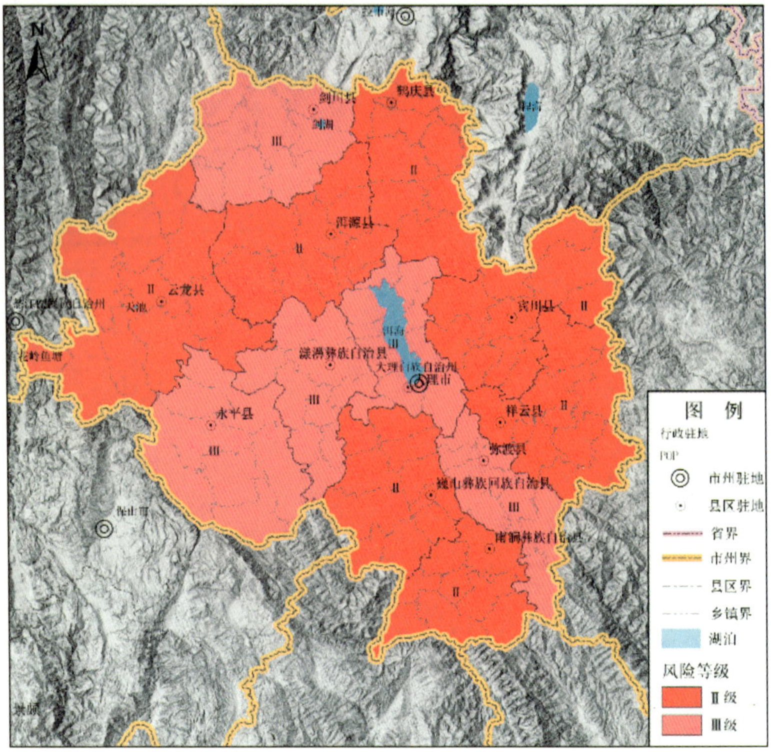

图5-9　大理地震灾害人员死亡风险分级示意图（50年超越概率2%）

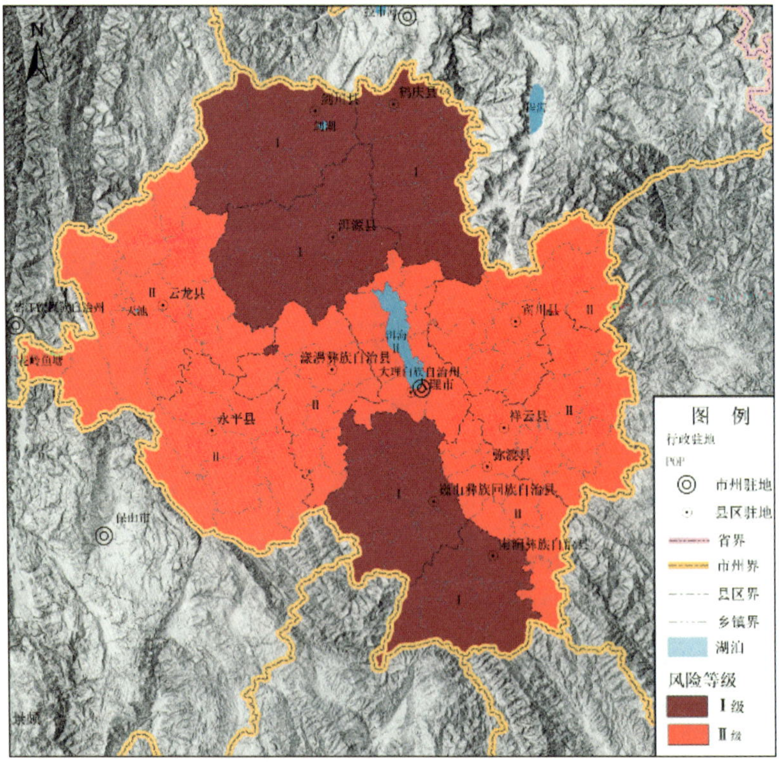

图5-10　大理地震灾害人员死亡风险分级示意图（100年超越概率1%）

5.2.2.2 大理地震灾害建筑物直接经济损失风险评估等级图

根据《第一次全国自然灾害综合风险普查技术规范——地震灾害风险评估技术规范》（FXPC/DZ P-02）标准中建筑物直接经济损失地震灾害风险等级分级指标（见表5-4），将大理在4个概率水平地震作用下造成的直接经济损失同当地GDP总值之比进行分级评价，分级结果见表5-5。风险等级Ⅰ级代表评估区风险等级最高，Ⅴ级代表风险等级最低。

表5-4 直接经济损失地震灾害风险等级分级指标

风险等级	分级指标（以区/县行政区为估算单元）
Ⅰ级	（直接经济损失/区域内上年度GDP）≥75%
Ⅱ级	75%>（直接经济损失/区域内上年度GDP）≥45%
Ⅲ级	45%>（直接经济损失/区域内上年度GDP）≥25%
Ⅳ级	25%>（直接经济损失/区域内上年度GDP）≥15%
Ⅴ级	（直接经济损失/区域内上年度GDP）<15%

表5-5 大理州在4个概率水平地震作用下建筑物直接经济损失风险等级

区县名称 \ 地震危险性	50年63%	50年10%	50年2%	100年1%
大理市	Ⅳ级	Ⅲ级	Ⅲ级	Ⅱ级
宾川县	Ⅳ级	Ⅱ级	Ⅰ级	Ⅰ级
洱源县	Ⅲ级	Ⅰ级	Ⅰ级	Ⅰ级
弥渡县	Ⅱ级	Ⅰ级	Ⅰ级	Ⅰ级
祥云县	Ⅲ级	Ⅱ级	Ⅰ级	Ⅰ级
永平县	Ⅳ级	Ⅲ级	Ⅱ级	Ⅱ级
云龙县	Ⅳ级	Ⅲ级	Ⅱ级	Ⅱ级
鹤庆县	Ⅳ级	Ⅱ级	Ⅱ级	Ⅰ级
剑川县	Ⅳ级	Ⅱ级	Ⅱ级	Ⅰ级
漾濞彝族自治县	Ⅳ级	Ⅱ级	Ⅱ级	Ⅰ级
南涧彝族自治县	Ⅲ级	Ⅱ级	Ⅱ级	Ⅰ级
巍山彝族回族自治县	Ⅱ级	Ⅰ级	Ⅰ级	Ⅰ级

图5-11～图5-14为大理在4个概率水平地震作用下的建筑物直接经济损失风险等级

分布图。从表和图中可以看出，在50年超越概率63%下，有7个县（市）风险等级为Ⅳ级（中低风险），有3个县风险等级为Ⅲ级（中风险），有2个县风险等级为Ⅱ级（中高风险）。在基本设防烈度即50年超越概率10%下，有3个县风险等级增加至Ⅰ级（高风险），6个县风险等级为Ⅱ级（中高风险），3个县风险等级为Ⅲ级（中风险）。50年超越概率2%下，建筑物直接经济损失Ⅰ级（高风险）县有5个；Ⅱ级（中高风险）县有6个；Ⅲ级（中风险）市有1个，是大理市。在100年超越概率1%下，有3个县（市）风险等级为Ⅱ级（中高风险），9个县风险等级为Ⅰ级（高风险）。

随着地震作用的增加，由地震造成的建筑物直接经济损失风险也在显著增加。大理地震灾害建筑物直接经济损失风险仅在50年超越概率63%下存在中低风险县，在50年超越概率10%下全部提升为中风险以上，当遭遇100年超越概率1%的地震作用时，风险等级显著上升，所有县（市）风险等级均不低于Ⅱ级（中高风险），其中Ⅰ级（高风险）县有9个。可见，大理州地震灾害建筑物直接经济损失风险普遍较高，其原因除大理地震危险性普遍较高外，建筑物抗震性能也是导致建筑物直接经济损失风险高的原因。需进一步提高大理现有房屋的抗震能力，尤其是人口集中与房屋密集的地区，避免房屋在较大的地震危险性下出现严重破坏，加重经济损失。

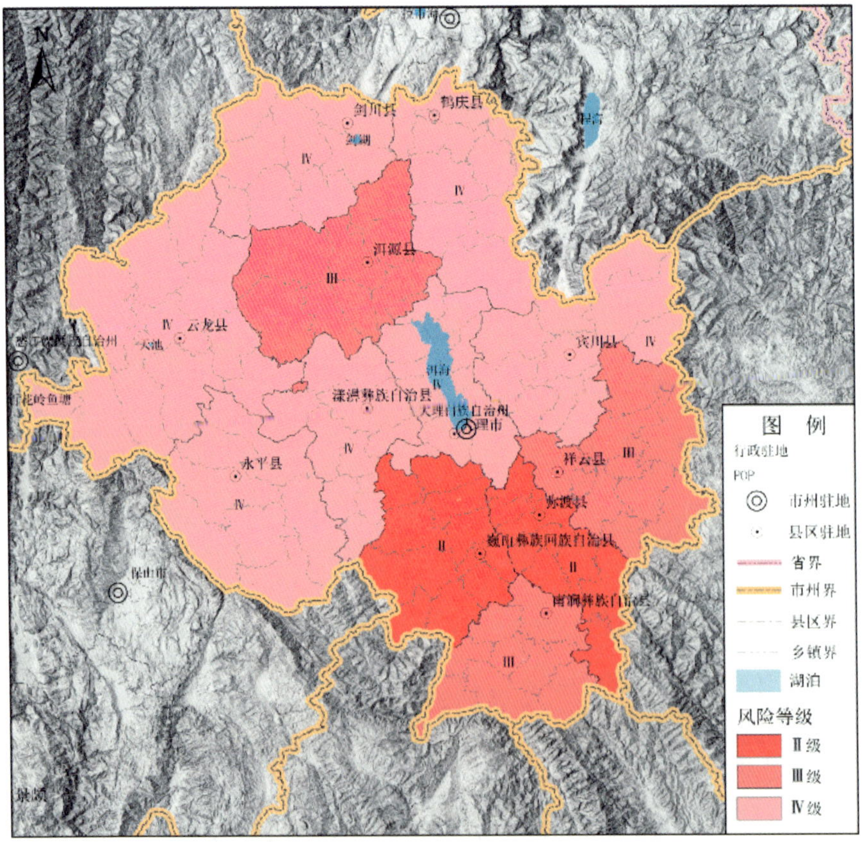

图5-11　大理50年超越概率63%地震作用下建筑物直接经济损失风险等级示意图

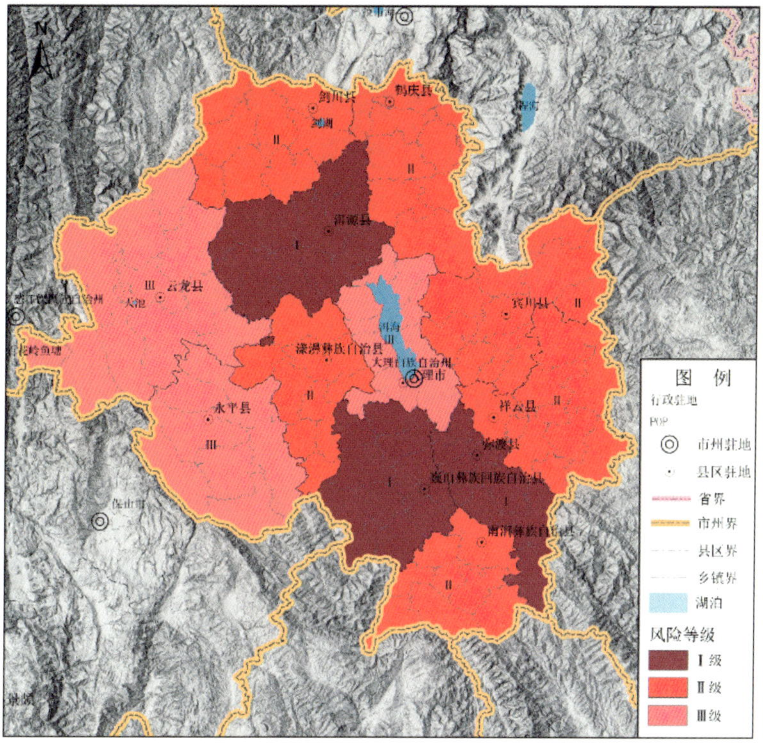

图5-12　大理50年超越概率10%地震作用下建筑物直接经济损失风险等级示意图

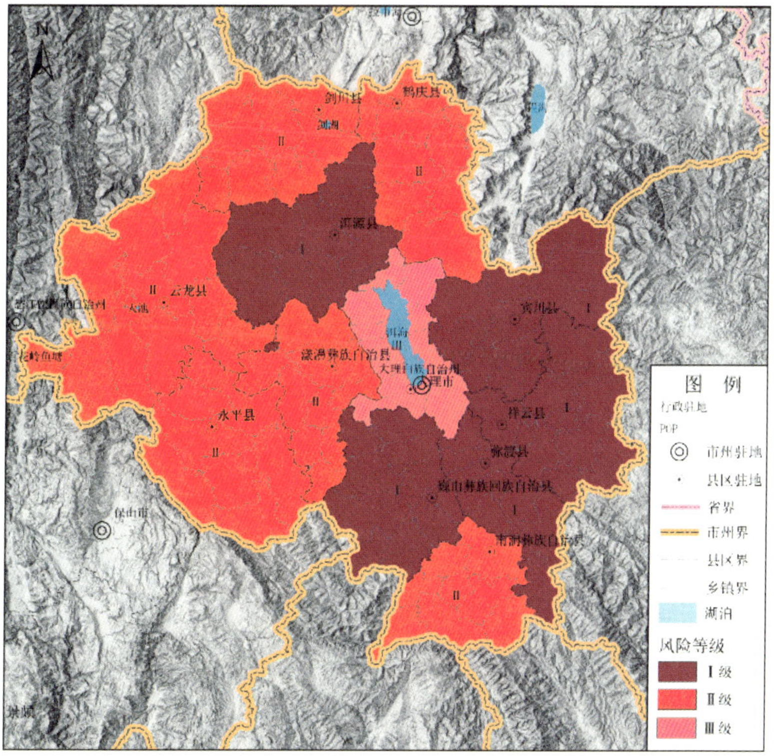

图5-13　大理50年超越概率2%地震作用下建筑物直接经济损失风险等级示意图

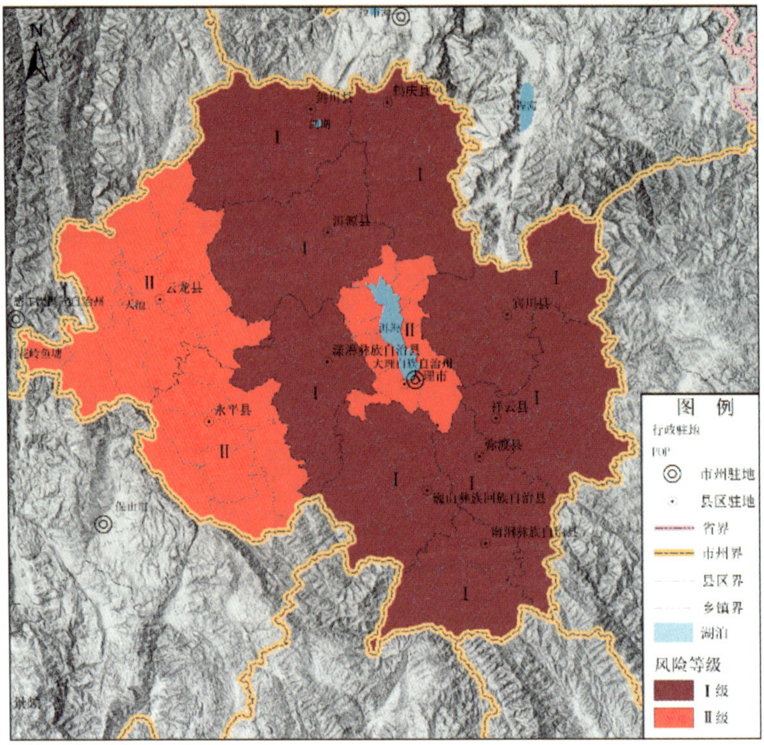

图5–14　大理100年超越概率1%地震作用下建筑物直接经济损失风险等级示意图

5.3　大理地震灾害风险特征

大理地震危险性评估和地震灾害风险评估是基于全域房屋建筑逐栋调查数据和最新人口普查数据开展的，相比以往基于统计推演的数据，其数据的翔实性和完备性是前所未有的。同时，各类地震灾害风险评估模型是在10余年研发的基础上根据风险普查的要求发展而成，代表了最新的地震灾害风险评估成果。翔实完备的数据与最新的地震灾害风险评估模型相结合，得出了科学全面且符合大理实际的地震灾害风险结果。灾害风险特征总结如下：

①地震危险性分析结果表明，大理地震动峰值加速度呈东北较大、西南偏小的分布。其中，又属宾川地震动峰值加速度最大，永平与云龙最小。从地震危险等级图（100年超越概率1%）上看，大理宾川与鹤庆的部分区域为地震危险性Ⅰ级区，是高等级区；永平和云龙的大部分区域及巍山和漾濞的小部分区域为地震危险性Ⅲ级区，是中低等级区；其他县（市）区域均为地震危险性Ⅱ级区，是中高等级区。

②各县（市）人员死亡风险等级随着地震危险性的增大而升高。在50年超越概率63%下，大理有10个县（市）人员死亡风险等级是Ⅳ级（中低风险），1个县人员死亡风险等级是Ⅴ级（低风险），1个县人员死亡风险等级是Ⅲ级（中风险）。在基本设防烈度即50年超越概率10%下，有9个县（市）风险等级为Ⅲ级（中风险），3个县风险等级为Ⅱ级（中高风险）。在50年超越概率2%下，风险等级进一步增加，Ⅱ级（中高风险）县为7个，Ⅲ级（中风险）县（市）有5个。在100年1%超越概率水平下，地震危险性高，场地加速度峰值大，人员死亡风险普遍高，有5个县风险等级达到Ⅰ级（高风险），7个县（市）风险等级为Ⅱ级（中高风险）。

③随着地震作用的增加，由地震造成的建筑物直接经济损失风险也在显著增加。大理地震灾害建筑物直接经济损失风险仅在50年超越概率63%下存在中低风险县，在50年超越概率10%下全部提升为中风险以上。当遭遇100年超越概率1%的地震作用时，风险等级显著上升，所有县（市）风险等级均不低于Ⅱ级（中高风险），其中Ⅰ级（高风险）县为9个。

④各县（市）人员死亡风险及地震灾害建筑物直接经济损失风险普遍较高，其原因除大理地震危险性普遍较高外，建筑物抗震性能也是导致建筑物直接经济损失风险高的原因。需进一步提升大理现有房屋的抗震能力，尤其是人口集中与房屋密集的地区，避免房屋在较大的地震危险性下出现严重破坏，加重人口伤亡。

总体而言，大理地震灾害风险属于较高水平，在超越概率为50年10%的地震危险性即相当于我国的基本设防水平下，大理各县（市）人员死亡风险等级和建筑物直接经济损失风险等级均为中风险以上。在不同概率地震水平下，随着地震危险性的升高，人员死亡数量和经济损失值显著增加。人员死亡分布具有明显的聚集性，主要分布在地震高危险性和承灾体高暴露度重叠的区域，而直接经济损失呈现城区经济损失重、农村地区经济损失轻的分布特点。

5.4 大理地震灾害风险评估及区划建议

基于大理地震灾害风险特征，对防震减灾工作提出以下对策建议：

（1）逐步推进探查评估区划工作

在地震灾害风险普查成果的基础上，可以进一步开展探查评估区划工作，包括危险源的进一步识别、城市地震灾害风险精细化评估等。

优先在50年10%超越概率下人口死亡风险和建筑物直接经济损失风险较大的洱源、鹤庆、巍山、弥渡开展地震灾害风险精细化评估工作，逐步完成全州其他县

（市）的地震灾害风险精细化评估，并据此开展地震灾害风险精准治理。

（2）提升地震灾害风险防治能力

根据地震危险性图和地震灾害风险区划图，加强抗震设防管理，深化建设工程抗震设防要求审核改革，严格执行建设工程抗震设防、抗震管理法律法规规定，有效管控各类建设工程地震灾害风险，新建、扩建、改建建设工程应符合抗震设防强制性标准。

（3）识别地震灾害隐患，加强隐患治理

积极协调地震灾害隐患评估的成果数据。对重点隐患进行排查和治理。以抗震设防烈度Ⅶ度及以上地区、重点监视防御区及年度重点危险区为重点，推进地震易发区房屋设施加固工程。建设重大结构工程地震反应观测系统，促进减隔震新技术新材料应用。

（4）加强震害防御监管

加强对行政区域范围内新建扩建建筑物抗震设防管理，加强对重点建构筑物地震安全性评价工作监管。

（5）加强地震监测预报预警工作

继续实施地震烈度速报与预警工程，进一步提升和完善地震台网监测能力。实施地震烈度速报与预警能力提升工程。推进地震灾害监测预警信息融入国家重大灾害事故防治信息系统。

附录：大理4级以上地震目录（公元886—2023年）（含余震）

序号	地震时间	发震时刻	北纬N（°）	东经E（°）	地点	精度	震级	震中烈度	震源深度/km	备注
1	886	—	25.7	100.2	大理	2	5½	Ⅶ	—	
2	1111	—	25.7	100.2	大理	2	5½	Ⅶ	—	
3	1249	—	25.7	100.2	大理	2	4	Ⅳ	—	M_S
4	1395-09-26	—	26.5	100.0	鹤庆、剑川间	2	4	Ⅳ	—	M_S
5	1395-10-18	—	26.5	99.9	剑川	2	4	Ⅳ	—	M_S
6	1444-05-26	—	25.3	101.1	祥云	4	4¾		—	
7	1474-05-22	—	26.5	100.2	鹤庆	2	4	Ⅳ	—	M_S
8	1474-11-05	—	26.6	100.2	鹤庆	2	5½	Ⅶ	—	
9	1481-07-24	—	26.5	99.9	剑川	2	6¼	Ⅷ+	—	
10	1484-07-30	—	25.7	100.2	大理	2	4	Ⅳ	—	M_S
11	1498-11-23	—	26.1	100	洱源	2	5	Ⅵ	—	
12	1499-07-26	—	25.2	100.3	巍山一带	3	5½	Ⅶ	—	
13	1501-06-11	—	26.5	99.9	剑川	2	5¾	Ⅶ+	—	
14	1506	—	25.5	100.6	祥云	2	4	Ⅳ	—	M_S
15	1511-11-27	—	26.6	100	鹤庆剑川	2	5¾		—	
16	1514	—	26.3	99.4	云龙顺荡井	1	5	Ⅵ	—	
17	1515-03-18	—	25.7	100.2	大理	2	4	Ⅳ	—	M_S
18	1515-07	—	26.0	100.1	洱源邓川	2	4	Ⅳ	—	M_S
19	1515-09	—	26.0	100.1	洱源邓川	2	4	Ⅳ	—	M_S
20	1515-10	—	25.7	100.2	大理	2	6	Ⅷ⁻	—	
21	1515-10-10	—	25.7	100.2	大理	2	4	Ⅳ	—	M_S
22	1516-03-18	—	25.5	100.2	大理、巍山间	2	4	Ⅳ	—	M_S
23	1516-07-09	—	25.7	100.2	大理	3	4	Ⅳ	—	M_S

续附录

序号	地震时间	发震时刻	北纬N（°）	东经E（°）	地点	精度	震级	震中烈度	震源深度/km	备注
24	1516-08-25	—	25.7	100.2	大理	2	4	Ⅳ	—	M_S
25	1516-08-26	—	25.2	100.3	巍山	2	4	Ⅳ	—	M_S
26	1517-01-14	—	25.2	100.8	巍山、景东一带	4	5½		—	
27	1517-10-02	—	25.2	100.3	巍山	3	4	Ⅳ	—	M_S
28	1517-12-19	—	25.7	100.2	大理	3	4	Ⅳ	—	M_S
29	1518-07-18	—	25.7	100.2	大理一带	3	4¾		—	
30	1518-12-10	—	25.2	100.3	巍山	3	4	Ⅳ	—	M_S
31	1518-12-19	—	25.2	100.3	巍山	3	4	Ⅳ	—	M_S
32	1520-04-05	—	25.2	100.3	巍山一带	3	5½	Ⅶ	—	
33	1520-06-18	—	25.7	100.2	大理	3	4	Ⅳ	—	M_S
34	1528	—	25.5	100.6	祥云	2	4	Ⅳ	—	M_S
35	1531-07	—	25.5	100.6	祥云	2	4	Ⅳ	—	M_S
36	1539-10	—	25.5	100.6	祥云	2	4	Ⅳ	—	M_S
37	1563-02	—	25.5	99.5	永平	2	4½	Ⅴ	—	M_S
38	1566	—	26.1	99.9	云龙雒马井	2	5	Ⅵ	—	
39	1572	—	25.8	99.2	云龙旧州	2	5	Ⅵ	—	
40	1576	—	25.8	99.2	云龙旧州	2	5	Ⅵ	—	
41	1586-04-02	—	25.2	100.3	巍山	2	5¾	Ⅶ+	—	
42	1592	—	25.8	99.8	大理、云龙间	3	4½	Ⅴ	—	M_S
43	1600	—	25.3	100.9	南华、祥云间	3	4½	Ⅴ	—	M_S
44	1602-10-23	—	26.1	100	洱源	2	5	Ⅵ	—	
45	1611-04	—	25.6	100.7	大理、姚安间	2	4½	Ⅴ	—	M_S
46	1612-03-12	—	25.7	100.2	大理	3	4½	Ⅴ	—	M_S

续附录

序号	地震时间	发震时刻	北纬N（°）	东经E（°）	地点	精度	震级	震中烈度	震源深度/km	备注
47	1612-06-03	—	25.7	100.2	大理	2	4	Ⅳ	—	M_S
48	1620	—	25.8	99.2	云龙旧州	2	5¼	Ⅵ+	—	
49	1623-05-04	—	25.5	100.5	祥云西北	2	6¼	Ⅷ	—	
50	1624-03-26	—	26.5	99.9	剑川	2	5¾	Ⅶ+	—	
51	1626-10-01	—	26.5	100.2	鹤庆	3	4	Ⅳ	—	M_S
52	1652-07-12	—	25.3	100.5	弥渡		4	Ⅳ	—	
53	1652-07-13	—	25.3	100.6	弥渡南	1	7	Ⅸ+	—	
54	1663-03	—	26.5	100.2	鹤庆	3	4	Ⅳ	—	M_S
55	1663-04	—	26.1	100	洱源	2	5¼	Ⅵ+	—	
56	1664-01	—	26.5	100.2	鹤庆	2	4	Ⅳ	—	M_S
57	1688-06-14	—	26.5	99.9	剑川	2	4	Ⅳ	—	M_S
58	1688-06-16	—	26.5	99.9	剑川	2	6¼	Ⅷ+	—	
59	1688-06-17	—	26.5	99.9	剑川	2	4	Ⅳ	—	M_S
60	1699	—	25.6	100.3	大理凤仪	2	4	Ⅳ	—	M_S
61	1702-02	—	26.5	100.2	鹤庆	2	4	Ⅳ	—	M_S
62	1714-11	—	26.5	99.9	剑川	2	4	Ⅳ	—	M_S
63	1714-12	—	26.5	99.9	剑川	2	4	Ⅳ	—	M_S
64	1720	—	25.9	99.4	云龙	2	4	Ⅳ	—	M_S
65	1729-08-10	—	25.6	100.2	凤仪、大理间	1	5¼	Ⅵ+	—	
66	1731-02	—	25.6	100.3	大理凤仪	2	4	Ⅳ	—	M_S
67	1734	—	25.5	100.6	祥云	2	4	Ⅳ	—	M_S
68	1751-05-25	—	26.5	99.9	剑川	1	6¾	Ⅸ	—	
69	1751-05-25	—	26.5	99.9	剑川	2	4	Ⅳ	—	M_S
70	1755	—	26.5	99.9	剑川	2	4	Ⅳ	—	M_S
71	1772-08	—	25.5	100.6	祥云	2	4½	Ⅴ	—	M_S
72	1794-02	—	25.7	100.2	大理	2	4	Ⅳ	—	M_S

续附录

序号	地震时间	发震时刻	北纬N（°）	东经E（°）	地点	精度	震级	震中烈度	震源深度/km	备注
73	1803-02-02	—	25.8	100.6	宾川	2	6¼	Ⅷ	—	
74	1818-09	—	26.1	99.9	洱源	2	4½	Ⅴ	—	M_S
75	1833-09-16	—	25.2	100.3	巍山	2	4	Ⅳ	—	
76	1839-02-07	—	26.1	100	洱源	2	6¼	Ⅷ	—	
77	1839-02-23	—	26.1	100	洱源	2	6¼	Ⅷ	—	
78	1839-09-08	—	26.0	100.1	洱源邓川	2	4	Ⅳ	—	M_S
79	1845-11	—	26	100.1	邓川	2	5½	Ⅶ	—	
80	1851	—	25.6	100.3	大理凤仪	2	4	Ⅳ	—	M_S
81	1852-02	—	25.7	100.2	大理	2	4	Ⅳ	—	M_S
82	1852-03	—	25.5	100.6	祥云	2	4	Ⅳ	—	M_S
83	1862-02	—	25.9	100.1	大理上关	2	5½	Ⅶ	—	
84	1863-04	—	25.8	100.2	邓川	3	4½	Ⅴ	—	M_S
85	1863-06	—	25.8	100.1	邓川南	2	5½	Ⅶ	—	
86	1876-08	—	25.6	100.2	大理下关	2	5	Ⅵ	—	
87	1876-08-05	—	25.4	99.7	永平易子么	1	6	Ⅶ+	—	
88	1879-03-16	—	25.9	99.4	云龙金泉井	1	4	Ⅳ	—	M_S
89	1890-04-22	—	26.5	99.9	剑川	2	5½	Ⅶ	—	
90	1893-12-28	—	26.5	100.2	鹤庆	2	4	Ⅳ	—	M_S
91	1894-01	—	25.7	100.2	大理	2	4	Ⅳ	—	M_S
92	1895-07-02	—	25.2	100.3	巍山	2	4	Ⅳ	—	M_S
93	1895-07-11	—	25.2	100.3	巍山	2	5	Ⅵ	—	
94	1897-03	—	25.7	100.2	大理	2	4	Ⅳ	—	M_S
95	1897-04-16	—	25.3	100.5	弥渡	2	4	Ⅳ	—	M_S
96	1898-01	—	26.2	100.2	鹤庆北衙	1	4	Ⅳ	—	M_S
97	1900-10	—	26.5	100.2	鹤庆	2	4	Ⅳ	—	M_S

续附录

序号	地震时间	发震时刻	北纬N（°）	东经E（°）	地点	精度	震级	震中烈度	震源深度/km	备注
98	1900-11	—	26.5	100.2	鹤庆	2	4	Ⅳ	—	M_S
99	1901-02	—	26.0	100.1	洱源邓川	2	4	Ⅳ	—	M_S
100	1901-02-15	—	26	100.1	邓川东、西湖	1	6½	Ⅷ+	—	
101	1901-05	—	26.5	100.2	鹤庆	2	4	Ⅳ	—	M_S
102	1902-05-01	—	26.5	99.9	剑川南	2	5	Ⅵ	—	
103	1902-08-01	—	26.3	99.9	剑川洱源间	1	5½	Ⅶ	—	
104	1908-01-16	—	26.0	100.1	洱源马甲邑	1	4½	Ⅴ	—	M_S
105	1909-07-01	—	26.5	99.9	剑川及第村	2	5½	Ⅶ	—	
106	1910-07-17	—	25.7	100.2	大理	2	4½	Ⅴ	—	M_S
107	1910-09-05	—	25.7	100.2	大理	2	4½	Ⅴ	—	M_S
108	1910-10-02	—	25.7	100.2	大理	2	4	Ⅳ	—	M_S
109	1911-02-01	—	25.7	100.2	大理	2	4	Ⅳ	—	M_S
110	1911-02-19	—	25.7	100.2	大理	2	4	Ⅳ	—	M_S
111	1911-04-13	—	25.7	100.2	大理	2	4	Ⅳ	—	M_S
112	1911-08-10	—	25.7	100.2	大理	2	4½	Ⅴ	—	M_S
113	1911-08-11	—	25.7	100.2	大理	2	4½	Ⅴ	—	M_S
114	1911-08-13	—	25.7	100.2	大理	2	4	Ⅳ	—	M_S
115	1911-09-30	—	25.7	100.2	大理	2	4	Ⅳ	—	M_S
116	1911-12-08	—	25.7	100.2	大理	2	4½	Ⅴ	—	M_S
117	1913-06-15	—	25.7	100.2	大理	2	4	Ⅳ	—	M_S
118	1919-11-12	—	26.5	100.2	鹤庆	2	4	Ⅳ	—	M_S
119	1925-03-13	—	25.7	100.2	大理	2	4	Ⅳ	—	M_S
120	1925-03-15	—	25.7	100.2	大理	2	4¾	Ⅵ⁻	—	
121	1925-03-16	22:42:17	25.6	100.3	大理、凤、仪间	1	7	Ⅸ+	—	

续附录

序号	地震时间	发震时刻	北纬N（°）	东经E（°）	地点	精度	震级	震中烈度	震源深度/km	备注
122	1925-03-17	07:50:26	25.3	100.5	弥渡南	1	6¼	Ⅷ	—	
123	1925-03-24	—	25.6	100.3	凤仪	2	4½	Ⅴ	—	M_S
124	1925-03-30	—	25.3	100.5	弥渡	2	4½	Ⅴ	—	M_S
125	1925-04-02	—	25.6	100.3	凤仪	2	4½	Ⅴ	—	M_S
126	1925-04-03	—	25.6	100.2	凤仪、大理间	2	5½	Ⅶ	—	
127	1925-04-16	—	25.4	100.5	弥渡	2	5	Ⅵ	—	
128	1925-05-26	—	25.6	100.2	大理、凤仪间	2	4½	Ⅴ	—	M_S
129	1925-10-02	—	25.7	100.2	大理	2	4	Ⅳ	—	M_S
130	1925-10-03	—	25.7	100.2	大理	2	4¾	Ⅵ-	—	
131	1925-10-03	—	25.7	100.2	大理	2	4	Ⅳ	—	M_S
132	1926-11-21	—	25.6	100.3	凤仪	2	5½	Ⅶ	—	
133	1929-01-12	—	25.7	100.2	大理	3	4½	Ⅴ	—	M_S
134	1930-12-09	08:27:30	25	100.5	弥渡南		5		—	
135	1930-12-12	10:53:12	25	100.5	弥渡南		5		—	
136	1931-02-01	04:42:50	25.0	100.5	南涧西		4½		—	M_S
137	1935-12-30	—	25.3	100.5	弥渡	2	4	Ⅳ	—	M_S
138	1937-02-23	—	25.5	99.5	永平	2	4	Ⅳ	—	M_S
139	1937-03-03	—	25.4	100.8	弥渡、姚安间	3	4½	Ⅴ	—	M_S
140	1937-07-01	—	25.9	99.4	云龙	2	4	Ⅳ	—	M_S
141	1937-07-24	—	26.5	100.2	鹤庆	2	4½	Ⅴ	—	M_S
142	1938-12-06	—	25.9	99.4	云龙	2	4	Ⅳ	—	M_S
143	1938-12-07	—	25.9	99.4	云龙	2	4½	Ⅴ	—	M_S
144	1940-06-01	—	26.5	100.2	鹤庆	2	4½	Ⅴ	—	M_S
145	1941-05-15	—	26.5	100.2	鹤庆	2	4½	Ⅴ	—	M_S
146	1943-03-31	—	25.7	100.2	大理	2	5½	Ⅶ	—	

续附录

序号	地震时间	发震时刻	北纬N（°）	东经E（°）	地点	精度	震级	震中烈度	震源深度/km	备注
147	1948–06–27	08:08:23	26.6	99.6	剑川上兰	1	6¼	Ⅷ+	—	
148	1948–07–04	—	26.5	99.6	兰坪、剑川间	2	4	Ⅳ	—	M_S
149	1948–07–11	—	26.6	99.6	剑川上兰附近	2	5¼	Ⅵ+	—	
150	1951–12–21	16:37:29	26.5	99.9	剑川太平	1	6¼	Ⅸ	—	
151	1953–05–21	—	26.5	99.9	剑川沙溪	2	5	Ⅵ	—	
152	1953–06–08	05:38:48	25.0	100.0	巍山		5		—	
153	1959–03–30	20:41:09	26.0	100.7	宾川东北	3	5½		—	
154	1959–04–26	20:35:00	26.2	100.7	宾川北	3	5¾		—	
155	1961–03–16	05:10:53	26.5	100.5	鹤庆东	5	4.8		—	M_L
156	1962–10–26	16:52:35	26.5	100.0	剑川	4	4½		—	M_S
157	1963–04–23	17:55:07	25.7	99.5	永平双河	1	6	Ⅷ	20	
158	1964–02–13	18:03:53	25.9	100.8	宾川拉乌	1	5.4	Ⅶ	—	
159	1964–05–03	07:34:27	25.9	100.7	宾川东北		4.7		—	
160	1964–05–03	07:34:31	26.1	100.7	宾川北	3	4.5		—	M_S
161	1964–05–08	07:50:07	26.0	100.8	宾川北	3	4.5		—	M_S
162	1966–04–14	17:28:00	25.5	99.5	永平		4.6		—	
163	1966–06–28	22:45:00	25.8	100.5	宾川		4.3		—	
164	1966–11–15	12:41:47	25.67	99.27	云龙西南	C	4.0		—	M_L
165	1967–04–19	16:00:00	25.3	99.9	漾濞		4.4		—	
166	1968–05–05	06:38:54	26.07	99.67	洱源以西	A	4.1		—	M_S
167	1971–06–09	14:04:00	25.95	99.95	洱源		4		—	
168	1971–12–09	12:04:00	25.52	100.12	巍山		4.1		—	
169	1972–09–07	18:35:00	26.08	100.45	鹤庆		4.2		—	
170	1973–10–20	23:34:58	25.95	100.58	宾川	A	4.2		—	M_S
171	1974–02–09	13:53:00	25.95	100.6	宾川		4		—	

续附录

序号	地震时间	发震时刻	北纬N（°）	东经E（°）	地点	精度	震级	震中烈度	震源深度/km	备注
172	1974-05-15	17:54:00	26.27	99.93	洱源		4.3		—	
173	1974-10-22	23:29:00	26.02	99.62	洱源		4.5		—	
174	1975-01-04	17:22:00	26.35	100.37	鹤庆		4		—	
175	1975-03-18	15:01:22	25.52	99.47	永平附近	1	4.8		—	
176	1975-06-19	11:25:00	25.47	99.57	永平		4		—	
177	1975-09-04	05:50:30	25.83	99.83	漾濞西北	1	5	Ⅵ-	20	
178	1975-09-29	12:54:20	25.25	99.98	巍山以西	B	4.1		—	M_S
179	1977-03-17	07:54:56	25.85	99.85	漾濞西北	1	5.2	Ⅵ	—	
180	1977-03-17	07:57:31	25.8	99.73	漾濞西北		4.7		—	
181	1978-05-19	20:58:56	25.52	100.35	下关东南	1	5.3	Ⅵ	—	
182	1978-05-20	09:40:52	25.55	100.3	下关东南	1	4.9		—	
183	1979-04-15	14:06:00	25.92	99.97	洱源		4		—	
184	1979-05-15	03:32:00	25.9	99.95	洱源		4		—	
185	1979-06-25	12:31:00	25.73	99.62	云龙		4		—	
186	1980-03-27	21:34:00	25.6	99.07	云龙		4.1		—	
187	1980-05-27	20:32:00	25.97	99.9	洱源		4		—	
188	1980-11-19	21:55:59	26.2	99.72	洱源西北	2	4.7		—	
189	1981-02-09	05:09:00	25.52	100.82	祥云		4.1		—	
190	1981-04-22	00:33:00	25.8	99.85	漾濞		4		—	
191	1982-07-03	14:58:00	26.57	99.73	剑川		4.5		—	
192	1982-07-03	16:13:31	26.47	99.92	剑川甸南	1	5.4	Ⅶ	—	
193	1982-10-08	21:34:54	26.25	99.98	洱源牛街	1	5	Ⅵ	—	
194	1982-12-28	16:00:00	25.5	99.5	永平	1	5.3	Ⅵ	—	
195	1983-05-01	11:38:00	25.47	100.07	巍山		4		—	
196	1983-05-22	01:09:00	24.87	100.63	南涧		4.2		—	
197	1985-10-09	21:41:00	25.97	99.6	洱源		4		—	
198	1985-11-04	13:56:00	25.92	99.5	云龙		4.2		—	

续附录

序号	地震时间	发震时刻	北纬N（°）	东经E（°）	地点	精度	震级	震中烈度	震源深度/km	备注
199	1986-01-08	10:25:00	26.2	100.17	鹤庆		4		—	
200	1986-03-13	16:41:18	26.15	100.2	鹤庆北衙	1	5.3	Ⅵ	—	
201	1986-04-04	09:12:00	24.77	100.3	南涧		4.3		—	
202	1986-05-18	11:31:00	26.17	100.18	鹤庆		4.4		—	
203	1986-05-19	16:36:00	26.15	100.18	鹤庆		4		—	
204	1986-06-24	09:58:00	26.15	100.2	鹤庆		4.2		—	
205	1986-08-10	18:39:00	25.63	99.93	漾濞		4.2		—	
206	1986-12-27	12:41:00	25.38	100.02	巍山		4.3		—	
207	1986-12-28	18:15:00	25.32	100.1	巍山		4.1		—	
208	1987-01-07	00:55:00	25.32	100.15	巍山		4.1		—	
209	1987-01-19	02:33:00	25.27	100.1	巍山		4		—	
210	1987-03-02	10:58:00	25.38	100.03	巍山		4		—	
211	1987-03-09	10:48:00	25.32	100.1	巍山		4.1		—	
212	1987-05-18	10:03:08	26.13	100.22	鹤庆北衙	1	5	Ⅵ	—	
213	1988-11-19	19:25:00	25.8	100.58	宾川		4.5		—	
214	1988-11-19	21:33:00	25.87	100.45	宾川		4		—	
215	1989-02-10	08:36:49	25.98	99.57	洱源西南	2	4.7		15	
216	1989-09-20	01:39:00	25.97	99.72	洱源		4.6		—	
217	1989-09-20	01:46:00	25.97	99.68	洱源		4.3		—	
218	1989-09-29	11:42:00	26.08	100.12	洱源		4.4		—	
219	1990-04-22	21:58:00	26.12	99.87	洱源		4.3		—	
220	1990-06-24	09:33:00	26.02	100.25	大理		4.1		—	
221	1990-08-07	18:37:00	26.18	100.23	鹤庆		4.3		—	
222	1991-07-04	07:45:00	26.1	99.7	洱源		4.4		—	
223	1991-12-26	10:23:00	25.88	99.97	洱源		4.2		—	
224	1992-10-17	16:45:00	25.72	99.57	云龙		4.5		—	
225	1995-03-14	21:41:00	26.03	99.6	洱源		4.3		—	

续附录

序号	地震时间	发震时刻	北纬N（°）	东经E（°）	地点	精度	震级	震中烈度	震源深度/km	备注
226	1996-04-15	02:35:00	26.27	99.42	云龙		4		—	
227	1997-07-22	00:47:00	25.9	99.97	洱源		4.2		10	
228	1998-03-08	18:18:00	25.77	100.5	宾川		4.4		20	
229	1998-07-07	11:54:00	25.45	99.67	永平		4.0		—	
230	1998-11-26	09:44:00	25.52	100.22	巍山		4.1		—	
231	1998-12-02	18:10:42	25.53	100.27	下关附近	2	4.7		—	
232	1998-12-02	17:12:00	25.52	100.23	大理		4.3		—	
233	1998-12-02	18:11:00	25.53	100.27	大理		4.1		—	
234	1998-12-02	18:54:00	25.53	100.27	大理		4		—	
235	1999-01-04	17:38:00	25.48	99.37	永平		4.1		—	
236	1999-05-01	07:23:00	25.52	100.37	大理		4.2		—	
237	2000-12-11	15:36:00	25.68	99.03	云龙		4.6		—	
238	2002-01-04	00:48:00	25.72	99.72	漾濞		4		8	
239	2002-01-04	02:40:00	25.72	99.72	漾濞		4.1		10	
240	2002-01-04	02:54:00	25.73	99.72	漾濞		4		10	
241	2002-01-07	01:00:00	25.72	99.73	漾濞		4.2		14	
242	2004-02-09	12:30:00	25.75	99.93	漾濞		4.3		12	
243	2004-04-01	14:02:00	25.9	100.68	宾川		4.1		17	
244	2004-12-26	09:18:00	25.85	100.6	宾川		4.6		—	
245	2004-12-30	08:48:00	25.7	99.95	漾濞		4		11	
246	2006-01-28	15:02:00	26.2	100.82	永胜宾川交界		4.7		8	
247	2007-02-03	02:25:00	25.92	99.75	洱源		4.5		13	
248	2007-03-09	11:30:00	25.77	99.82	漾濞		4.6		12	
249	2007-03-18	17:36:00	25.47	100.38	大理		4.1		11	
250	2007-03-28	10:57:00	25.62	99.42	云龙		4.6		5	
251	2007-07-29	22:29:00	25.45	100.03	巍山		4		10	

续附录

序号	地震时间	发震时刻	北纬N（°）	东经E（°）	地点	精度	震级	震中烈度	震源深度/km	备注
252	2007-08-12	02:39:00	25.45	100.05	巍山		4.4		10	
253	2008-02-18	10:44:00	25.7	99.78	漾濞富恒		4.8		—	
254	2008-02-18	10:44:46	25.72	99.77	漾濞		4.8		6	
255	2009-04-14	04:37:10	25.99	99.79	洱源		4.1		10	
256	2009-09-30	13:59:12	25.97	100.19	大理		4.2		6	
257	2009-10-14	20:24:14	25.58	100.98	祥云		4.1		6	
258	2009-10-23	12:44:46	25.6	100.98	祥云		4.1		7	
259	2009-11-02	05:07:16	26	100.7	宾川	2	5		10	
260	2010-01-01	10:08:20	26.2	99.8	洱源		4.6		10	
261	2011-06-22	09:42:08	25.61	99.98	漾濞		4.2		6	
262	2013-03-03	13:40:00	25.9	99.7	洱源		5.5		9	
263	2013-04-17	09:45:00	25.9	99.82	洱源		5		11	
264	2013-04-18	11:46:01	25.88	99.79	洱源		4.1		9	
265	2013-11-28	16:23:54	25.4	100.58	祥云		4.7	Ⅵ	10	
266	2014-01-21	22:08:21	25.81	100.62	宾川		4.1		5	
267	2014-07-26	21:26:19	25.88	100.5	宾川		4.1		7	
268	2014-08-21	12:11:02	25.88	100.5	宾川		4.2		12	
269	2014-08-21	13:11:19	25.86	100.48	宾川		4.1		5	
270	2014-08-25	07:10:10	25.96	100.61	宾川		4		18	
271	2015-01-19	23:30:49	25.93	99.71	洱源		4.1		14	
272	2016-02-08	07:30:55	26.05	99.66	洱源		4.6		10	
273	2016-02-08	07:39:08	26.09	99.58	洱源		4		17	
274	2016-05-18	00:48:48	26.08	99.58	云龙		5.0	Ⅵ	17	
275	2016-05-18	01:05:12	26.08	99.58	洱源		4.5		10	
276	2016-06-03	18:01:54	26.12	99.6	洱源		4.3		8	
277	2016-11-17	12:10:30	25.74	99.86	漾濞		4.4		10	
278	2016-11-17	12:22:48	25.71	99.86	漾濞		4.5		10	

续附录

序号	地震时间	发震时刻	北纬N（°）	东经E（°）	地点	精度	震级	震中烈度	震源深度/km	备注
279	2017-03-27	07:40:29	25.87	99.83	漾濞		4.9	Ⅵ	12	
280	2017-03-27	07:55:01	25.89	99.8	漾濞		5.1	Ⅵ	12	
281	2017-03-27	09:10:26	25.81	99.81	漾濞		4.4		10	
282	2017-05-20	00:02:16	25.66	99.34	云龙		4.1		8	
283	2019-11-25	01:02:37	25.97	99.7	洱源		4.4		12	
284	2021-05-18	21:39:37	25.64	99.92	漾濞		4.1		10	
285	2021-05-19	20:05:57	25.65	99.91	漾濞		4.3		10	
286	2021-05-21	21:21:26	25.65	99.92	漾濞		5.6		10	
287	2021-05-21	21:48:35	25.67	99.87	漾濞		6.4	Ⅷ	8	
288	2021-05-21	21:55:29	25.67	99.89	漾濞		5		9	
289	2021-05-21	21:56:37	25.64	99.95	漾濞		4.9		8	
290	2021-05-21	22:31:12	25.61	99.97	漾濞		5.2		8	
291	2021-05-21	20:56:03	25.61	99.91	漾濞		4.3		10	
292	2021-05-21	21:21:57	25.63	99.96	漾濞		4.2		10	
293	2021-05-21	21:56:38	25.62	99.95	漾濞		4.6		7	
294	2021-05-21	23:23:35	25.59	99.98	漾濞		4.5		9	
295	2021-05-22	20:14:36	25.6	99.92	漾濞		4.7		10	
296	2021-05-22	00:51:41	25.61	99.88	漾濞		4.2		9	
297	2021-05-22	02:28:44	25.63	99.92	漾濞		4.2		19	
298	2021-05-22	09:48:02	25.7	99.89	漾濞		4.2		10	
299	2021-05-27	19:52:48	25.76	99.92	漾濞		4		12	
300	2022-02-10	15:36:39	25.56	100.04	漾濞		4.2		10	

参考文献

[1] 安晓文, 常祖峰. 云南第四纪活动断裂暨《云南第四纪活动断裂分布图》[M]. 北京: 地震出版社, 2018.
[2] 常祖峰, 常昊, 李鉴林, 等. 维西—乔后断裂全新世活动与古地震[J]. 地震地质, 2021, 43（4）: 18.
[3] 崔效锋, 谢富仁, 张红艳. 川滇地区现代构造应力场分区及动力学意义[J]. 地震学报, 2006(09): 451–461.
[4] 丁锐, 任俊杰, 张世民, 等. 丽江—小金河断裂中段晚第四纪古地震历史[J]. 地震地质, 2018, 40（3）: 19.
[5] 国家地震局震害防御司. 中国历史强震目录（公元前23世纪—公元1911年）[M]. 北京: 地震出版社, 1995.
[6] 虢顺民, 计凤桔, 向宏发, 等. 红河活动断裂带[M]. 北京: 海洋出版社, 2001.
[7] 胡朝忠, 田勤俭, 杨攀新, 等. 利用三维可视化卫星遥感影像分析龙蟠—乔后断裂带的几何结构[J]. 震灾防御技术, 2015（4）: 12.
[8] 皇甫岗, 陈颙, 秦嘉政, 等. 云南地震活动性[M]. 昆明: 云南科技出版社, 2010: 60–69.
[9] 皇甫岗, 石绍先, 苏有锦. 20世纪云南地震活动研究[M]. 北京: 地震出版社, 2000.
[10] 皇甫岗. 云南地震活动性研究[D]. 北京: 中国科技大学, 2009.
[11] 黄玮琼, 李文香, 曹学锋. 中国大陆地震资料完整性研究之二——分区地震资料基本完整的起始年分图象[J]. 地震学报, 1994, 16（4）: 423–432.
[12] 李春昱, 等. 亚洲大地构造图说明书[M]. 北京: 地质出版社, 1982.
[13] 罗荣联. 云南省志・地震志[M]. 昆明: 云南人民出版社, 1999.
[14] 冉勇康, 王景钵, 尤惠川, 等. 云南大理上关—潘曲一带存在历史地震破裂遗迹[J]. 地震地质, 1990, 12（3）: 272–274.
[15] 四川省地质矿产局. 四川区域地质志[M]. 北京: 地质出版社, 1991.
[16] 苏有锦, 李永莉, 李忠华, 等. 川滇地区区域地震目录完整性最小震级分析[J]. 地震研究, 2003, 26（s）: 10–16.
[17] 苏有锦, 李忠华, 刘祖荫, 等. 20世纪云南地区M_s≥5. 0级地震活动的基本特征[J]. 地震研究, 2001, 24（1）: 9.
[18] 苏有锦, 刘祖荫, 蔡民军, 等. 云南地区强震分布的深部地球介质背景[J]. 地震学报, 1999, 21（3）: 313–322.
[19] 汤勇, 胡朝忠, 田勤俭, 等. 云南龙蟠—乔后断裂剑川段古地震初步研究[J]. 地震, 2014, 34（3）: 8.
[20] 王彬, 邓瑞生. 云南两千年地震全记录[M]. 昆明: 云南科技出版社, 2021.
[21] 魏永明, 魏显虎, 李德文, 等. 滇西北地区鹤庆—洱源断裂带遥感影像特征及活动性分析[J]. 第四纪研究, 2017, 037（002）: 234–249.
[22] 向宏发, 韩竹军, 虢顺民, 等. 红河断裂带大型右旋走滑运动与伴生构造地貌变形[J]. 地震地质, 2004, 26（4）: 14.
[23] 向宏发, 徐锡伟, 虢顺民, 等. 丽江—小金河断裂第四纪以来的左旋逆推运动及其构造地质意义—陆内活动地块横向构造的屏蔽作用[J]. 地震地质, 2002, 24（2）: 11.
[24] 谢富仁, 苏刚, 崔效锋, 等. 滇西南地区现代构造应力场分析[J]. 地震学报, 2001（1）: 17–23.

[25] 许忠淮. 东亚地区现今构造应力图的编制[J]. 地震学报, 2001（09）: 492–501.
[26] 云南省地震工程研究院. 大理海东山地新城中学校区项目地震安全性评价. 2015（内部资料）.
[27] 云南省地震工程研究院. 大理水岸华府建设项目地震安全性评价. 2015（内部资料）.
[28] 云南省地震工程研究院. 大理州苍山饭店改扩建建设项目地震安全性评价. 2013（内部资料）.
[29] 云南省地震局. 云南省地震资料汇编[M]. 北京: 地震出版社, 1988.
[30] 云南省地质矿产局. 云南省区域地质志[M]. 北京: 地质出版社, 1990.
[31] 云南省地质矿产局. 大理幅区域地质图（1∶20万）. 1973.
[32] 云南省地质矿产局. 鹤庆幅区域地质图（1∶20万）. 1966.
[33] 云南省地质矿产局. 永平幅区域地质图（1∶20万）. 1980.
[34] 张建国, 杨润海, 等. 昆明活断层探测. 2011.
[35] 张培震, 王伟涛, 甘卫东, 等. 青藏高原的现今构造变形与地球动力过程[J]. 地质学报, 2022（10）: 3297–3313.
[36] 中国地震局震害防御司. 中国近代地震目录（公元1912年—1990年, M_S≥4.7）[M]. 北京: 中国科学技术出版社, 1999.
[37] 钟康惠, 刘肇昌, 舒良树, 等. 澜沧江断裂带的新生代走滑运动学特点[J]. 地质论评, 2004, 50（1）: 8.
[38] Sun Baitao, Zhang Guixin. Study on vulnerability matrices of masonry buildings of mainland of China[J]. Earthquake Engineering and Engineering Vibration, 2018, 17（02）: 251–259.
[39] Zoback M L. First and second order patterns of stress in the lithosphere: The world stress map project[J]. Journal of Geophysical Research, 1992, 97: 11703–11728.
[40] Sun Baitao, Zhang Guixin. Study on vulnerability matrices of masonry buildings of mainland of China[J]. Earthquake Engineering and Engineering Vibration, 2018, 17（02）: 251–259.